U0160189

Based on a BBC Programme

生命的奇迹

WONDERS OF LIFE

第二版

[英] **布赖恩·考克斯（Brian Cox）** 著
安德鲁·科恩（Andrew Cohen）

闻菲 译

人民邮电出版社

北 京

图书在版编目（CIP）数据

生命的奇迹 / （英）布赖恩·考克斯（Brian Cox），
（英）安德鲁·科恩（Andrew Cohen）著；闻菲译. -- 2
版. -- 北京：人民邮电出版社，2019.12（2024.6重印）
ISBN 978-7-115-52121-7

Ⅰ. ①生… Ⅱ. ①布… ②安… ③闻… Ⅲ. ①生命起
源－普及读物 Ⅳ. ①Q10-49

中国版本图书馆CIP数据核字(2019)第217925号

版 权 声 明

Originally published in the English language by HarperCollins Publishers Ltd. under the title Wonders of Life

Text © Brian Cox and Andrew Cohen 2013

Photographs, with the exception of those detailed on P271 © BBC

Infographics, Design and Layout © HarperCollins Publishers 2013

By arrangement with the BBC

The BBC logo is a trademark of the British Broadcasting Corporation and is used under licence.

BBC logo © 1996

Translation © Posts and Telecom Press Co., Ltd. 2019, translated under licence from Harpercollins Publishers Ltd.

◆ 著　　　　[英]布赖恩·考克斯（Brian Cox）
　　　　　　[英]安德鲁·科恩（Andrew Cohen）
　　译　　　　闻　菲
　　责任编辑　李　宁
　　责任印制　陈　犇

◆ 人民邮电出版社出版发行　　北京市丰台区成寿寺路 11 号
　　邮编　100164　电子邮件　315@ptpress.com.cn
　　网址　http://www.ptpress.com.cn
　　北京建宏印刷有限公司印刷

◆ 开本：787×1092　1/16
　　印张：17.5　　　　　　　　　2019 年 12 月第 2 版
　　字数：533 千字　　　　　　　2024 年 6 月北京第 2 次印刷
　　著作权合同登记号　图字：01-2013-7456 号

定价：99.00 元

读者服务热线：(010)81055410　印装质量热线：(010)81055316
反盗版热线：(010)81055315
广告经营许可证：京东市监广登字 20170147 号

生命的奇迹（第二版）

中文版推荐序

世界是多元的，但人们的世界观常常是二元的。

能够跻身于牛顿和达尔文之列、死后被葬在威斯敏斯特大教堂的科学家寥寥无几，而被称为原子核物理学之父的欧内斯特·卢瑟福便获此哀荣。卢瑟福生在一个物理学鼎盛的时代，当时的物理学已建立了严密的体系和理论架构，而其他学科（尤其是生物学）还处在猜测或分类描述的阶段，因此，卢瑟福可以志得意满、居高临下地把科学分成"二元"："科学研究，除了物理学之外，都是在玩集邮。"

第二次世界大战之后，物理学一度似乎日薄西山，物理学家们也纷纷由"吃战争饭"而改换门庭。从发现DNA双螺旋结构之一的英国物理学家弗朗西斯·克里克，到我国著名理论物理学家郝柏林，他们都是从物理学高台上走下来、放下身段来玩生物学这种"集邮"玩意儿的，而且玩得走火入魔、炉火纯青。信不信由你，你手中这本书的作者布赖恩·考克斯也是一位物理学家，严格地说是一位高能物理学家，他竟然也来蹚"生命的奇迹"这一"浑水"！

考克斯可不是我们平常心目中的陈景润式的科学家。他在进入曼彻斯特大学学习物理之前，是一个小有名气的摇滚乐队的键盘手，在读研期间，还参加过一个名噪一时的摇滚乐队——他在科学界成名之前就已经是明星级的摇滚乐手了。他把他超群的表演天赋带进了科学领域。按照二元论来说，你要么是天生的明星，要么是芸芸众生，考克斯显然是前者。

考克斯不仅表演一流，人也长得帅——BBC无论如何是不会放过这条"大鱼"的。他在科学领域刚一出道，BBC就拉他做电视科普节目，最有名的莫过于最近的"奇迹"系列三部曲了：《宇宙的奇迹》

《太阳系的奇迹》《生命的奇迹》。它们像1979年大卫·阿滕伯勒在BBC做的《地球上的生命》节目一样，被人们所喜爱甚至追捧。

你手中的这本书就是BBC电视系列纪录片《生命的奇迹》的衍生读物。也许有人会好奇地问："电视节目有声（音乐和解说词）有色（图像），还有必要读书吗？"别人我不了解，就我本人而言，电视上看如同过眼烟云，只有写在书上，读后才会留下深刻的印象。好像在学习上也分"二元"：有些人靠听课，有些人靠读书，而我属于后者。

我在翻开这本书之前是心存疑虑的。作为古生物学家，我深知在科学上隔行如隔山，跨领域似乎是治学之大忌。可是，看完该书之后，我不得不佩服作者的机巧：按照我们老家的俗话说，他是"小孩子吃烤红薯，捡熟的往外掏"。他在生命的物理性质上大做文章，这样便可扬长避短。例如，他大谈生命之美，美在遵循能量和热力学第一定律；生命起源与薛定谔悖论；生命对水的依赖以及水的物理性质（从中我们还了解到，若不是由于科学家的疏忽，水的分子式实在该是O_2H，而不是现在的H_2O！）；"大小很重要"，大小这个物理因素决定了很多生物不同的生活方式及其对环境的临界承受能力；动物的听力和视觉所涉及的声学和光学原理；伟大的生命循环——碳循环……这是一位物理学家眼中生命无比奇妙的美景，却又是往往被我们生物学家所忽视的地方。

诚如达尔文在《物种起源》一书的结尾写的那样："生命及其蕴含之力能，最初由造物主注入寥寥几个或单个类型之中；当这一行星按照固定的引力法则持续运行之时，无数美丽与奇异的类型即是从如此简单的开端演化而来并依然在演化之中；生命如是之观，何等壮丽恢宏！" 此处的"引力法则"是物理的，达尔文此前提到的"这些精心营造的类型，彼此之间是多么不同，而又以如此复杂的方式相互依存，却全都出自作用于我们周围的一些法则"——这些法则中不少也是物理的。因此，从物理学家的视角来观察生命现象，不仅是别具一格的，也是至关重要的。我相信，读完此书，读者除了学习到很多生命的物理学知识之外，也分享了作者跨学科研究的愉悦。

对这本书我唯一要"吐槽"的是：考克斯教授，我们知道您是帅哥，可您也不必放那么多"玉照"在书中呀！这让像我这样并不那么帅的人情何以堪啊！

最后，我得夸夸这本书的年轻译者闻菲。该书的译文十分优美流畅，很少有一般译作中所常见的西式句子，平心而论，我就做不到这么好。虽然我没有时间将译文与原著对照着读，不敢说本书译文无一疏漏，但即便是译著等身的翻译名家，恐怕也不敢如此自诩吧。翻译真不是一件容易的事，像我们这种一生在两种语言和文化中厮混各半的人有时候还会出错，我们也自然不能苛求年轻人在翻译过程中万无一失了。相反，对于她这样慧心勤勉的年轻译者，我们欠她的是拍拍她的肩膀、向她竖起我们的大拇指。

苗德岁于美国堪萨斯大学

2014 年 7 月 13 日

（苗德岁，亚洲首位获得古生物学界著名奖项"北美古脊椎动物学会罗美尔奖"的学者；美国堪萨斯大学自然历史博物馆暨生物多样性研究所典藏主管、中国科学院古脊椎动物与古人类研究所客座研究员）

目录

引言
生命的奇迹

第1章
家 园

第2章
生命的定义

引言

生命的奇迹

获得诺贝尔奖的物理学家理查德·费曼曾经讲过这样一个故事，他的一位艺术家朋友说他不懂得欣赏一朵花的美。他的这位朋友说："你作为一名科学家，嗯，把这全都拆解开来，它就成了个无趣的东西。"费曼在说完他的这位朋友"有些疯癫"后，接着解释道："虽然人人都能体味自然之美，哪怕不是那么细腻，但随着我们理解的加深，世界将变得愈发美丽。"

花由一个个拥有相同基因的细胞组成。细胞里含有大量的生化结构，每一个都高度特化，执行维持细胞存活的复杂任务。有的含有叶绿体，叶绿体由曾经自由生活的细菌共生演化而来，它从太阳中捕获光能，并利用光能将二氧化碳和水合成食物。还有线粒体，这些工厂将质子转移到能量"瀑布"的上方，并在随之而来的瀑流中插入由有机物构成的"水车"，从而合成ATP（三磷酸腺苷）分子——生物的通用能源。还有DNA，它的分子结构中蕴藏着一串密码，上面不但承载着组成这朵花的指令，还含有地球上所有生命起源和演化历程的碎片。从38亿年前的开始，到最美丽最奇妙的世间万物，曾经寸草不生的世界转变为自然规律最壮美的表达。这种美远远凌驾艺术之美，正如费曼在故事最后所说的那样："科学只会让一朵花更令人兴奋、更不可思议、更叫人称奇；科学只会增加美，我不明白它怎么会有损于美。"

坦白地说，在我们开始考虑拍摄《生命的奇迹》系列纪录片时，我的生物学知识已经过时了——我从1984年起就没学过生物学了。我记得，这个系列的想法来自于我对安德鲁·科恩随口说起的一本小册子——在我还是本科生的时候读过的一本书。

《生命是什么》是物理学家埃尔温·薛定谔一系列物理讲座的汇总，1944年出版。薛定谔是诺贝尔奖获得者、量子理论的奠基人之一，是一位学识渊博、言必有中的思想家。在书中，他提出了一个简单而又深刻的问题：如何用物理学和化学解释生命有机体空间范围内的时间和空间上所发生的事件？这个问题的表述可谓精彩。最重要的是"如何"这个词。没有它，这个问题就成了形而上的，因为答案可能是"不能"——彻底

理解生命可能永远超出自然科学的范畴，因为有些固有的超自然因素在里面。"如何"一词转变了这句话，而且使人对科学家的想法有了深刻和重要的理解：让我们看看——研究自然、提出假说并用我们对现实世界观测的结果来检验这些假说——如何用物理学和化学的定律来解释生命，因为肯定能行。我认为，这是对生物学的一个绝佳表述。

说《生命的奇迹》系列纪录片是探索我们当前对薛定谔"如何"问题的理解，怕是再贴切不过了。制作这些影片的过程令我极为享受，因为里面讲到的几乎每件事情都是我在1984年不学生物以后发现的。在诸如DNA测序（其难度和成本都在急剧降低）等新的、强大的实验技术的带动下，新发现令人应接不暇。纵然有了希格斯玻色子，我可能还是会说21世纪已然成了生命科学的世纪——但只是"可能"。

在这些现代的进展以外，一个真正奇妙的发现是达尔文的自然选择进化论，这一发表于1859年11月的学说被精彩地证实为理解地球上生物的多样性和复杂程度的理论框架。要理解达尔文的天才之处，请看看你窗外的世界吧。除非你住在阿塔卡马沙漠高地，不然你看见的一定是个异常复杂的生物世界。透过费曼的还原论视角，就连一片草叶也具有了不起的构造。单独看，它是一个奇迹，却看不出它的复杂和存在的意义。达尔文的天才之处便是看出奇妙如一棵草这样的结构也可以被理解，只需将其置于与其他生物相互作用的情景中，最关键的是放在它自己的演化历程中去看。物理学家或许会说生命是四维结构，同时存在于空间和时间中；如果不看时间上的过去，根本不可能理解宇宙中的结构——受简单物理定律管辖的空间。

当你思忖一棵草那低微的壮美——在空间上只有几厘米，在时间上却延续了将近宇宙年龄的1/3，停下来反观自己，因为小草拥有的你也一样拥有。你们有着相同的基本生化过程，有着大部分相同的基因历史，它们全都好好地记在你的DNA里面。这是因为你们有着共同的祖先，你们在亲缘性上相连，你们曾经是一样的。

如何用物理学和化学解释生命有机体空间范围内的时间和空间上所发生的事件？
——埃尔温·薛定谔

我猜这大概是一个让人很难接受的事实。人类的情况看起来是特别的；我们的意识体验完全脱离了原子和力的机械世界，或许还脱离了生命的"低级形态"。如果说这本书和同名系列纪录片（5集）中都有一条贯穿始终的主线，那么这种感觉纯粹是由原子排列的复杂性所产生的错觉。事实肯定如此，因为所有生物之间的根本的相似要大于相异。如果一个外星生化学家只有两个地球上的细胞，一个是草的，另一个是人的，那么他一眼就能看出这两个细胞来自同一星球，而且亲缘关系非常密切。倘若这听起来难以置信，那么这本书将会告诉你一个不同的答案。

我是充分意识到围绕在达尔文自然选择进化论周围的那些所谓的争议而写下这些文字的。我原本打算完全绕开这些问题，因为我认为从这种"辩论"里面得不出任何有趣的知识点。但在拍摄这一系列纪录片的过程中，那些积极寻求否认演化的现实以及否定生物学这门科学的人，他们心智的空乏令我深感困扰。在几个世纪以来所收集的证据面前，这种论调是何等的苍白无力，没有丝毫道理可言。不仅如此，采取这样的立场使人将这个世界上最精彩的故事拒之门外；对于选择这样做的人来说，这是一个悲剧，而对于那些没有受过足够的教育而被灌输了这种思想的人来说，则是更大的不幸。

作为一个很少考虑宗教问题的人（我拒绝被贴上无神论者的标签，因为如果用我不相信的东西来定义我，要用到的名词可能会没有穷尽），假如我是自然神论者，我会说展现造物主技巧和智慧的最佳例证，莫过于令地球上的生命经历起源和演化这一恢宏历程的自然规律，以及它在我们的生命之树上所表达出的那些美得令人无法抗拒的种种造物。我不是自然神论者，也不是哲学家抑或神学家，因此我将不再就使生命得以演化的自然规律做进一步的评论。我真的不知道，或许将来有一天我们能找到答案；但不用怀疑这些规律，而且达尔文的自然选择进化论就跟爱因斯坦的相对论一样精确且行之有效。

如果这听起来有些绝对，那么这或许显示了我在了解到达尔文学说的解释力，尤其是结合近代生化学和遗传学方面的进展一起看时，真切体会到的激动之情。在我看来，现代生物学离解开薛定谔的"如何"一问已经很近了。当然还有许多未解之谜，但正是这些未知让这一系列纪录片的内容倍加精彩。还有的部分只是推测，但在科学里面这没什么好害臊的。实际上，所有的科学结论都只是暂时的。当自然观测结果与理论相悖时，不管这个理论多受推崇，也不管这个理论是新还是旧，它都将被毫不客气地请下台、欢欢喜喜地抛弃掉，而寻找一个更加准确的理论的过程将再次开始。达尔文对物种起源的解释了不起的地方在于，它经受住了150多年精确观测的检验。而仅凭这一点，它就已经超过牛顿的万有引力定律了。

这一系列纪录片当中，我最喜欢的时刻是在纪录片最后一集的最后一幕，难得的是它是我们在最后一天下午拍摄的。要知道，电视系列节目极少按照时间先后顺序来制作。我们在马达加斯加岛北部的海岸边找了一个岩石小岛，它只有一般的郊区后院那么大，孤零零地待在莫桑比克海峡的温暖水域中。我们的想法是坐下来聊聊制作这一系列纪录片的感受，同时把结果拍摄下来。我不会告诉你我当时想了和说了些什么，因为那该等到全书的最后再看。不过，我想在前言里说一件事。我记得2009年3月，就在我们开始拍摄《太阳系的奇迹》系列纪录片之前，我跟我的合著者兼执行制片人安德鲁有过一次对话。他说，要是观众看了纪录片之后，再也不会用同样的方式看头顶的夜空，那么我们的目的便算达到了。这跟费曼的花朵说是一样的。更深的理解带来的是世界上最宝贵的东西——奇迹。一个一闪一闪亮晶晶的夜空，和一个其他不同世界的夜空是不一样的。我几乎知道这一点，因为在内心深处我一直是个天文学家，在我的岛上守候着，想着要说些什么。就在这一刻，我意识到我对一棵草也有着同样的感受。

第 1 章

家 园

生命的演进

　　1968年的平安夜，弗兰克·博尔曼、吉姆·洛威尔和威廉·安德斯成了有史以来人类中第一批看不见地球家园的人，当时他们正在阿波罗8号上做绕月航行。博尔曼望向那清澈的黑暗，几十亿颗星球发出的微弱星光未经大气层的折损，原原本本地洒落其间；近处，是一片自其45亿年前形成以来首次以真面貌示人的月球表面。博尔曼形容他所见到的没有地球的宇宙是一片"巨大、荒凉、令人生畏的空无"。在第9次绕月航行时，全体宇航员根据日程安排做了一次电视直播，他们选择从距离赤道40万千米的上空向着地球朗诵《创世记》中上帝造物的故事。

对页图　"地球升起"，1969年首次从阿波罗11号上观测所得，
给了人类一个全新的视角来看待我们称之为"家园"的星球。

"在即将迎来月球上的日出的时刻,阿波罗8号乘组有一个致地球上所有人的信息。

起初神创造天地。地是空虚混沌。渊面黑暗。"

朗诵《圣经》的行为事后引发了诸多争议,还被告上了法庭,原因是这样做违反了美国宪法的第一修正案。根据这一法案,美国联邦政府不得从事宗教推广活动,而美国国家航空航天局(NASA)正是联邦政府的一部分。美国最高法院撤销了这个案子,理由是月球轨道不在其管辖范围之内。

尽管《创世记》的故事是虚构的,但我一直认为这次直播非常感人:不仅仅是因为英国国王詹姆斯钦定的《圣经》版本里有一些这个世界上最优美的英语辞章,更是因为它道出了一种古老而引发人产生强烈共鸣的渴望——想要知道我们从哪里来,我们的家又因何而生。为什么地球在一片就目前所知令人望而生畏的空无里成为生命的绿洲?我们这颗淡蓝色的星球有何不同,令它成为生命的家园?

这些问题错综复杂,而且我们还不知道全部的答案。但是,一颗行星需要拥有哪些成分才能使生命得以出现,才能令复杂的生命从蹒跚学步起,一步步走向更广阔的太空?对此,科学界已经在某些方面达成了共识。很多这样的成分在整个太阳系内甚至之外都十分常见,然而,我们至今没有找到证据表明在地球以外也存在生命——不管是简单的还是复杂的。这可能是因为生命的出现需要很好的运气和一段几十亿年相对稳定的时期,而构筑宇宙飞船的可能是罕见而贵重的物品。

这样的想法可能也曾划过弗兰克·博尔曼的脑海。在离家40万千米远的孤独感之下,博尔曼用一句话结束了1968年的圣诞广播,我一直认为这一简单而深刻的句子里蕴含了不可抗拒的力量。对我来说,这是向我们所有人发出的一个本能的呼唤:珍惜我们的家,它是我们人类——有可能是宇宙中唯一现存的文明——继续生存下去所必需的平台。

"最后,阿波罗8号全体宇航员祝您晚安好运,圣诞快乐——上帝保佑你们,所有在地球上的人。"

生命的演进过程

合弓动物

二叠纪（2.99亿～2.51亿年前）
陆生大型"像哺乳类的爬行类"动物数量多了起来

陆地脊椎动物
石炭纪（3.59亿～2.99亿年前）
羊膜卵的出现使得最早的爬行类动物迅速发展起来

总鳍鱼
泥盆纪（4.16亿～3.59亿年前）
3.75亿年前，提塔利克鱼来到了陆地上，其身体特征与四足动物类似

蕨类
泥盆纪（4.16亿～3.59亿年前）
先是石松类、楔叶类，而后最早的种子植物蕨类出现了
乔木和没有翅膀的昆虫也出现了

有颌鱼
志留纪（4.43亿～4.16亿年前）
海洋霸主，也是所有陆地脊椎动物的祖先

多足类
志留纪（4.43亿～4.16亿年前）
被认为是最早登上陆地的生物之一，很有可能以真菌和碎屑为食

圆锥状外壳头足纲
奥陶纪（4.88亿～4.43亿年前）
比它们在寒武纪时期的同类要大，如今绝大多数都灭绝了

奇虾
寒武纪（5.42亿～4.88亿年前）
已知最大的寒武纪生物，这些海洋生物大部分都为肉食性

三叶虫
寒武纪（5.42亿～4.88亿年前）
最早的节肢动物中最成功的物种，遨游海洋2.7亿年

同心圆图表

二叠纪-三叠纪大灭绝事件 2.52亿年前

二叠纪
哺乳类、龟类、蜥蜴类和主龙类的谱系出现
晚二叠世发生生物大灭绝，有90%的海洋生物和70%的陆地生物灭绝了，昆虫大都活了下来

石炭纪
陆地上长满了高大的蕨类植物；两栖类很常见且种类多样；最早的爬行类出现

古生代

晚泥盆世灭绝事件 3.75亿年前

泥盆纪
海洋中出现了菊石；植物纲到达了土壤；陆地上出现了木本植物；晚泥盆世出现了不明原因的生物大灭绝

显生宙

志留纪
陆地上相继出现了维管植物和无脊椎动物；海洋中出现了硬骨鱼

古生代

奥陶纪-志留纪灭绝事件 4.45亿年前

奥陶纪
有下颌的脊椎动物出现，最多的是三叶虫；植物和真菌的群落遍布陆地，气候变化形成了冰期

寒武纪
动物生命迅速多样化，出现了主要的门类和一些无法确定的形态

寒武纪生命大爆发

显生宙

古生代

元古宙

大气中出现了氧气，最早的多细胞生物诞生 25亿～5.42亿年前；陆地上有了生物膜

大气中出现了氧气，最早的真核生物出现 20亿年前左右

太古宙 38亿～25亿年前
单细胞/原核生物出现

冥古宙 45亿～38亿年前
地球与月球形成

5.75亿年前出现了真核细胞的多细胞生物

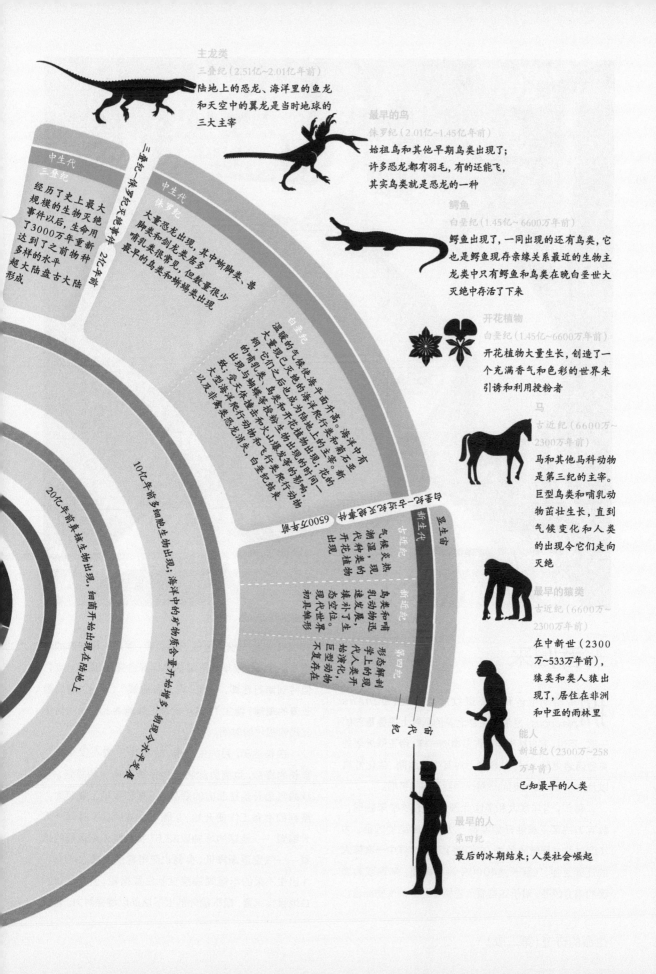

主龙类
三叠纪（2.51亿~2.01亿年前）

陆地上的恐龙、海洋里的鱼龙
和天空中的翼龙是当时地球的
三大主宰

最早的鸟
侏罗纪（2.01亿~1.45亿年前）

始祖鸟和其他早期鸟类出现了；
许多恐龙都有羽毛，有的还能飞，
其实鸟类就是恐龙的一种

鳄鱼
白垩纪（1.45亿~6600万年前）

鳄鱼出现了，一同出现的还有鸟类，它
也是鳄鱼现存亲缘关系最近的生物主
龙类中只有鳄鱼和鸟类在晚白垩世大
灭绝中存活了下来

开花植物
白垩纪（1.45亿~6600万年前）

开花植物大量生长，创造了一
个充满香气和色彩的世界来
引诱和利用授粉者

马
古近纪（6600万~
2300万年前）

马和其他马科动物
是第三纪的主宰。
巨型鸟类和哺乳动
物苗壮生长，直到
气候变化和人类
的出现令它们走向
灭绝

最早的猿类
古近纪（6600万~
2300万年前）

在中新世（2300
万~533万年前），
猿类和类人猿出
现了，居住在非洲
和中亚的雨林里

能人
新近纪（2300万~258
万年前）

已知最早的人类

最早的人
第四纪

最后的冰期结束；人类社会崛起

中生代
三叠纪

大灭绝
经历了史上最大
规模的生物灭绝
事件以后，生命重新用
了3000万年重新
达到了之前物种
多样的水平
超大陆盘古大陆
形成

2亿年前

三叠纪—侏罗纪灭绝事件

中生代
侏罗纪

大量恐龙出现，其中蜥脚类、兽
脚类和剑龙类居多
哺乳类和斯坦类出现
出现最早的鸟类和斯坦类

1亿年前

白垩纪

温暖的气候使海平面升高。海洋中有
大量现已灭绝的海生爬行类和头足
纲，它们之后也成为开花植物上的主宰。
的哺乳类、鸟类与开花植物出现了——
出现；象大体重乘撑物在火山喷发的影响—
以及非鸟类恐龙消失，白垩纪结束
大型海洋爬行动物和飞行类的影响，
及以大型海洋爬行动物在火山喷发的影响

6500万年前

新生代
古近纪

气候炎热
潮湿，现
代种类的
开花植物
出现

新近纪

鸟类和哺
乳动物取
代恐龙成
为现代世
界的主宰

第四纪

形态解剖
学上的现
代人类开
始出现，
巨型动物
不复存在

纪
代
宙

10亿年前多细胞生物出现；海洋中的矿物质含量开始增多，珊瑚与水草发展
以及非鸟类恐龙消失，白垩纪结束，飞行类爬行类的影响

20亿年前真核生物出现，细菌开始出现在陆地上

王者归来

拥有明艳橙色和漂亮斑纹的帝王蝶（*Danaus plexippus*）是展现生命之美的画卷上浓墨重彩的一笔。不过，和自然界中的许多事物一样，帝王蝶外表的美会随着更深一层、从科学上对其生命周期、生化性质以及形状和功能成因的理解而得到无限的扩增。

每年，当加拿大和美国北部地区的秋季来临时，数百万的帝王蝶便开始准备一次艰苦卓绝的远征。为了度过北方严酷的冬季，它们踏上了自然界中一次伟大的迁徙之旅，飞跃长达4000千米的距离，来到较为温暖的南方越冬。对于这些看上去娇小孱弱的生物而言，

4000千米是一段太过遥远的距离，需要一代特殊的蝴蝶才能走完。成年帝王蝶的平均寿命只有4周多一点，但待到南行在即，一代"玛士撒拉蝶"（译注：意为最长寿的蝴蝶）诞生了；这一代帝王蝶能活上将近10倍于父代和祖代的时间。

在长达8个月的生命里，这些帝王蝶不仅享有了更长的寿命，也肩负起将基因传续至来年的重任。当秋的气息开始在北方的森林、田野和草地上蔓延时，旅程的准备工作便开始了。随着北方的日照时间一天天缩短——地球的地轴以23.5°夹角绕太阳运行的结果——气温逐渐降低，食物也变得稀少起来。9月初，才出生不久的年轻蝴蝶感觉到白昼缩短，开始大口大口地吸食花蜜，攒下额外的层层脂肪以增强耐力。当气

温逼近它们的耐受极限之时，它们便出发了。这趟南飞之旅并不是漫无目的的，这5亿只帝王蝶每天要飞越近百千米，只为了到达一个特定的终点。这些蝴蝶中没有哪只曾经飞过这条航线，但旅途的终点数千年来始终不曾改变。

要解决这一每年都会出现的难题，帝王蝶演化成了导航高手，将时间和太阳作为它们的指引。它们从落基山脉以东出发，穿越美国中部的大平原，深入温暖湿润的南部地区。沿途它们要面对所有长途旅行者都会遇到的危险：时刻处在遭受疾病、感染和暴风雨袭击的阴影之中，待到这趟年度之旅即将走完时，鸟类的捕食还会掠走其上万只同伴。

但是，纵使山高路远、处处艰险，每年仍然有上百万只帝王蝶成功抵达墨西哥中部腹地的一小片常绿雨林。生活在落基山脉以西的帝王蝶种群也会经过同样艰险但路途稍短些的迁徙，到达美国加利福尼亚州南部越冬。

使用光谱梯度分析法确定太阳的方位
阳光照射到的半球以波长较长的光（绿色光）为主，阳光照射不到的半球以波长较短的光（紫色光）为主。

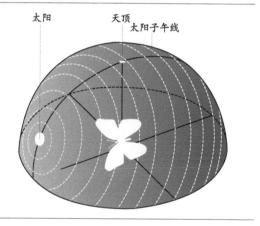

太阳　　天顶　　太阳子午线

对页图　每年9月初，数以百万只帝王蝶聚集在落基山脉以东，然后向南迁徙至墨西哥中部的常绿雨林。

下图　这张放大的蝴蝶头部图像清晰地展示了蝴蝶的三大感觉器官：两根长长的、分节的触角，一对复眼，紧紧盘绕起来的口器。

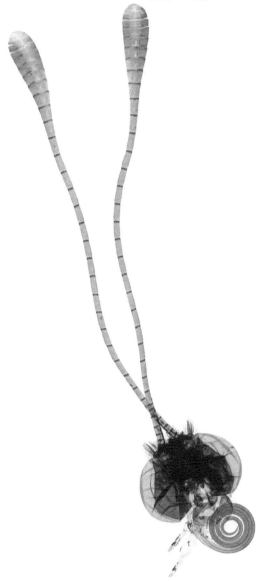

帝王蝶确定航向的方法很像18世纪的探险家，都是利用天空中太阳的方位以及体内的生物钟导航的。如果知道时间，很容易就能通过太阳来判断哪边朝南。在北半球的正午时分，太阳的指向一定是正南方。如果你有手表，还可以在一天中的其他时间来判定哪面朝南：将时针对准太阳，时针和12点夹角的中线便指向正南。帝王蝶迁徙时用的便是这种方法，只是更加复杂，叫时间补偿太阳罗盘，这种方法让它们保持一直向南飞行。

蝴蝶利用其高度发达的眼睛测量太阳的方位，它们的眼睛可以检测到阳光的偏振，使其能够"看见"太阳在哪里，即使隔着云层也一样。科学家认为蝴蝶还会使用"光谱梯度"，根据天空的具体颜色来判断这片天空与太阳之间的距离。天空的颜色是各种光波混合后的结果，不同波长的光在大气中的散射速率不同，这一现象最熟悉的例子莫过于日出日落时天空的红霞。

帝王蝶的生物钟则难懂一些。生物钟在自然界中无处不在，科学家认为生物钟是一个非常古老的演化发明。在体内生物钟的调节下，生物体形成了昼夜节律。

从最复杂的哺乳动物到最简单的微生物,生物圈的每一个角落都能找到昼夜节律的存在。生物钟的出现可能是为了给生物体提供某种保护,使其免受太阳辐射的危害。生物体的DNA在复制时最容易受损,因此将细胞分裂的时间限制在不见阳光的数小时里会更利于生存,而这就需要有一个与地球自转同步的时钟。

直到不久前,人们都还以为帝王蝶的生物钟像其他动物那样位于大脑里面。但2009年,马萨诸塞大学医学院的神经生物学研究者进行的一项实验,揭示了帝王蝶的生物钟是位于触角这一更为纤细的结构里。帝王蝶的生物钟为何会处在这样一个不寻常的位置,原因尚不清楚。发自触角生物钟的节律信号和从眼睛传来的太阳方位在帝王蝶那小小的大脑深处某个专门区域内被综合到一起,使它们在去往墨西哥中部的航行中一直保持向南。

在接下来的5个月里,墨西哥为数不多的几处山谷会成为上百万只蝴蝶的栖身之处,它们密密麻麻地聚集在藤蔓之上,整个森林都因此而燃起了绚烂的橙色火焰。帝王蝶的迁徙有力地证明了生物的家园并非一个固定的处所,而是一组使其得以生存的环境之和。假如这些环境发生了改变,生物就可能得搬家。

帝王蝶的例子令人想起了生物学的一个深刻道理——不能把动物的形状和功能分开来理解。帝王蝶的行为和生化性质与它的栖息地密切相关,也与其他数不清的动物、植物的行为以及太阳系运转带动四季的不断变化密切相关。要是没有了地轴的倾斜,就没有我们所知的帝王蝶,也没有四季交替和迁徙的动力,这一切令我觉得既平凡又奇妙。地轴倾斜的原因无疑是个巧合——45亿多年前我们这个星球的形成和历史的遗留。木星和水星几乎没有倾斜,而天王星则倾斜了几乎180度。

这带来了一系列有趣的问题:是什么因素使得地球成为如此繁杂的生态系统的家?哪些成分是生命演化所必需的,这些成分在地球以外的宇宙中分布如何?像帝王蝶、冷杉和人类这些复杂生命的出现,是物理定律的必然结果还是几乎不可能的事件?而后者意味着地球及其现有的生态系统是银河系(可观测宇宙范围内数十亿个星系里的一个)中罕见乃至独一无二的角落。

右图 要理解帝王蝶的行为和生化性质,就不能不考虑栖息地或季节变化的影响。

非常特别的家

短几个自然段很难把墨西哥（更确切地说是墨西哥合众国）的好——道来。这是一个充满激情和色彩的国度，平和宁静，令人愉悦，虽然时而也很吓人。墨西哥的建筑风格和风俗习惯有一种很强烈的特殊气息，且其土著文明的历史遗迹尚保存完好，令人印象深刻，其远古传说也给21世纪的全球文化增添了浓墨重彩的一笔——哪个学校里的孩子不对阿兹特克文化着迷，又有哪个新时代的阴谋论家没把玛雅人倾力写就的复杂历表的深意想了一遍又一遍呢？

具体来说，墨西哥占地面积将近200万平方千米，有1.12亿人口（译注：此为2013年数据，2017年墨西哥人口约1.23亿）。北与美国接壤，西面和南面朝着太平洋，东临墨西哥湾，东南方与危地马拉接壤，并隔着加勒比海与巴西遥遥相望。虽然地方只有巴掌大一块，这里的地质类型和气候种类却异常多样，从低地雨林到高山针叶林，从水草丰茂的草场到高原火山地带，让人应接不暇。被世界上最大的两个大洋左右相拥的地理位置，也使墨西哥成为地球上生物多样性最丰富的国家之一。虽然它只占据了地球陆地面积的约1%，但这里生活着20多万种不同的生物，根据最近一次统计调查，这约相当于地球生物总量的10%。墨西哥生活着707种爬行类、438种哺乳类、290种两栖类和超过2.6万种

右图 墨西哥尤卡坦半岛的热带雨林中常常不见地表水的踪迹。然而，这里是地球上生物多样性最为丰富的地区之一。

墨西哥是地球上生物多样性最丰富的国家之一。虽然它只占据了地球陆地面积的约1%，这里却生活着20多万种不同的生物，占地球生物总量的10%左右。

下图 塞诺特（天坑）标志着一座巨大的火山口的边缘，这座火山形成于6500万年前，是由一颗直径大约为10千米的小行星撞上地球形成的。

底图 火鸡（*Meleagris ocellata*）主要分布在墨西哥尤卡坦半岛的热带雨林中，只有雄性才拥有这样艳丽的羽毛（如图所示）。

顶图 墨西哥串珠毒蜥（*Heloderma horridum*）是已知生活在墨西哥的707种爬行动物中的一种。

上图 经过了多孔石灰岩几千年的过滤，尤卡坦半岛塞诺特的水极为清澈。

开花植物。这就是为什么我们选择墨西哥来讲述这些成分的故事,正是有了它们,世界才成了生命的乐园。

我们开始在尤卡坦半岛的热带雨林里进行拍摄时,发现这里意外地罕有地表水。尤卡坦大部分地区都没有河流和溪流,因为这里的地基主要由多孔的石灰岩构成。不过,在地下复杂且分层的蓄水层中,储存着一片巨大的淡水资源。好在半岛上的居民可以很方便地从叫作塞诺特的天坑中获取这一地下水源,而且这样的塞诺特大大小小有很多。从塞诺特往下,就是几千年来石灰岩不断溶解形成的洞穴,盘根错节,交织成了巨大的洞穴网,清澈的地下水充盈其间。玛雅文明就围绕着这些塞诺特发展了起来,其中许多都位于

> **玛雅文明就围绕着这些塞诺特发展了起来,其中许多都位于一个叫希克苏鲁伯的村子中心的一块奇怪的半圆拱形区域。**

一个叫希克苏鲁伯的村子中心的一块奇怪的半圆拱形区域。这片区域位于一个巨大的火山口的边缘,这座火山形成于6500万年前,当时一颗直径约10千米的小行星撞上了地球。这一事件被称为白垩纪–古近纪灭绝事件(或KT灭绝事件),恐龙大规模灭绝或许正是受该事件的影响,这一假说也是目前恐龙灭绝原因认可度最高的理论。

塞诺特中的水异常清澈,因为它们都是经过了千百年来尤卡坦岛上多孔岩石的层层过滤之后,才逐渐充溢了这个地底世界。潜入这个清澈而不见一丝光亮的地下洞穴别有一番体味,我也乐得远离林间的酷热和蚊蝇,换来一丝喘息的机会。随着洞穴系统的不断深入,阳光渐渐没于黑暗之中,但仍然可以找到大量的生命。这就跟我们在一些地球上最极端的环境里所发现的一样:除去光、热、土壤、植物、昆虫乃至氧气,生命依然生机勃勃。就目前所知,唯有一个成分是生命存在绝对必需的。

上图 塞诺特中生活着大量的生物,潜入这个清澈但不见一丝光亮的地下洞穴别有一番体味。

简单却又复杂

水可以说是所有已知物质中行为最复杂的一种。这听来也许很意外，因为水那司空见惯的化学式H_2O是化学课堂上最最基础的内容。不过，这种熟悉之下隐藏着一种深层的复杂，直到最近我们才略知一二。当然，这种复杂并不在于水分子的结构本身：每个水分子由3个原子组成——两个氢原子和一个氧原子。回忆以前上过的化学课，你或许还能记起，两个氢原子通过共价键和氧原子相连。氧的原子核外有8个电子，其中有6个在外层，这6个电子叫价电子。6个价电子中的4个两两配对，剩下的两个单电子迫不及待地想要跟其他原子的电子相结合[1]。每个氢原子都各有一个电子，它们很乐意把自己的这个电子与饥饿的氧原子共享，其结果就形成了水分子。

然而，这种由两对电子和两个氢原子围绕一个氧原子形成的四面体结构并不像它看上去那么简单，当大量的水分子聚在一起时，这种结构便使水分子有了极其复杂的行为。接下来，我们将会发现，很可能正是这种独一无二的行为使水成为生命在地球以及宇宙中的任何地方存在的先决条件。鉴于水在人类生活中所处的重要地位，过去300多年来科学家一直在试图解开它的秘密也就不足为奇了。

[1] 不喜欢这种拟人化语言的读者，可以将这里理解为原子核周围可用的能级上两个自旋相反的电子相互配对，使系统能量降低，形成稳定的共价键。氧原子核的外层有2个电子层，最多可以容纳10个电子。

H_2O的几何构型：四面体结构。

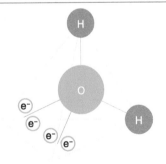

右图 我们经常把水当成习以为常的东西，但其实它是一种非常复杂的物质。没有水就没有生命，不仅在地球上如此，在宇宙中也一样。

18

探索水的历史

在18世纪，欧洲到处都是寻根究底、想要解开自然界奥秘的人，而这其中，亨利·卡文迪什绝对是最特立独行的一个。据说，他完全无法跟家族以外的女性交流，要跟女仆说话时就写纸条，还在自己的宅子里修建了特殊的楼梯，整天绕来绕去就为了不跟管家照面。卡文迪什的孤僻已是登峰造极，他常常将自己的实验发现藏起来，不发表，也不和任何人说。孤僻到这种地步的结果是，在他去世多年以后，其涉猎之广、发现之丰才始为人知。

卡文迪什信奉燃素说，这是一种流传甚广的学说，从炼金术发展而来。燃素说认为，所有的可燃物质都含有一种元素——"燃素"。到18世纪中期，燃素说在很大程度上已经声名扫地，但卡文迪什仍旧相信这一学说有其可取之处，并试图将其纳入他的许多观察之中。人们听来或许会觉得卡文迪什的研究方法十分古怪，但他对我们理解自然界做出了非凡的贡献，尤其是他早年对水的化学性质的研究。

在一系列实验中，卡文迪什用锌、铁和锡等金属与盐酸反应，制造并分离出了一种气体。这使得他成为第一个在实验室里制备出氢气的人。1766年，卡文迪什在他发表的一篇题目颇具诗意的论文《撩人的气息》（Factitious Airs）中，将这种新的气体命名为"可燃空气"。接着，卡文迪什展示了氢气与另一种被他称为"去燃素空气"的气体发生反应会生成水，这种气体就是氧气。卡文迪什对可燃气体的实验最终使他率先确定了地球大气的组成——1份"去燃素空气"（氧气）和4份"燃素空气"（氮气）。卡文迪什的科学研究方法很有启发意义：虽然他刚愎自用，执着于燃素说，但他没有任何自己理论上的成见玷污实验结果。这就是为什么卡文迪什虽然对研究课题的理解在某些地方是完全错误的，但他仍然能够有正确的发现。这正是伟大的实验科学家的标志！

为组成水的两个元素氢和氧命名的，是18世纪伟大的化学先驱安托万·拉瓦锡。虽然他成绩斐然（这是毋庸置疑的），但拉瓦锡在给这两个元素命名时犯了一

水的电解

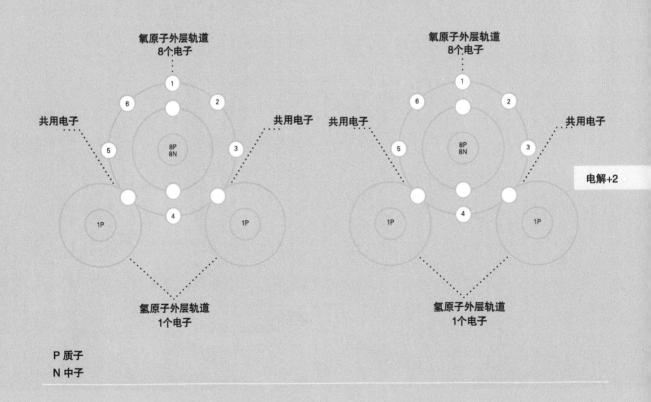

电解+2

P 质子
N 中子

个根本性的错误，而这个错误还延续了下来，一直错到了今天。

他用希腊语"hydro"（意为水）和"genes"（意为创造者）组成了"hydrogen"（氢元素），这完全合情合理。但是，"oxdrogen"（氧元素）当中的希腊词根"oxys"（意为酸）错误地暗示了氧是组成酸的成分之一。用"hydrogen"来表示"氧"会更加贴切，因为大部分常见的酸的化学反应都涉及质子的转移，也即氢原子的交换。但拉瓦锡取的名字就这么定了下来，于是氧元素也永远被扣上了"酸的提供者"这项帽子，实际上氧并不具备这一属性。

1804年，法国化学家约瑟夫·路易·盖-吕萨克和德国博物学家亚历山大·冯·洪堡在一篇论文中描述了水确切的元素组成。二人合力展示了水由氢和氧两种元素组成，一个水分子由两个氢原子和一个氧原子构成，由此得出了世界上最广为人知的化学式：H_2O。如果拉瓦锡当初没有弄错的话，水的化学式就应该是O_2H而不是H_2O，但历史已经酿成了这样的结果。

贝尔先生的电解水基础

每个人都有那么一位老师，他的教诲常随着可爱的怪癖一点一滴渗入学生的心里，在学生的脑海中留下永不磨灭的印象。我就有这样一位老师，他的名字叫萨姆·贝尔。有一天，时值傍晚，奥尔德姆（英国曼彻斯特郡的一个城市）的天渐渐暗了下来，贝尔透过薄薄的玻璃窗向操场望去，带着浓浓的约克郡口音奇怪地咆哮着，说他怎么还能看到老游戏大师平克·格林摇铃铛，然后拿黑板擦朝一个男孩儿的头扔过去。换作今天，他无疑会遭到纪律处分，但这使11岁的我喜欢上了化学课。贝尔先生的标志性技术是将化学反应用一种通常只有诗歌才有的、令人难以忘怀的力量注入学生小小的大脑之中。"农夫很累往家走，氢气尖声吱吱叫！"半辈子以后，在墨西哥中部的一处瀑布前对着摄像机用汽车蓄电池讲解水的电解时，我才发现这个法子确实管用。

"电子从阴极进入水里，发生还原反应，释放出氢气，在空气中吱吱作响。氧化反应发生在阳极，产生氧气，使带火星的木条重新燃烧起来。"完美。

阴极（还原反应）：$2\,H_2O + 2e^- \rightarrow H_2 + 2\,OH^-$

阳极（氧化反应）：$4\,OH^- \rightarrow O_2 + 2\,H_2O + 4e^-$

我之所以讲这些——这些知识对后面要讲的光合作用很重要——是为了说明将水分解成氢和氧需要消耗大量的能量。这是因为氧原子真的很想得到两个额外的电子来填补它的外层轨道，而氢原子又相对容易借出这些电子。这反过来使水分子非常稳固，于是将氢原子和氧原子分开就需要花大力气——在这里，消耗的就是汽车蓄电池的电能。

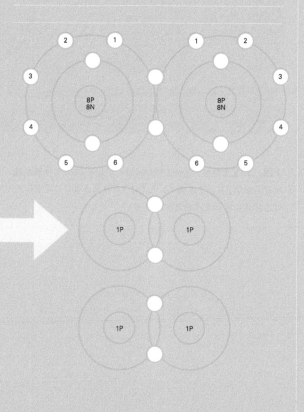

水的电解

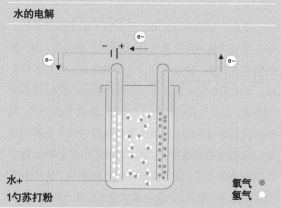

水+
1勺苏打粉

氧气 ●
氢气 ○

水，无处不在

地球这颗蓝色的行星在太阳系中之所以独一无二，是因为它的表面拥有液态水。没错，地球在太空中看来是一个水的世界，71%的表面积都为这种液体所覆盖。这种特性是地球的体积以及地球在太阳系中的位置所致，与水分子本身在宇宙中含量稀少无关。虽然我们还没有发现其他类似地球的星体，但我们知道，在广袤无垠的宇宙里，地球上的海洋、湖泊和河流只不过是宇宙之海中的小小一滴——宇宙中其实充满了水分子，任选一片空间，我们所见到的宇宙都是湿的。

这没什么好奇怪的，你想，氢和氦是宇宙中含量最多的两种原子。氢元素占了所有元素质量的74%，第二轻的元素氦占了24%。氢和氦这两种元素之所以这么多，是因为它们在大爆炸后的最初几分钟之内形成。氧是宇宙中含量第三多的元素，占了总量的1%左右。剩下的大多是碳；其他元素的含量都要少很多。今天宇宙中所有的氧原子和碳原子（包括你体内的那些）都是在恒星核心的核聚变中形成、在恒星死亡时散布于太空中的。除了氦原子心满意足地在内层轨道

> **今天宇宙中所有的氧原子和碳原子……都是在恒星核心的核聚变中形成、在恒星死亡时散布于太空中的。**

上排满了两个电子，其他的原子为了给自己落单的电子配对而相互吸引，因此就形成了分子。水分子是宇宙中第三常见的分子，仅次于氢气分子（H_2）和一氧化碳分子（CO）。

星际之间的海洋大部分是在恒星诞生时形成的。单在我们的银河系里就有超过4000亿颗恒星，而当新的恒星形成时，就会发生一连串的反应，导致水的生成。星际间的尘埃云受引力作用影响发生坍缩就形成了恒星。这些气体在往中心下落时，温度不断升高，直到引发核聚变。这一坍缩及紧接其后的点火使得气体和尘埃向外猛烈地喷发。当这些喷发出来的物质遇上了周围的分子云，受之前恒星死亡的影响，这些分子云里面充满了氧气，于是大量的氢气和氧气结合，就生

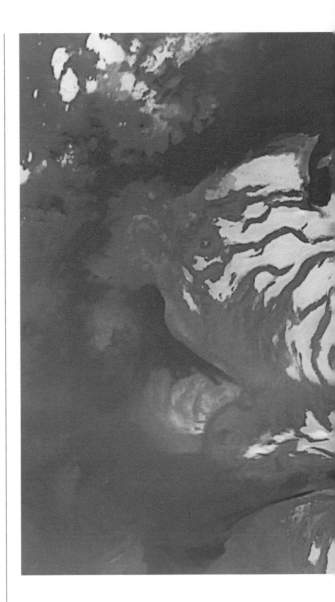

上图 火星上的水？这张由NASA的火星勘测轨道飞行器拍摄所得的图像，显示了这颗"红色星球"两极的冰盖。科学家认为这层冰盖由冰和尘埃的沉积物构成。

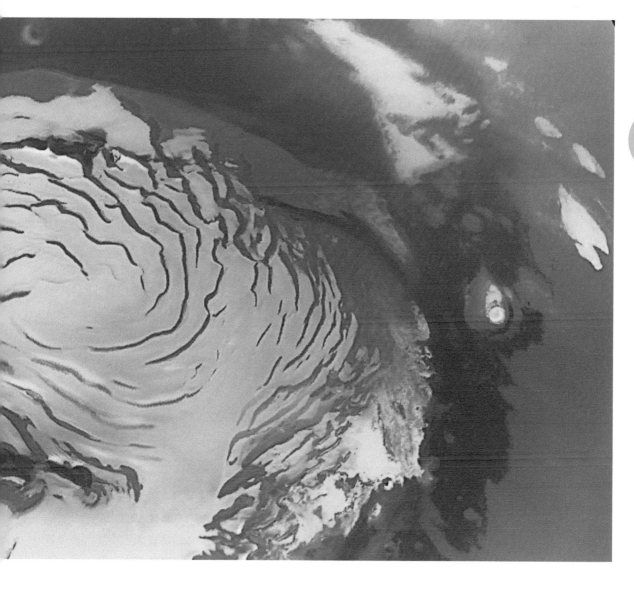

成了水。

2011年7月22日，NASA的喷气推进实验室和加州理工学院的天文学家宣布，他们发现了迄今检测到的规模最大、距离最远的水资源。距离地球120亿光年远的这片硕大的水分子云，其含水量比地球上所有海洋之和的1 400 000亿倍还要多。被这片水云环绕着的是宇宙中最强大、最令人浮想联翩的物体，它的名字很好记——类星体APM 08279+5255。这一活跃的星系里藏着一个是太阳2000多万倍大的黑洞，当恒星系统和尘埃云慢慢旋转，沿着时空的斜坡滑向这一张开大口的怪物时，所释放出的能量相当于1000万亿个太阳的能量。这产生了一个星系级别的冲击波，使不计其数的氢气分子和氧气分子结合在一起形成超大量

的水。这一发现的规模超乎寻常，但其发生的时间也同样不一般。由于光线要走120亿光年才能从类星体APM 08279+5255传到地球，因此我们现在看到的是大爆炸以后不到20亿年的景象。所以，这片水资源非常古老，而这一发现也证明了赋予生命的水不仅含量丰富，而且在宇宙诞生后不久就出现了。

水在宇宙中出现得非常早，而且到处都是。我们的银河系里也有很多水，虽然与APM 08279+5255相比还稍显干燥些（APM 08279+5255的含水量是地球的3500亿倍左右）。这种星际间的水资源就是45亿年前在我们的太阳系汇聚、凝结并形成了如今地球表面上海洋和河流的水分子云的一部分。

水：不可或缺的成分

　　水渗入了生物界的每一个角落。水是地球上每一个生物体内最主要的成分。水对地球上的生命是如此之重要，实际上，很多太空生物学家都认为水对宇宙中任何地方的任何生命而言都至关重要。

水的循环

　　水在大自然中的循环也叫水文循环，描述了水在地球表面、上空以及地下持续不断的运动过程。水在液态、蒸汽（气态）和冰（固态）这3种状态中不停转换，发生在一瞬间，持续了上百万年。

❶ 降水

　　云层中的水以雨、冻雨、霰、雪和冰雹的形式释放出来。这是水循环中大气里的水降落到地表的主要通道。

❷ 渗透

　　天空中落下的雨和雪有一部分会渗入地表的土壤和岩石中，渗透量的多少取决于多种因素，例如格陵兰岛冰盖上的降水极少渗入地下，而落到河流里的降水很可能直接就被送往了地下。

❸ 蒸发

　　水从液态水重新进入循环，变为大气中的水蒸气的最主要过程。从海洋、湖泊和河流蒸发的水占大气中湿气的将近90%。

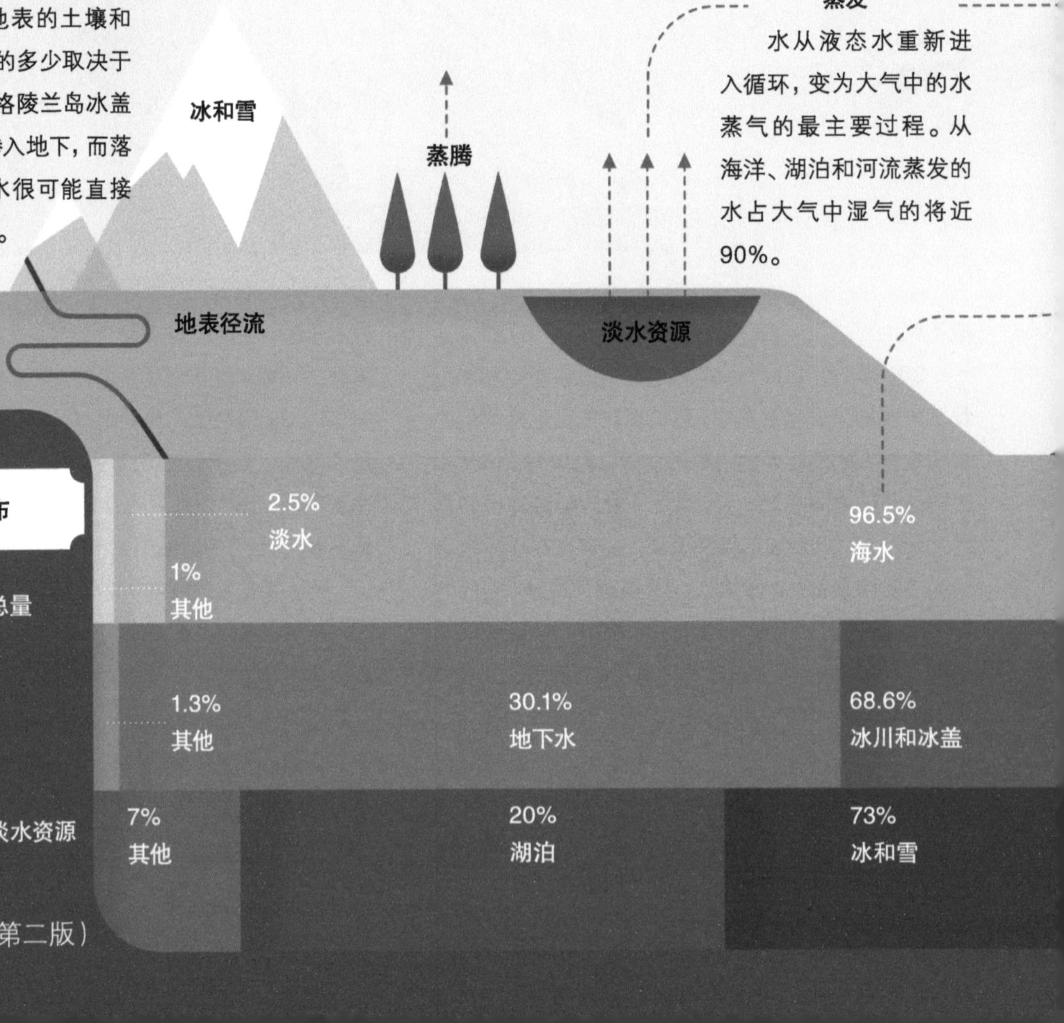

冰和雪

蒸腾

地表径流

淡水资源

水的分布

全球水的总量	2.5% 淡水		96.5% 海水
	1% 其他		
淡水	1.3% 其他	30.1% 地下水	68.6% 冰川和冰盖
地表水 / 其他淡水资源	7% 其他	20% 湖泊	73% 冰和雪

生命的奇迹（第二版）

⑤
大气中的水

云是大气中的水最显著的表示形式。但天空中万里无云的时候空气中也含有水，只是这些水分子太小，我们看不见。

地球上的水是怎么来的

彗星

彗星上充满了冰和有机化合物，科学家长期以来一直认为地球上的水有很大一部分是彗星带来的。但是，并不是所有的彗星都拥有与地球上的海水成分相同的水。

陨石

陨石对我们如今居住的这颗水汪汪的星球可能也有影响。小行星和一些陨石上含有比例恰当的重水和水，而且远古时期的陨石与地球陆地的原始成分极为相似。

❹
凝结

大气中的水蒸气从气态变为液态的主要过程。凝结是水循环中至关重要的一步，因为正是这一过程形成了云。这些云可能带来降水，后者是水在循环过程中回到地球表面最主要的通道。

水的含量

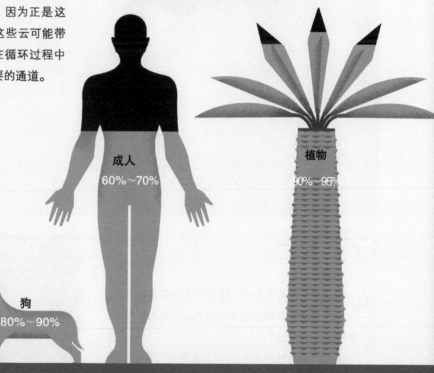

成人
60%～70%

植物
90%～95%

狗
80%～90%

孩子
78%

水母
95%

鱼
80%

深海蟹
86%～90%

行于水上

在地球上的所有生物中，很少有生物能像水黾科的昆虫这样公然利用水的特性。水黾也俗称水马、水蚊子或"上帝虫"。

水黾是高明而残忍的杀手，它们会用专门演化出的口器刺穿捕捉到的蜘蛛或苍蝇的身体，将里面的汁液吸个一干二净来结束对方的生命。全世界已知有1700种水黾，栖息在各种各样的有水环境中，从你家后院的池塘到墨西哥雨林最深处静静流淌的小河，都可以找到它们的身影。但对于学校里的孩子和一个跑来搞生物的物理学家来说，水黾有趣的地方并不在于其猎杀手段和分布广泛；水黾吸引人的是它能够行走于水面之上。观察一只普通的水黾，你看到的将是一种在其自身结构特征和水的物理特性之间取得了精妙平衡的生物，因此它们很好地适应了在水与空气交界处的生活环境。

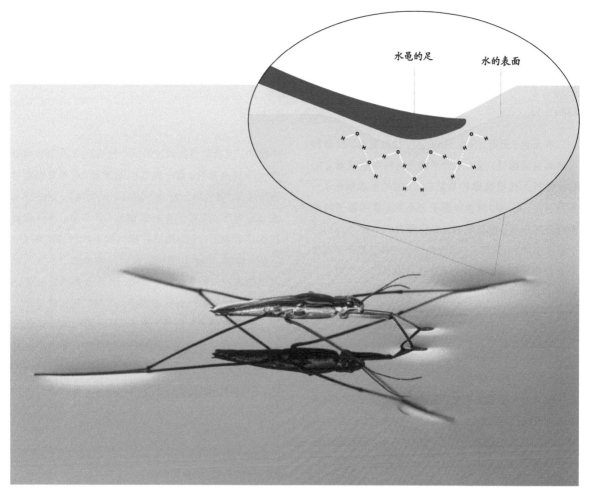

水黾的足　　　水的表面

观察一只普通的水黾，你看到的将是……在其自身结构特征和水的物理特性之间取得了精妙平衡的生物。

对页上图　水黾能在水面上行走。不过，除了水黾的适应性身体结构外，水的物理性质也是它们得以据这一独特生活环境的原因。

上图　水黾的后足将其体重散布到更大的表面积上，而中间那一对足则负责驱动身体在水上前行。

对页下图　这张水黾的图片是从水下朝上拍的。水分子之间强大的化学键有助于防止昆虫把水面踏破。

水黾的前足较短，用来捕捉猎物，而中间的一对足则负责驱动身体在水面前行。水黾的后腿又长又细，将其体重散布到更大的表面积之上。这些细牙签一样的结构有助于水黾在水上行走，但光靠它们还不足以使水黾浮在水面上。水黾体表的每平方厘米都覆满了一簇簇的细毛，将体表面积进一步增大。这些细毛还具有疏水性，这样水黾就不会被水打湿。要是没有了这个适应特征，只需一滴雨水便足以将水黾压倒并浸入水里。而就算水黾沉入水中，它身上防水的细毛也会吸附空气，增加浮力，从而再次浮出水面。所有这些结构特征加起来，使水黾得以生活在这一独特的环境中，以1米／秒的速度在水面上游动——对于小小的虫子而言，这可是相当快了。不过，要是没有水分子之间那些强劲的化学键，光有这些聪明的适应性特征还不足以让水黾浮在水面上；归根结底，正是这些化学键才令水对生命具有如此重要的意义。这也是为什么我们选择水黾这一寻常而又特别有意思的小家伙来介绍水的奇妙。

从树梢到雨滴：
氢键的魔力

对页图　水流向着一根与羊毛摩擦过的有机玻璃棒弯曲。有机玻璃棒在与羊毛摩擦后带上了电，水由于自身的特殊性质而发生了弯曲。

水无色、无味，化学式（H_2O）也很简单，但这种简单具有迷惑性，因为水分子的几何构型意味着它们的集体行为将极端微妙与复杂。下面的图表展示了一系列分子，每一种都由氢原子与不同元素的原子经共价键连接形成。最简单的是氟化氢分子（HF），只有1个氢原子和1个氟原子，因此是线型结构。氟原子只与一个氢原子结合，是因为氢原子外层只有一个电子。水分子有两个电子可以形成化学键，但它的外层还有两对放着"没用"的电子。虽然"没用"，但这两对电子仍然需要地方安置，它们的存在表明水分子不是线型的。两个氢原子各位于氧原子的一边，形成104.45°的夹角。

这具有很重要的意义。电子带负电，而氢原子只有一个原子核，原子核带正电。水分子呈夹角的几何形态意味着离氢原子很近的地方稍稍带正电，而离氢原子远的则带轻微的负电。这表明水分子是极性分子——一端稍微带负电，另一端稍微带正电，但水分子本身是中性的。这就是水在学校的一个经典科学实验中会有奇怪表现的原因。拿一根有机玻璃棒（一种只有实验室里才有、其他哪儿都找不到的奇怪物体），然后跟羊毛摩擦两下。摩擦使有机玻璃棒带上了电，其原理就跟你从毛毯上走过，然后在握门把手的时候被电了一下是一样的。当你让带电的有机玻璃棒靠近水龙头里流出的水时，水流会发生弯曲，这是因为水分子带正电或负电的一端分别受玻璃棒上电荷的吸引或排斥。

正是水分子的极性，赋予了这一看似平凡无奇的液体对地球上的生命而言至关重要的一系列复杂属性。水分子不但会受外界带电物体的吸引或排斥，它们还会彼此吸引，形成叫作氢键的弱键。水并不是唯一具有这种特殊性质的液体，氢氟酸和氨水中同样也有氢键，成因跟水一样——氟化氢（HF）和氨气（NH_3）分子由于特殊的几何结构以及原子周围的电子排布，也一端带正电，一端带负电。

氢键

	氟化氢	水	甲烷	硫化氢	氨气
	H—F	O H　104.45°　H	C H　109.5°　H	S H　92.1°　H	N H　107.8°　H
质量	20.01	18.01	16.04	34.08	17.03
熔点	−83.6℃	0℃	−182℃	−82℃	−77℃
沸点	19.5℃	100℃	−162℃	−60℃	−33.34℃
偶极性	1.86D	1.85D	0D	0.97D	1.42D
氢键	可以	可以	不可以	不可以	可以

形成氢键最直接的影响便是这些物质的沸点明显升高。甲烷（CH₄）是结构对称的分子，4个氢原子围绕中心的碳原子（见左页图），不具有极性，也没有氢键。这意味着液态时甲烷分子以非常微弱的化学键连在一起，不需要多少能量就能将它们分开，从甲烷液体变成气体；这就是为什么甲烷的沸点是零下162摄氏度。另外，氨气分子只比甲烷少一个氢原子，质量和体积都与甲烷分子类似，而由于带极性，分子之间形成了氢键，氨气的沸点就相对高得多，达到了约零下33摄氏度，这是地球上寒冷地区常有的温度。氟化氢分子也有极性，由于氟原子对电子的强烈需求，氟化氢在室温下才沸腾。当然了，水的沸点在标准大气压下是100摄氏度，因为水中氢键的作用力很强。通过比较水（H₂O）与硫化氢（H₂S），我们可以了解氢键的重要性。H₂S与H₂O在大小、重量上非常

近似，不同的是其中的氧原子换成了硫原子。H₂S不会形成氢键，因为硫原子不像氧原子那样紧紧地拉住外层电子，硫原子比氧原子多了一个电子层，内层的两个电子就把带正电的硫原子核包了起来，减弱了原子核对外层电子的约束力。因此，H₂S在零下60摄氏度便沸腾了。所以，如果没有了氢键，地球上也就不会有液态水——没有海洋、河流、湖泊，没有雨滴，也没有生命。

此外，也是由于水中有强大的氢键，水黾才能在水面上行走。要想弄明白为什么，就必须先想一想化学键的本质。从最基本的层面上说，化学键之所以会形成，是因为这样耗费的能量更低。也就是说，一群由氢键网络松散地结合在一起的水分子和一群单个杂乱无章运动的水分子，二者相比，前者比后者的能量组态更低。

想想看烧水意味着什么。你必须对水施加能量（加热）才能将它烧开，产生水蒸气；水蒸气是气态的水，水分子在这种状态下杂乱无章地运动。当你把水加热时，其中一些能量便破坏了水分子之间的氢键。如果必须消耗能量才能破坏氢键，那么当这些氢键重新形成、水蒸气冷凝成液态水时，必然会释放出能量。这就是为什么水蒸气更容易把人烫伤——当水蒸气接触到皮肤并冷凝成液态水时，会释放出大量的能量，让人觉得超级痛！你感觉到的一部分就是氢键网络重新形成，将水蒸气变成液态水的过程中释放出来的能量。

因为有氢键的液态水比没有氢键的气态水能量组态更低，这就在水的表面形成了一个有趣的现象。形成氢键降低了水分子的能量，因此每个水分子都尽可能地与其他水分子通过氢键相连。但是，在表面的水分子上方只有空气，所以就没有那么多可以与之形成氢键的水分子。为了保持能量最低，就只有尽可能地缩小表面积；表面积越小，形成的氢键就越多。

当水黾用它长满防水绒毛的细长足停在水面上时，使表面弯曲，从而增大了水的表面积。这增大了水的能量，因此水便朝上施加一个力，尽量使表面变平，从而减小自己的能量。这个力就是表面张力，正是表面张力使水黾一直浮在水面上。顺便一说，表面张力也是雨滴呈球形的原因。球

形使雨滴的表面积最小，因此对于大量的水分子来说，形成球形的雨滴是能量组态上的最优解。

在生物学上，水的高沸点和表面张力还仅仅是开始。水分子的极性不仅使两个水分子间可以形成氢键，还使水分子可以破坏其他连接较弱的分子结构，并将其溶解在水中。换句话说，水是极佳的溶剂，能够溶解盐类和其他一些可溶性的营养物质，这反过来又使这些物质得以被输送到生物体内的各个角落，使化学反应也可以发生。水在液态时结构性很强，我们现在知道，水表现得更像晶体而不是液体，水分子在氢键网络下形成了巨大的流动的结构。科学家认为，这些结构在细胞的复杂生物反应中扮演了关键的角色。从某种意义上说，水就像脚手架，给了生物学施展的空间。蛋白质的活动取决于它们的化学结构和精确的朝向与形状，而水分子与蛋白质分子之间的氢键对于引导这些复杂分子保持正确的朝向有着重要的作用，这样蛋白质分子才能正确地行使它们的生物功能。

水是一种令人着迷且独一无二的物质，水在氢键作用下对生物及其内部结构的影响是当前一个极为活跃的研究领域。这就是为什么说只有理解了水才能真正理解生物学。很多生物学家都怀疑，水是生命形成必不可少的一种成分，不仅仅在地球上，在宇宙中任何地方都是如此。

走向光明

　　地球上有各种各样的生物，形状各异，大小不一，复杂程度也不尽相同。所有的生物都含有这样一些成分：水，以及一小撮生命不可或缺的化学元素，比如构成DNA的氢、氧、氮、碳和磷。其他的成分和条件则是形成现在地球上特殊的生态圈必不可少的。没有了它们就不会有人类，但它们是否是复杂生命发育所必需的还未有定论。

地球上的几乎所有生物最终都要靠阳光提供能量。我们吃的每顿饭、每口菜都源于太阳，蔬果的生长要直接吸收阳光，鱼和其他肉类的成熟也要通过复杂的食物链吸取二手或三手太阳能。

现在看，阳光好像真的是生命最基本的成分，没有了它生命就无法存在。但我们跟这位恒星邻居间的关系并没有这么简单。太阳远非一位仁慈的伙伴，它所释放出的太阳辐射有着极为危险的黑暗面，这与它所提供养分的光明面堪称伯仲。生命在地球上形成之初，太阳极有可能是生命极力避免而非珍视的资源。要弄清楚生命与阳光之间的关系是如何转变的，我们首先得回到几十亿年前，回到生命还躲避在黑暗之中的时代。很多生物学家认为，并不是有了光，地球上才有了生命；相反，生命是从海底深深的黑暗之中走来的。让阳光从威胁转变为食源的是生命最为非凡的发明之一：产氧光合作用。正是这一生物过程的出现，最终才有了碳的捕获，大量的氧气才被释放到大气之中，而大气中充满氧气又成为触发生命爆发式演化的关键，使生命从简单发展到拥有了意识。

下图 没有阳光，就不可能有产氧光合作用。而正是因为有了产氧光合作用这一生物过程，氧气才被释放到地球的大气里。

穿越时间的铁道之旅

我不喜欢在丛林里拍摄，在我看来，湿气和驱蚊水加在一起就等于不适。不幸的是，生物多样性就意味着有很多样的生物，其中一些最好还是躲着点儿好。因此，和摄制组离开郁郁葱葱但险境重重的尤卡坦半岛，去往墨西哥北部令人神清气爽的高原时，我很是舒了一口气。奇瓦瓦太平洋铁路全长673千米，沿途跨越37座桥，穿越86个隧道，海拔最高2400米，是全世界最美的铁道线路之一。老旧的列车在清晨6点离开了海边小镇洛斯莫奇斯，不一会儿被朝霞染红的天空便将一束束暖暖的阳光从车窗栅栏的缝隙里送了进来。列车在沿岸平原上哐当作响，窗外的风景也从城镇变为山林，我们一路往北，向着墨西哥内陆的山区和黄铜峡谷进发。黄铜峡谷是由多座峡谷组成的峡谷体系，毫不逊于再往北去、名声更大的亚利桑那大峡谷。

坐火车走一次奇瓦瓦太平洋铁路不需要理由，它属于一生中值得去做的事情之一，因为它就在那里。但是，作为摄制组，我们这趟铁道旅行的目的是观察阳光在到达地球表面后不断变换的性质。时间从清晨变为傍晚，我们来到了空气稀薄的高海拔处，世界的颜色也从温暖的红变为阴冷的蓝。这些都是真实的、用肉眼可以观察到的物理变化，其成因都是阳光在穿越大气层的过程中由于波长的改变而使自身的性质也发生了变化。

光是一种电磁波，能量从太阳里出来以后就不停地在电场和磁场之间来回转换，以299 792千米／秒多一点儿的速度在真空中传播。作为一种波，光也有波长，光的不同波长在我们看来就是不同的颜色。人眼可见的光波长在400纳米到700纳米之间（1纳米等于十亿分之一米）。我们看波长450纳米的光是蓝色的，500纳米的是绿色的，600纳米的是橙红色的。波长比红光更长的光属于红外线，这部分太阳辐射我们只能感觉到热，但看不见它。有的动物（比如响尾蛇）演化出了探测红外线的能力，而人类只有通过夜视望远镜

对页图 奇瓦瓦太平洋铁路海拔最高2400米。

下图 从奇瓦瓦太平洋铁路线上看到的日出。随着列车不断往高处行驶，空气逐渐变得稀薄，周围的景色也从温暖的红变为阴冷的蓝。

下底图 列车在墨西哥中部的黄铜峡谷爬坡向前行进。

才能做到这一点。

在光谱的另一端，波长最短的光叫紫外线。鸟类、蝙蝠和昆虫等很多生物都能看见紫外线。有的花在紫外线的波段下显得异常艳丽，它们的美却不为人知。阳光里的紫外线很强，但大部分都被地球的大气层吸收或散射了，到不了地球的表面。这是件好事，因为短波紫外线对生物具有极强的杀伤力。要理解为什么会这样，换一种方式来看待光会更容易些。光线可以被看成由一连串叫作光子的粒子组成的粒子流。20世纪初，爱因斯坦等人发现了光所具有的特殊性质，向量子理论的发展迈出了第一步。光的"单位粒子"被称为光子，光的波长越短，光子的能量越强。高能紫外线光子就好像微型子弹一样，其巨大的能量可以破坏有机物的分子，撞上以后将其击得粉碎。这就是紫外线对生物有害的原因。不过，随着波长变长，紫外线与生命之间的关系变得"暧昧"起来。长波紫外线（即UVB）对生命有益（人体利用它来合成维生素D）。但是，和波长较短的紫外线UVC一样，UVB也能造成损伤。总之，紫外线对生物而言绝对是个问题。

时间从清晨变为傍晚，我们来到了空气稀薄的高海拔处，世界的颜色也从温暖的红转变为阴冷的蓝。

列车在奇瓦瓦太平洋线上行驶了几个小时以后，我们逐渐驶入了墨西哥内陆的山区，有两件事情发生了：太阳在天空中升起来，四周的空气变得越来越稀薄。不同波长的光在地球大气中被吸收和散射的程度不同，照在生物上的阳光的颜色和强度也会发生变化。例如现在，随着太阳不断升高，列车的海拔逐渐上升，对人体可能有害的UVB也大幅增加。我在坐火车时用一个叫作数字辐射仪的小型检测器测量了UVB的通量。清晨，太阳处于海平面时在天空中的位置还很低，我测出的数据是22毫瓦／平方厘米（这个单位表示生物体表面每平方厘米接受的紫外线太阳辐射量）。随着列车的海拔和太阳在天空中位置的逐渐升高，UVB的通量增强到了260毫瓦／平方厘米，这是由于高能UVB光子要穿透的大气减少了，被吸收和散射的量也就变少了。我的身体应对紫外线袭击的办法是产生一种叫作黑色素的东西。简单点儿说，我被晒黑了。

光谱

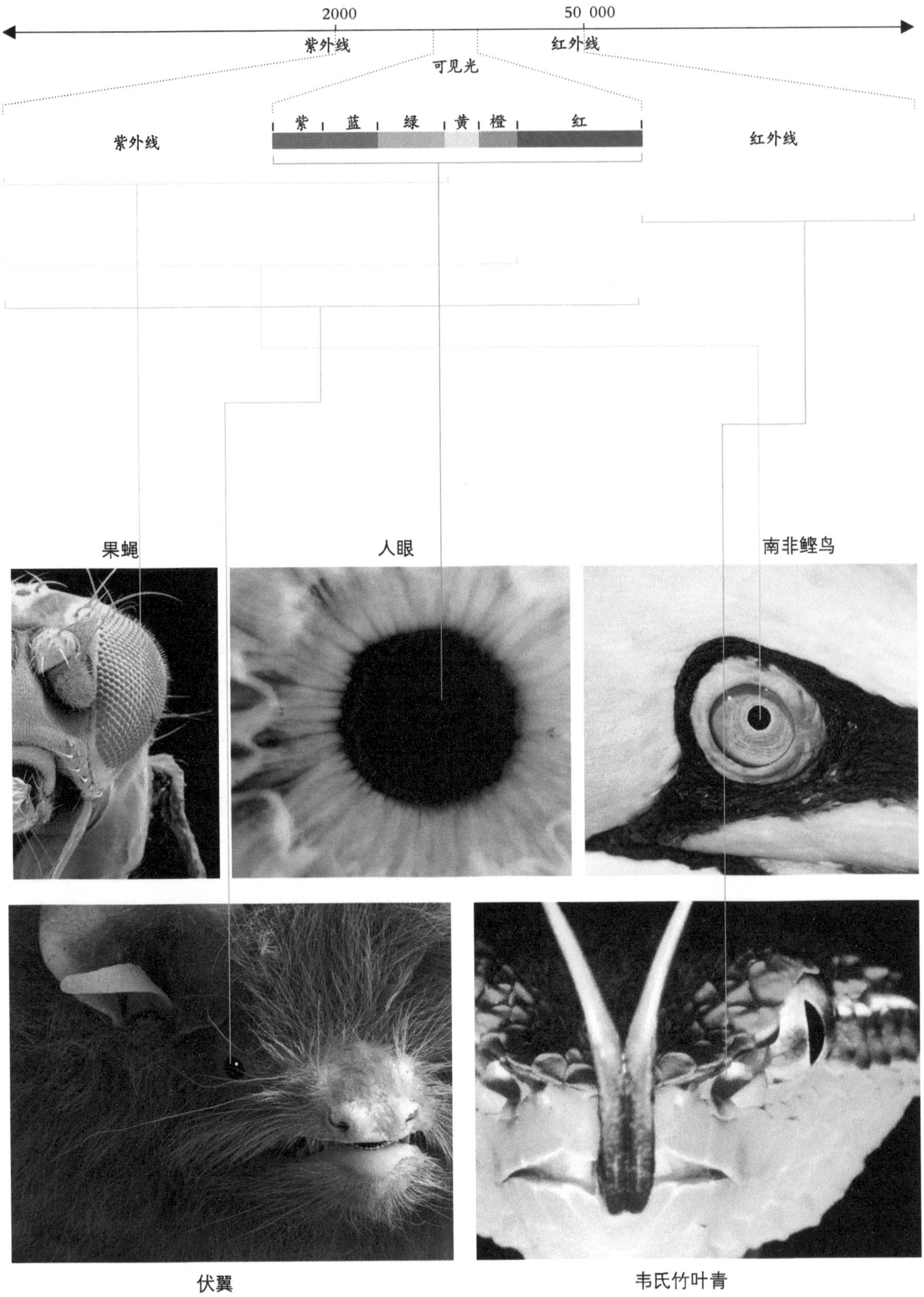

2000
50 000
紫外线
红外线
可见光
紫
蓝
绿
黄
橙
红
紫外线
红外线
果蝇
人眼
南非鲣鸟
伏翼
韦氏竹叶青

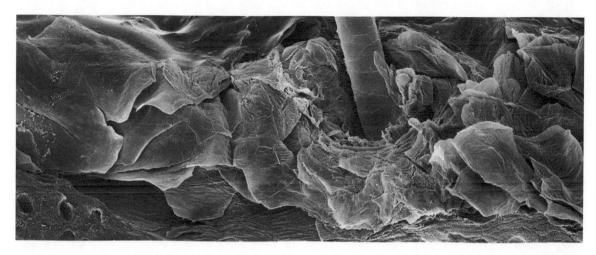

生命在地球上演化的进程中，很早就开始利用像黑素细胞这样的色素细胞，使之成为生命的一种基本组成部分。生命通过色素细胞与阳光相互作用，并且保护自己免受阳光的侵害。

上图 人体皮肤横截面的彩色扫描电子显微照片。颜色较深的一层含有产生黑色素的黑素细胞。

几乎所有动物体内都含有黑色素。黑色素在人体内位于皮肤下一种叫作黑素细胞的细胞之中。当高能紫外线光子照射在我们皮肤表面时，有可能会损伤位于皮肤下的敏感分子。DNA尤其容易遭到紫外线的侵害，还可能引发致命的后果，而黑素细胞则是保护细胞不受高能光子侵害的第一道防御线。黑素细胞之所以有着这样的能力，在于它特殊的分子结构。黑素细胞能够根据所处的身体部位聚合成不同结构的分子，而起作用的核心则是由大量移动的电子连接起来的一系列碳环。当太阳发出的高能光子击中黑素细胞其中的一个电子时，细胞的分子并不会遭到破坏，反而光子会在1皮秒之间消散掉，这个速度实在是够快的。在0.1皮秒的时间里，黑素细胞的分子将可能对人体造成伤害的光子吸收并将其能量转变为热。黑素细胞在这次较量中完好无损地存留下来，继续应对次日的战斗。黑素细胞的效率极高，能够吸收超过99.9%的有害紫外线辐射，保护细胞不受侵害。

黑素细胞以很多种形式普遍存在于自然界中；在人脑的内部也能发现黑素细胞，只是人脑中黑素细胞的功能还不得而知。就连细菌和真菌这样的微生物也会利用黑素细胞保护自己免遭紫外线的辐射。这表明生命在地球上演化的进程中，很早就开始利用像黑素细胞这样的色素细胞，使之成为生命的一种基本组成部分。生命通过色素细胞与阳光相互作用，并且保护自己免受阳光的侵害。尽管这跟地球上最先出现的生命形态并没有多大关系，因为最早的生命很有可能生活在海底热泉附近，但是，紫外线带来的危害将是生命离开海洋踏上陆地之后首先面临的难题之一，越过了这一关，才有了生命在陆地上的繁衍生息。

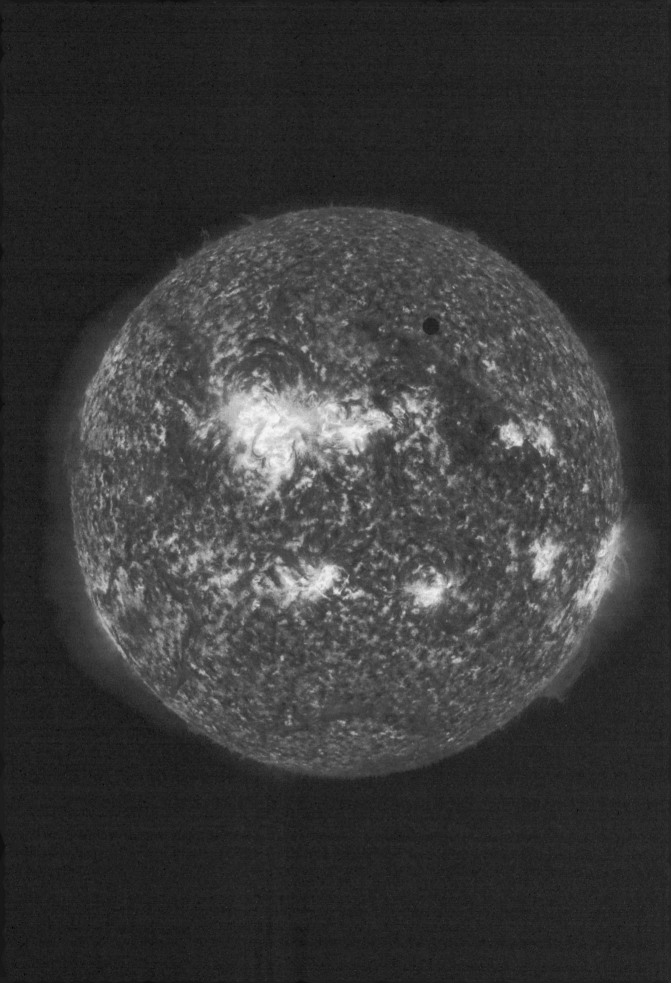

年轻的恒星

下左图 太阳的色球是其紫外辐射的来源。科学家认为,在太阳生命的最初几十亿年里释放出的紫外线亮度是如今的7倍。

对页图 这张太阳图像是NASA的太阳动力学天文台于2012年6月5日拍摄的,展示了金星凌日的天文学奇观。下一次金星凌日要在2117年才能见到了。

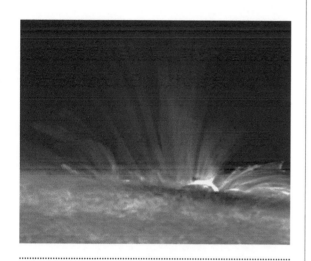

40亿年前, 我们这颗星球正四面受敌。在早期太阳系残余物的狂轰滥炸之下, 地球的表面满目疮痍, 有的只是光秃秃的岩石和遮天蔽日的滚滚尘埃。

地球最初并不是一个我们会将其视为家的地方——40亿年前,我们这颗星球正四面受敌。在早期太阳系残余物的狂轰滥炸之下,地球的表面满目疮痍,有的只是光秃秃的岩石和遮天蔽日的滚滚尘埃。那时候的一天很短,只用5个小时就能走完,因为地球在绕地轴进行高速旋转。每天早上,太阳从这片荒芜的大地上升起,那时候太阳的模样和我们如今见到的很不一样。那时候天上挂着的还是一颗处于婴儿期的太阳。当时如果有人去看,会发现太阳只有现在的七成亮,地球上好像一直处于黄昏时分。这就提出了一个有意思的问题,因为有确凿的地质学证据表明,当时地球的温度与如今相仿,而且显然表面可以有液态水的存在,那么为什么太阳亮度增强了,而地球上的气候却始终处于相对稳定的状态?这个问题还处在研究之中,不过,科学家认为是两个因素相结合产生了这一效果:一个是大气中温室气体(如二氧化碳)浓度的增加;另一个或许是云层变薄以后,被反射回宇宙的阳光也变少了,从而使地表维持在一个温暖的水平。

不过,太阳的亮度看起来不如现在只是表面现象。在肉眼看不见的紫外线波段,新生的太阳释放出了极其强烈的光芒。这是因为太阳在自身的高速旋转下产生了剧烈的电磁加热效应,因此那时候太阳表面的温度要远远高于现在。表面温度更高的太阳将其能量以高能短波辐射的形式释放出来,换句话说,那时候阳光中的紫外线更强。

科学家认为,年轻太阳在生命最初的几十亿年里释放出的紫外线亮度是现在的7倍。当时,地球大气最外层的紫外线通量与如今的水星类似,而水星与太阳之间的距离要比地球与太阳之间的距离近1亿千米左右。我们对于年轻地球的大气组成还不是十分了解,但它似乎不太可能吸收这么强的紫外辐射。这表明地球上的生命需要应对紫外线的这一强劲攻击,而这可能又反过来推动了色素细胞在生命早期阶段的演化。

科学家认为，年轻太阳在生命最初的几十亿年里释放出的紫外线亮度是现在的7倍……地球上的生命需要应对紫外线的这一强劲攻击，而这可能又反过来推动了色素细胞在生命早期阶段的演化。

右图　太阳风（从太阳中射出的带电粒子流）在地球磁场的作用下集中到地球的两极就形成了极光。

下图　太阳表面的日冕朝地球抛射出一股太阳风，在地球磁场的作用下发生了偏转。

第1章　家园

独特的多彩世界

2011年3月18日，在太阳系中历经了7年的旅行后，NASA的信使号探测器成为首个绕水星轨道运行的航天器。6天后，信使号重新激活了休眠的仪器，开启了性能强大的照相机，发回了第一张从水星轨道上拍摄的照片。信使号在这颗距离太阳最近的行星上传回了数千张图像，用极高的分辨率揭示了水星表面布满撞击坑的复杂形貌。但这些图像也展露出了一个单调的世界：水星昏暗破损的表面上没有任何彩色的装点。在飞往水星的旅程中，信使号探测器还经过了另一颗内行星——金星。同样，纵使有了现代的高清技术，我们看到的仍是一个色调单一而乏味的画面。这是太阳系中的又一颗黑白星球，外面裹着一团黄雾，坑坑洼洼的表面找不到一丝色彩。

就在信使号朝着太阳系中心进发、绕过一颗行星又一颗行星，终于失去足够多的能量以避免冲向太阳之时，

我们的姊妹星——火星上正在上演另一出伟大的历险。主角勇气号和机遇号火星漫游车都已成为航天史上的标志，它们所拍摄的照片以令人惊叹的细节揭示了一颗有着丰富的地质特征且给人以无限希望的行星。火星的地表之下或许曾经有简单的生命存在，但它的颜色依旧寡淡。

不过，信使号确实拍摄下了一颗将这种单调的沉闷一扫无余的行星：我们自己所在的地球。将这些照片并排放在一起，其他行星岩石表面所呈现出的冰冷反差让人不禁生出一丝寒意；只有我们的地球无时无刻不是一场色彩的盛宴。地球是一个充满色彩的世界——由绿色、蓝色、红色、黄色和紫色等构成的缤纷大地。这样看来，色彩也是生命的产物。

对页图 欧洲航天局气象卫星拍摄的地球图像，展示了地球鲜艳动人的色彩，与太阳系其他行星的单一色调形成了鲜明的对比。

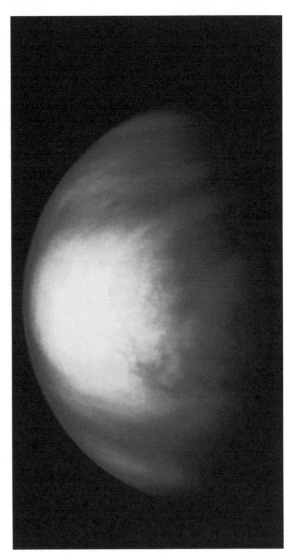

上左图 火星岩石（左，由好奇号火星漫游车发回）和地球岩石（右）。两幅图像上都展现出圆润的河床碎石，表明火星与地球一样，表面也曾经有水流过。

上图 伽利略号探测器拍摄的金星的假彩色图像，展示了金星单色硫酸云的形成。

生命色彩的起源

牛顿最早证明了白光是由多种颜色的光组成的。在1671年的著名实验中，他用一个简单的玻璃棱镜从阳光中显现出彩虹。这一从天而降的多彩光芒照亮了地球上的所有事物，但为何生命只选择了其中的某几种反射进我们的眼中呢？

作为粒子物理学家，我觉得我有权将这一切都看作粒子之间的相互作用。这也是明智的做法，因为在科学史上每一项实验都显示了粒子是构建自然的基本模块。当然了，这些粒子可不像细沙或弹球；它们是量子粒子，这使它们能表现出像波一样的行为。但尽管如此，它们本质上还是粒子，这一点适用于光，还有电子、夸克和希格斯玻色子。

因此，我选择用粒子雨来形容太阳发出的光——从太阳表面经过15 000千米落到地球表面的永不停息的光流。在亚原子层面，当一个光子击中某个东西（比如一片树叶）时，就击中了某个原子或分子周围的一个电子，要是这个分子的结构适合，那么光子就会把它所有的能量都传递给这个电子。而如果分子的结构不适合，光子就不会被吸收。因此，只有特定能量的光子会与分子相互作用并被吸收，而这个特定能量是由分子自身的结构所决定的。

我们说过，光子的波长与其颜色直接相关。因此，说色素分子只与携带特定能量的光子相互作用，就相当于说它们只吸收光线里具有特定颜色的光，其余的则反射出去。色素分子就是这样工作的——它们只跟特定能量的光子相互作用，因而也只会吸收光线中的特定颜色。

自然界中存在着各种各样令人眼花缭乱的色素分子，从让胡萝卜带有橙色的胡萝卜素到让鹦鹉带有独特红色的多烯醇酸盐。有些情况下，动植物会自己产生色素，但很多时候色素分子都是通过饮食进入生物体内的。如果火烈鸟不从它们吃下去的蓝细菌（旧名为蓝藻）里摄取β胡萝卜素，它们标志性的粉红色羽毛很快就会变成白色。

正是因为色素分子与光子之间相互作用的选择性，生命的调色板才会如此丰富而且多变。想想看，一片绿色的树叶。我们之所以会把它看成绿色，是因为绿光的光子不与树叶的分子相互作用。而红光和蓝光则会与树叶的分子相互作用——它们就都被一种叫作叶绿素的色素分子给吸收了。如果光子雨落在一个

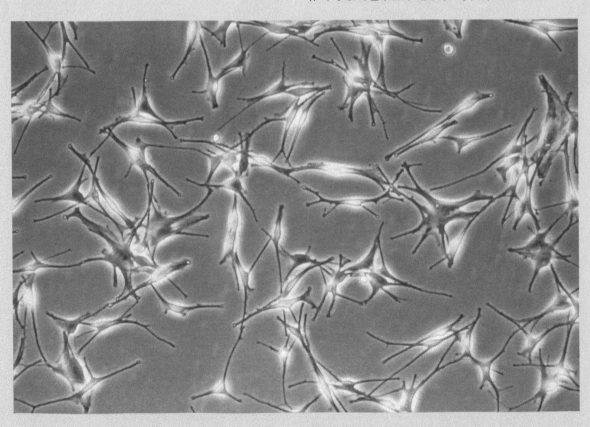

44

对页图　黑素细胞的光学显微图片。黑素细胞产生黑色素，黑色素会吸收阳光中有害的紫外线。

下图　有一类色素只有鹦鹉才有，虹彩吸蜜鹦鹉（*Trichoglossus haematodus*）色彩鲜亮、犹如彩虹般的羽毛充分展现了生命调色板的缤纷。

底图　火烈鸟之所以是粉红色的，是因为它们从吃下去的蓝细菌中摄取了β胡萝卜素。

会将大部分有色光都反射回去的表面（比如天鹅的羽毛或者眼睛的巩膜）上，在我们看来这个表面就是白色的。如果光照在一个会将所有能量的光子都吸收的表面（比如乌鸦的羽毛）上，它看起来就是黑色的。

墨西哥虎皮花（*Tigridia pavonia*）不会吸收阳光中能量较低的红光光子，因此这种花看起来是红色的。墨西哥丛鸦（*Aphelocoma wollweberi*）的羽毛吸收能量低的光子，但将能量较高的蓝光光子反射到你的眼睛里。色素分子在生物中具有很多不同的功能。有的像黑素细胞那样可以吸收阳光，从而起到保护作用。现在我们还不知道最早的色素细胞是否用于防御，但很多生物学家都同意这种说法。防护是一个简单的功能，不需要再添加复杂性，比如响应光线刺激的神经系统。也有的色素细胞就是为了让生物具有色彩，从而吸引配偶、吓退捕食者、引诱昆虫采食花蜜，或是招惹动物来吃自己颜色鲜艳的果实。但有的色素细胞做的可就不仅仅是将光能转化为无害的热散发出去，或是反射光线让我们看见颜色这么简单了。叶绿素就是这样的一个例子，是它给了我们这个世界青翠欲滴的色泽。叶绿素吸收光子的能力以及通过复杂的分子运作机制对光能加以利用的事实，改变了我们这个世界。

从最细微的开始

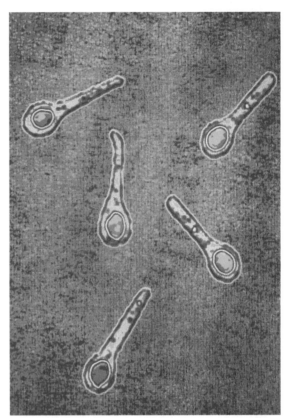

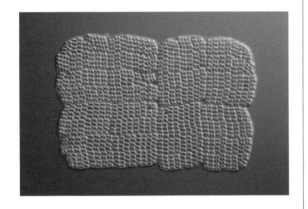

1 7世纪60年代，荷兰的代尔夫特市有家布料铺子，在这里卖布的安东尼·范·列文虎克是个没受过科学训练、脾气坏得出了名的家伙，而且他只懂荷兰语。但毫不夸张地说，正是这个性情乖戾的男人改变了我们看待世界的方式：他发现了地球上最原始的生命形态——细菌。

尽管在17世纪初人们就发明了显微镜，但一直没有用显微镜做出什么重大的发现。后来，荷兰人开始使用单透镜显微镜，里面的透镜是一个直径大约为1毫米的小玻璃珠。这些珠子是列文虎克从加热的玻璃丝里拔出来再加以打磨制成的。荷兰微生物学家扬·斯瓦默丹和伟大的哲学家斯宾沙诺也用这种方法制作过透镜。但列文虎克还知道一个法子，使他能够制作出大量品质极高的小玻璃珠。可由于保护意识过强，他把这个方法当成秘密，从来没有公开发表过。列文虎克制作透镜的技术至今无人知晓：他拒绝与人分享自己的技术，而科学发展可能因此而受阻。这就是为什么说科学家里很少有能保守秘密的人，或者说，能够保密并不是科学家的理想品质。

虽然简单，但单透镜显微镜使人得以见到此前从未接触到的微观世界，将令人赞叹的奇观展现在人的眼

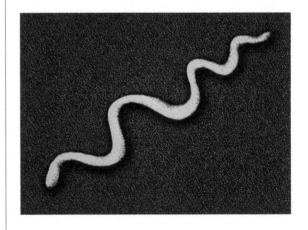

上图 细菌是原核生物，即没有细胞核的生物体。图中显示的这条细长弯曲的螺旋体（这里是将实际尺寸放大4000倍的效果）能使人患上梅毒。

对页左底图 地球上即使是条件最恶劣的地方也有细菌存在。这幅图展示了1992年在南极洲埃斯湖发现的嗜冷菌（喜欢低温环境的微生物）。

对页左图 列文虎克发明了单透镜显微镜，使人类可以探索微生物的世界。这幅图片展示了一类蓝细菌——平裂藻。平裂藻细胞的分裂面有两个，作两两直角交叉分裂，分裂后形成4个新的细胞，这些细胞整齐地排列成垂直的行，仅有一个细胞厚，形成长方形的菌落。

对页右图 单透镜显微镜使人得以见到此前从未接触到的微观世界。这是一张破伤风梭菌（*Clostridium tetani*）的显微照片。破伤风梭菌是一种梭状芽孢杆菌，能够引发破伤风。

下左图 微生物存在的时间几乎跟生命在地球上的历史一样长。这是一幅计算机生成的图像，展现了一些叫作梅毒螺旋体（*Treponema pallidum*）的细菌。梅毒螺旋体会引起梅毒、非性病性梅毒、品他病（热带地区的一种传染性皮肤病）以及雅司病（一种具有高度传染性的热带疾病）。

下图 单透镜显微镜是电子扫描显微镜（SEM）的前身，后者较前者放大级数有显著提升。图中显示的是肉毒杆菌（*Clostridium botulinum*），它能引发食物中毒。

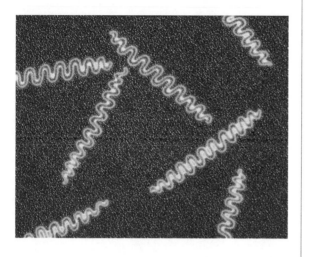

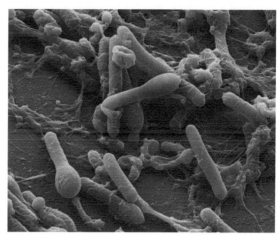

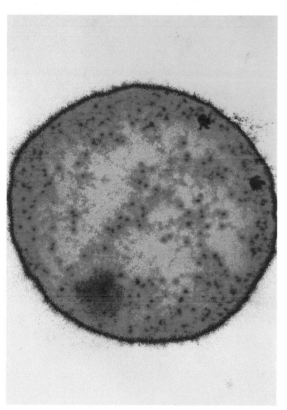

前——这些显微镜最大可以放大500倍，揭示出昆虫和植物极为精细的解剖细节。1672年，列文虎克被推举加入伦敦的英国皇家学会，后者请这位荷兰人将其强大的装置对准各种各样的东西，其中就包括胡椒。

　　1676年的春天，列文虎克试图查明胡椒为何是辣的；他假定胡椒表面一定有某些微小的尖刺，这才能说明胡椒籽为什么会令舌头产生发麻发烫的感觉。列文虎克最初用干胡椒来确认他的"尖刺胡椒假设"。在这一尝试未果后，他又抓了一把胡椒籽放进水里，将它们泡了3个星期。4月24日那天，他拿了一根管口很细很细的毛细玻璃管汲了一点"胡椒水"，将玻璃管在安装了透镜的金属片前固定好，然后将装置对着光放好。令他大为震惊的是，他看见水里密密麻麻地挤满了"微小的生物"。在给英国皇家学会的信中，列文虎克写道："它们极其之小，不只是小，在我看来，就是100个这样的细小生物铺平了、头尾相连，也抵不过一粒沙那么长。"列文虎克看见的其实是原生生物和细菌。生命的体积顷刻间就缩小了无限倍。当英国皇家学会得知列文虎克的惊人发现以后，要求学会内部的显微镜专家罗伯特·胡克复现"胡椒水"实验。胡克失败了，因为列文虎克没有交代清楚——或许是有意不提——他使用了毛细管的事情。最终，胡克想通了自己在实验准备中还缺少的东西，证实了列文虎克的观测结果。在其后的很多年里，人们一直以为观测微生物时必须使用胡椒浸泡液。其实，那些细菌和原生生物一直都在水里。

　　虽然列文虎克当时没有意识到这一点，但他是第一个观察到地球上数量最多、存在时间最久的生命形态——细菌——的人。列文虎克接下来还探索了生物世界中很多未知的领域，并详细记录了他的发现。一年之后，他做出了又一重大发现，观察到了精子细胞——但列文虎克还是应当作为最先发现细菌的人被后世铭记。

据估计，当前地球上大约生活着10^{31}种细菌——是可观测宇宙中恒星数量的1亿倍。

　　细菌存在的时间几乎和生命在地球上的历史一样长。已知最古老的细菌化石有将近35亿年的历史。细菌通常只有几微米，但这些单细胞生物有着大量迥异的形态，从球形、杆状到螺旋体乃至立方体都有。一滴水里平均含有100万个细菌；1克土里或许生活着4000万个细菌；你身体里的细菌数量是人体细胞的10倍之多。据估计，当前地球上大约生活着10^{31}种细菌——是可观测宇宙中恒星数量的1亿倍。按质量来算，细菌在地球上的生物体中稳拿第一。

　　细菌是原核生物，即没有细胞核的生物体。原核生物中还有一类叫作古细菌的单细胞生物。没有细胞核，或者说细胞里不含有任何复杂结构的这一特点，将原核生物与其他所有生命形态区分开来，这些生命形态统称为真核生物。所有的动物、植物、真菌和藻类——实际上任何我们视为"复杂"的生物——都是真核生物。如今，绝大多数的生物学家都认为真核生物大约在20亿年前从原核生物中出现，并且这一根本性的变革只发生了一次。我们稍后会在这一章里接着讲述这一重大的断言。现在，还是让我们继续留在原核生物的领域中，探索生命的另一次飞跃，这次飞跃更加古老且同样具有划时代的意义，这一纯由看似低等的微生物实现的性能拔升将地球变为绿色，也为今后真核生物的登台铺平了道路。

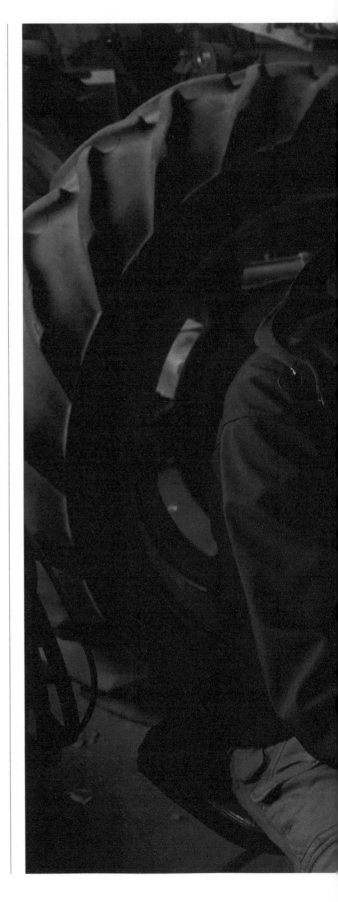

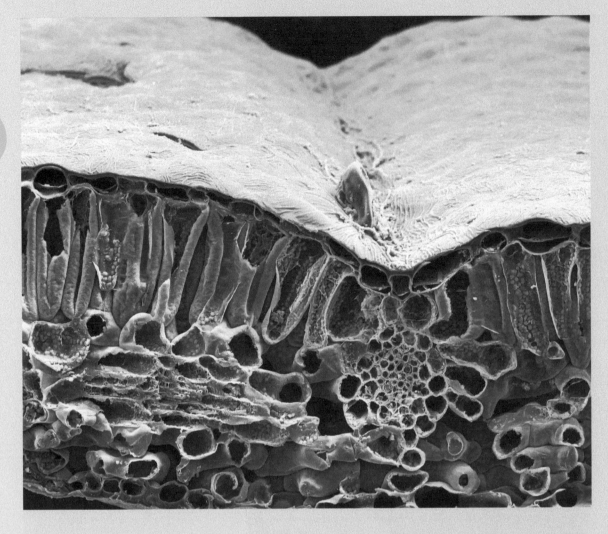

捕获阳光

上图 对植物而言，产氧光合作用的目的之一是捕获阳光里的能量。这幅彩色显微照片展示了圣诞玫瑰（*Helleborus niger*）叶片中垂直分布的叶绿体细胞，产氧光合作用就是在这里进行的。

如果你在学校里好好上过生物课，那么你肯定听说过光合作用这个词。是吧，你或许还能默写出这个著名的化学方程式：

$$6CO_2 + 6H_2O \xrightarrow{\text{阳光里的能量}} C_6H_{12}O_6 + 6O_2$$

光合作用是在阳光的照射下以水和二氧化碳为原料生成氧气和糖类物质的过程。但用光合作用这个词描述这一具体过程是不规范的。确切地说——这种划分绝不是吹毛求疵——上述等式指代的是产氧光合作用，正是这一过程改变了整个世界。

想要揭开光合作用的演化起源、解释清楚产氧这个词的深刻意义，或许最好的办法是从植物的角度来看问题。假设你是一株植物，进行光合作用的目的就有两个：第一个目的是将电子加在二氧化碳上生成糖，这从等式中很容易就能看出来；第二个目的则较为隐蔽，即捕获阳光里的能量，并将其贮存为可以利用的形式。

地球上的所有生命都用同样的方式贮存能量——将其贮存为三磷酸腺苷（ATP）分子。这强烈表明了ATP是一项非常古老的"发明"，其产生和作用的具体情况或许是揭开40亿年前生命起源的线索。因此，光合作用也就有了双重任务：贮存能量和制造糖。式子中余下的部分（即产生氧气的过程）对植物而言在很大程度上其实无关痛痒，而这又为解释产氧光合作用是如何演化的提供了线索。

产氧光合作用的分子反应由3个独立的部分组成，由两条电子传递链将这几个部分连接起来，构成的分子反应路径被称为"Z形方案"。这3个部分分别是光系统Ⅰ、光系统Ⅱ和放氧复合体。光系统Ⅰ吸收电子，利用叶绿素采集到的太阳能将电子强行打到二氧化碳上生成糖。光系统Ⅱ的运作方式则不同，它利用的是另一种叶绿素，而且并不会将激发的电子强加到二氧化碳上，而是像电池那样将电子在回路上循环一圈，在此过程中趁机汲取一点捕获到的太阳能，并将其以ATP的形式贮存起来。

因此，为了生成糖和ATP，植物需要阳光、二氧化碳和可以使用的电子，它并不关心这些电子从哪里来。不过，植物可以不管电子的来源，但我们不能不管，因为植物从水分子中获取电子，在反应过程中将其拆解开来，释放出不用的气体（氧气）进入大气层，这就是地球上大部分氧气的来源。因此，理解Z形方案的演化过程，对于弄清楚地球是如何成为我们人类这样复杂生物的家园至关重要。故事可以追溯到30多亿年前，那时候，地球上的生命还只有单细胞的细菌和古细菌。

光合作用

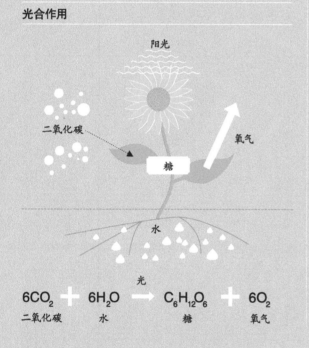

$$6CO_2 + 6H_2O \xrightarrow{\text{光}} C_6H_{12}O_6 + 6O_2$$

二氧化碳　　　水　　　　糖　　　　氧气

将水转化为氧气，将阳光转化为自身可用的能量形式

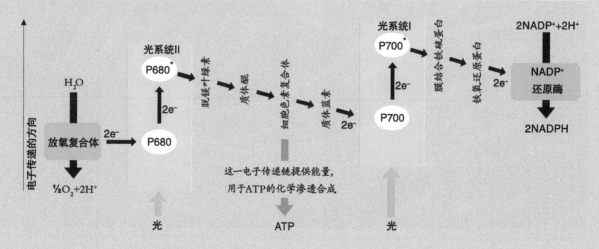

这一电子传递链提供能量，用于ATP的化学渗透合成

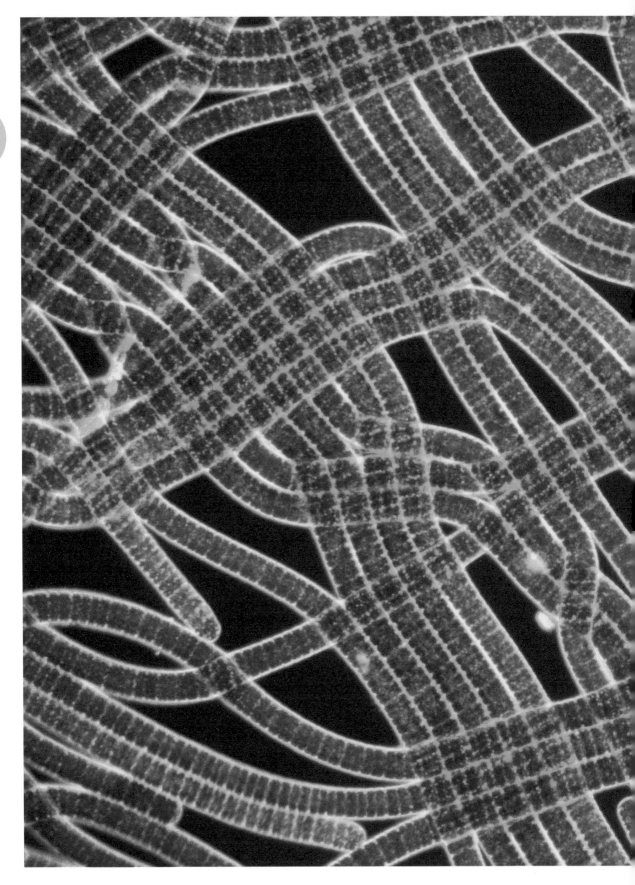

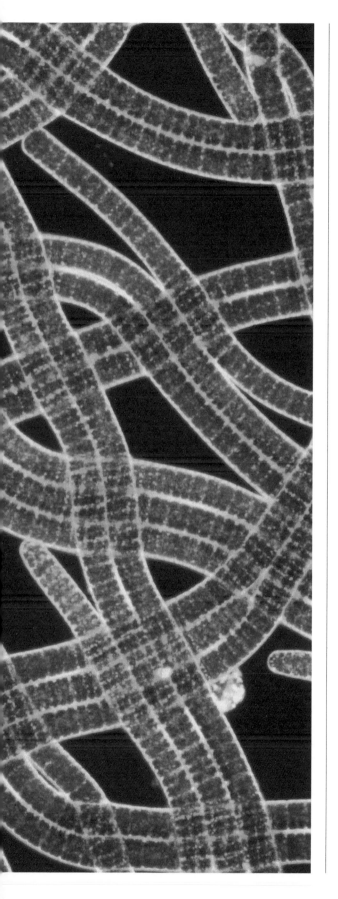

看看这张照片，图中显示的是一类非常特殊的细菌。好好看看，因为你要感谢这一特殊生物的地方可多着呢。这是蓝细菌——食物链最底端的低等微生物。它们是地球上数量最多的生物体，比宇宙中可以观测到的恒星数量都要多。正是这些小生物使你以及从恐龙到蒲公英等其他每一种曾经在地球上生活过的复杂生命得以存在。如果你仔细看，那么可以发现蓝细菌与其他黑白色的细菌不同，泛着一丝微微的蓝绿色泽，这是源自一种名叫藻蓝蛋白的色素，它恰是能保护生物体免受太阳有害紫外线辐射的那种色素。但蓝细菌不仅仅将藻蓝蛋白用于保护自己，还利用这种色素捕获太阳能。

左图 这是一张蓝细菌的光学显微照片，蓝细菌利用藻蓝蛋白捕获太阳能。

呼吸新鲜空气

上图 蓝细菌能够迅速繁殖，而这可能破坏生态系统的平衡。这幅危地马拉高原亚提特兰湖的卫星图像显示了受周围土地污染，径流富营养化引发的蓝细菌水华。

今天，人们有时会将蓝细菌视为麻烦。这张图片虽美，却是危地马拉高原上亚提特兰湖的水华，即蓝细菌暴发时的景象。它生动形象地展示了微生物大量繁殖的情形，在有些情况下，生命的这种爆炸式增长可能会破坏生态系统的平衡。蓝细菌产生的毒素可能杀死水生生物，危及人类的健康，因此世界各地的环境部门都严密监测水华现象。但我们仍需感谢蓝细菌制造了供我们呼吸的氧气，因为几乎可以肯定，产氧光合作用是从一种古老的蓝细菌中演化出来的。想要弄清楚Z形方案的演化历程，可以看它的各个部分是怎样出现的。有证据表明，光合作用的雏形可能最早出现于35亿年前，在一种单细胞生物的体内，这种单细胞生物会制造谜一般的土堆，科学家将这些土堆称为叠层石（详见第3章）。光合作用出现的确切时间还有待考证，相关领域是现在争论和研究的热点。但不管具体时间为何，科学家普遍认为，在非常古老的过去就已经出现了一种简单的光合作用形式，它利用太阳能将二氧化碳合成糖类物质，就像今天植物里的光系统I那样。如今使用的色素是叶绿素，叶绿素属于一类叫作卟啉的分子。卟啉的结构虽然复杂，但在其他天体上也能找到，说明它们是天然形成的，而且很有可能在地球上出现生命以前就已经存在了。如今，地球上仍然生活着只含有光系统I的微生物，它们从硫化氢或铁元素等目标那里获取电子，因而不需要其他相关的细胞器。

随着时间的推移，有的微生物发生了适应性演化，将这种进行早期光合作用的细胞器拿去完成另一项任务——生产ATP。光系统I和光系统II之间的相似

性确切地表明两者是由一个共同祖先分化而来的。

相对而言，我们对细菌中光系统I和光系统II的雏形有了比较全面的了解；它们的组成十分简单，化学反应机制也表明它们是自然而然地出现在地球上的。但是，当我们问起这两种细胞器是如何在Z形方案中合并到一块儿的，事情就变得有趣了起来。生物学家在这个问题上意见尚未统一，下面就来介绍众多假说中较为简练的一种，由伦敦大学玛丽女王学院的约翰·艾伦教授提出的假说。尼克·莱恩在其精彩的著作《生命的跃升》（*Life Ascending*）中对此做了详细论述。

我们知道，有的细菌利用光系统I的前身，有的细菌利用光系统II的前身，那么也有可能有的细菌拥有构建这两个光系统所需的遗传密码，而这将使它们能够依据环境情况和食物来源在这两个系统之间来回切换。这种事情对于今天的细菌而言相对常见；它们的基因可以打开或者关闭，使其得以因"时"制宜——至少在这里，是利用阳光制造糖分还是ATP，就要看当务

之急是繁殖还是单单存活下去。现在就出现了演化出一种机巧的适应性的可能。若是能够同时运行两个系统，将光系统II和光系统I的电子通路连接起来，那么整个回路将尽职地处理电子瀑流，将其加载到二氧化碳上从而形成糖。对能够这样做的生物来说，这将会带来极大的好处，使其能够利用光能同时制造食物和ATP。这一假说显然可以合理地解释为何两个光合系统先是分开演化，而后又合二为一。不过，这里还有一个问题：回路中的电子从何而来？这就轮到放氧复合体登场了，随着它的出现，生命也迈出了在地球上演化历程中最重要的一步。

细菌的基因可以打开或者关闭，使其得以因"时"制宜——至少在这里，能够利用阳光制造糖分或ATP。

放氧复合体是一个古怪的结构——它虽然在生物体内，却更像是无机的矿物。放氧复合体中有4个锰原子和1个钙原子，都嵌在由氧原子构成的晶格之中。如今的锰被锁在海床上大量的沉积物中，但在海洋历史的早期，在海水中就有可供生物使用的锰元素。微生物利用锰保护自己免受紫外线的侵害，其方式与我们人类使用锰大体相同——锰极易发生"光氧化"，在反应过程中锰会吸收可能有害的紫外线光子并释放出一个电子。这可能是早期微生物体内电子进入原始光系统II的一条通路。

因此，至少从这一点上说，锰在很早以前就是生命的一大重要组成部分。现如今，锰执行另一项不同的任务。它坐镇放氧复合体的中枢，负责将水分子抓取过来并固定好，以备接下来从水分子上夺取电子，而后将夺取来的电子输入光系统II。其结果是水分子遭到分解，正如亲爱的贝尔先生（见第21页）在电解水的实验中所证明的那样，最后会释放出气态的氧。

这一假说来自一项非常前沿的研究。放氧复合体的结构直到2006年才被发现，也就是在接下来的这几年里科学家才测绘出光系统II中所有46 630个原子的具体分布。因此，这个故事中尚有很多细节有待发现。不过，我们在这里列出的大致框架无疑是解释Z形方案的复杂性是如何演化而来的一个有力候选。

在故事的最后还有一个相当精彩的结尾，也是我

第1章　家园

们已经确认的事情：产氧光合作用只演化了一次。

这个说法颇为绝对，不过，当我们用显微镜观察那些进行光合作用的绿色植物和藻类的内在结构时，就能发现很明显的证据——叶绿体。这些叶绿体结构相似，彼此间拥有亲缘关系简直不言而喻。不只如此，这些叶绿体看上去像极了在叶片上生活的蓝细菌，就跟今天在阿蒂特兰湖水华里发现的那样。这是因为叶绿体就是蓝细菌，它们甚至保有独立运作的DNA环，和现在自由生活的细菌一样。但一个细胞是怎样进入另一个细胞内的呢？当生命在地球上演化的某一时刻，一个蓝细菌的细胞一定是被另一个细胞所吞噬，但它没有被消化，反而存活了下来，在后者体内行使一项有用的功能。这一过程叫内共生，在地球上生命的演化历程中发生了不止一次，而且被视为复杂生命演

下左图 百日菊（*Zinnia elegans*）叶片的彩色电子显微照片，展示了叶绿体（绿色）、淀粉颗粒（粉色）、细胞核（红色）和一个大的液泡（蓝色）。叶片上的气孔用于在光合作用中进行气体交换。

下右图 这幅豌豆（*Pisum sativum* Linn）叶片的彩色电子显微照片展示了两个叶绿体。叶绿体将阳光和二氧化碳转化为碳水化合物。

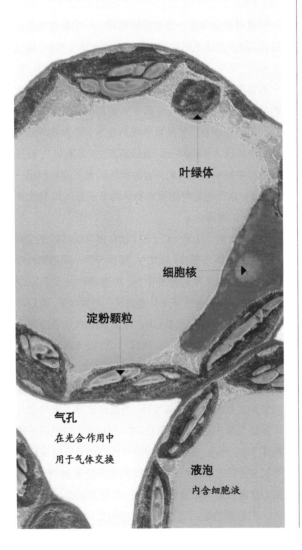

叶绿体

细胞核

淀粉颗粒

气孔
在光合作用中
用于气体交换

液泡
内含细胞液

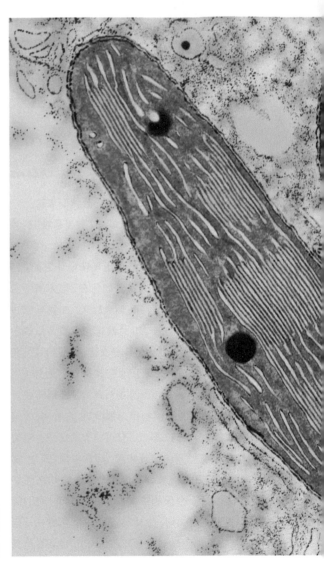

下右图 叶绿素的染色电子显微照片，叶绿素位于叶绿体的类囊体内部。

化的根本。

内共生使生物的能力有了极大的飞跃，它将多种成熟的技能合并在一起，产生了大于各部分之和的结果。就产氧光合作用而言，这一次内共生使蓝细菌体内演化了几亿年的细胞器在协同演化之下，被纳入更加复杂的多细胞生物体内，从而使地球上演化出了植物和藻类。

由此得出的结论是，由于今天所有进行产氧光合作用的生物都以一模一样的方式完成这一过程，地球上生命的美，那些层次、色泽，还有那看似无限的多样性，全都归功于一种蓝细菌，它的祖先以某种方式进入了另一种细胞内。这个新细胞的后代今天依然在地球上存在，在每一片树叶、每一片草叶和每一次水华之中，是它们让氧气充满了我们的大气层。

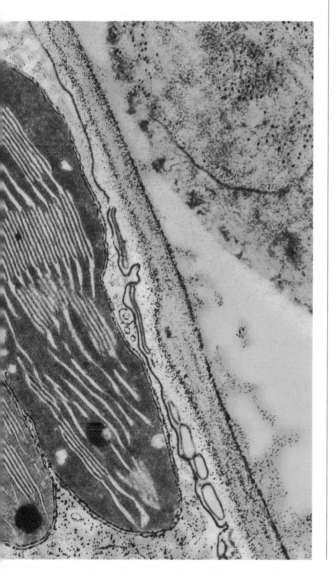

生命的呼吸

地球大气中一直找不到复杂生命所需的最重要的成分之一。氧气是一种不稳定的气体，容易与其他物质发生反应，因而必须源源不断地补充。蓝细菌从水中释放出的第一缕氧气尽了它们最大的努力，与地球原始表面上不计其数的元素发生反应，形成氧化物。地球新近形成的时候，海洋里有着大量的铁，陆地上也有，只是含量相对少一些。作为地球形成时的残留物质，这些溶解的铁在几亿年的时间里一直保持稳定。但随着大气中氧气浓度的上升，一种我们非常熟悉的化学反应发生了：地球开始渐渐生锈。如今，在世界各地都能找到一种叫作条状铁层的岩石，这种铁氧化物的沉积物可以证明全球性生锈的发生。

然而，产氧光合作用并不会令大气中自然而然就充满了氧气；它是必须要有的，但只有它还不够。生锈和呼吸行为都会消耗氧气，抵消植物、蓝细菌等所做的功。光合作用吸收大气中的二氧化碳，将其转化为有机物；而有氧呼吸则是吸进氧气，燃烧有机物，释放二氧化碳和水。这两个过程天然互相平衡，这也是为什么几百万年来大气中的氧气浓度一直保持在21%左右的水平。要改变氧气的浓度水平，就必须发生别的事情。科学家现在知道，氧气的浓度最初是在大约24亿年前开始上升的，那时候很多大规模的条状铁层已

下图 随着大气中氧气浓度的上升，地球开始渐渐生锈。生锈的证据可在英国北德文的罗克哈姆海岸找到，那里氧化铁的沉积物看起来就像一块块橙色的补丁。

经形成。氧气的增多或许是由地球上铁及其他元素的彻底氧化所引发的；在此之前，这些元素就像蓄水池一样，氧气一释放出来就被它们迅速从大气中吸走。这是一种可能的情形；不过，目前这一"大氧化事件"的成因，科学家还没有普遍达成一致，该领域也正处于积极研究之中。但不管原因为何，产氧光合作用的演化让大气中充满了氧气，而这对于复杂生物的出现起到了至关重要的作用。

有氧呼吸将能量从有机物中释放出来，这一过程的转化率极高，因此形成了食物链。使用氧气从食物中释放能量的效率大约为40%，而使用铁或硫的效率仅仅只有10%左右。这意味着动物吃植物、上层的捕食者吃下层的猎物，就能够获得充足的能量而茁壮成长。在寒武纪大爆发中，生命迅速多元化，基本上形成了我们今天所说的所有复杂生命；而寒武纪大爆发（在地质时间尺度上）紧随大气中氧气浓度的迅速升高而出现，几乎可以肯定这绝非偶然。

追根溯源

地球的形成是一个非常复杂的故事，而我们不仅知道整个事情的大致经过，还弄清楚了其中的一些细节，这都得益于科学的伟大。当然，对于一个40亿岁的生态圈是如何形成和发展的，我们有些地方不确定也没什么好意外的。我们已经知道，水是生命在地球上形成的先决条件，很有可能在宇宙中的任何地方都是如此。同样，富含氧气的大气是复杂生态系统的关键组成部分；这样的生态系统才能够支撑大型的捕食者和猎物，从而为智慧文明的发展提供可能。氧气的性质不稳定，因此产氧光合作用需要在全球范围内进行，使大气中的氧气浓度维持在一个较高的水平。而我们知道，这一过程只在地球上演化了一次。不过，最后还有一个更加捉摸不定，而且绝对超出生命掌控之外的成分：时间。可以肯定，复杂生命的演化需要生态系统在几百万年的时间里一直保持相对稳定。但究竟是几百万年呢？这个问题会在本书里反复出现。为什么生命在地球形成后不久（只过了5亿年）就如此迅速地出现？最初的生命又是如何发展成为我们如今在地球上见到的洋洋洒洒、蔚为大观的？要找寻答案，一个好的方法就是瞄准一种动物，看我们能将它的起源往前追溯到多深、多远。

近35亿年来大气中氧气含量的变化

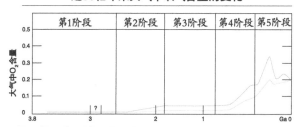

第1章　家园

四条腿的生活史

马的谱系在所有复杂动物中最为有名,部分是因为马的化石记录非常丰富。最早看上去"像马一样"的动物是始祖马(*Hyracotherium*,又名始行马或始马),生活在大约5000万年前。始祖马的体形跟狐狸差不多,是杂食动物,因为发现了好几千件保存完好的骨骼化石,科学家掌握了大量关于始祖马形态和生活习性的信息。食物来源的变化很可能对山马(*Orohippus*)和次马(*Epihippus*)的出现起到了一定的作用,这两个后来演化出的支系都更加适应啃食耐寒的植物。大约在3000万年前,气候的变化使地球上各处形成了草原和干草原地貌。在北美大陆,渐新马(*Mesohippus*)出现了。渐新马的腿更长,体形更大,在躲避捕食者时跑得更快,因此更适应草原上的生活。大约在同一时期,中新马(*Miohippus*)在化石记录中出现了。中新马很可能与渐新马生活在同一时期,随着时间的推移,渐渐地取代了后者。这里要提出在构建谱系时很重要的一点,那就是不应当将这一过程看作从简单到复杂的逐渐过渡,好像到了器宇轩昂的现代家马这里达到了顶峰。不同的物种适应了不同的环境,占据了不同的生态利基;没有哪个绝对比另一个"更好"。这些动物留下的都只是化石,而我们对当时的生态环境也只有粗浅的了解,很难说清楚为什么这一分支存活了下来而那一分支却灭绝了,或者为什么某一分支经由"物种形成"的过程而发展壮大(我们会在第5章对物种形成的现象做进一步的介绍)。因此,家马应当被视为一个复杂谱系的众多分支里存活到现在的一支,而不是从遥远的祖先开始历经一系列"改进"累积出来的结果。

说完了这些,还是来看看马的谱系,因为它非常富有启发性,很好地展示了演化通过自然选择所带来的进度惊人的变化。在大约2500万年的时间里,中新马形成了大量的分支,经过自然选择的筛选,将不断改变的基因组合永远地传递了下去。随着环境的变化,谱系中有些分支变成了演化上的死路,其他的则继续发展下去,演化出新的分支或逐渐改变自己。从斑马到育空马(*Equus lambei*),从西藏野驴(*Equus kiang*)到家马(*Equus ferus caballus*),我们今天所见的马可以反映出基因池的这种连续不断的转移和隔绝。

埃克斯穆尔马
现代马(*Equus caballus*)的一种,自最近一次冰河时期以来基本没有变化

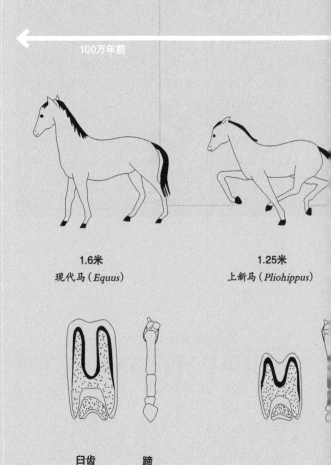

100万年前

1.6米
现代马(*Equus*)

1.25米
上新马(*Pliohippus*)

臼齿　　蹄

中新马

艺术家描绘的中新马，
比现代马小很多，每只足
均有3趾

始祖马

艺术家描绘的始祖马，
生活在距今大约5000万年
前，被认为是最早出现的
真正的马

1500万年前   1亿年前

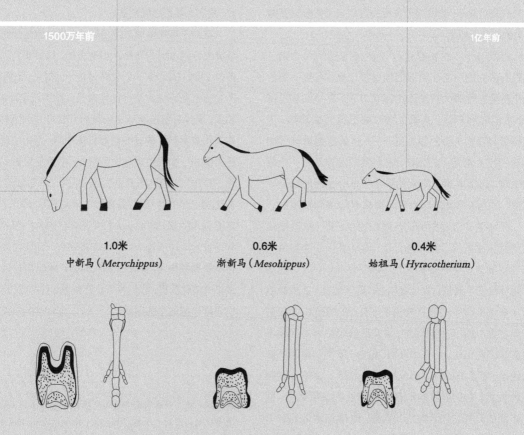

1.0米

中新马（*Merychippus*）

0.6米

渐新马（*Mesohippus*）

0.4米

始祖马（*Hyracotherium*）

因此我们可以看出，形态的变化可以迅速而且惊人。始祖马更像狐狸或是大型的啮齿类，而不像马，但无论是普氏野马、斑马还是驴，在每一匹现代马的历史里，都有始祖马祖先的印迹——而始祖马也不过才生活在5000万年前，在地球上生命45亿年的历史中不过一眨眼而已。

如果我们再往前翻，将会遇见第一只哺乳动物，它生活在大约2.25亿年前。大约在5.3亿年前的寒武纪，化石记录里出现了大量的复杂生命形态，这可能与大气中氧气含量的增大有关。目前发现的最早的复杂多细胞生命的遗留大约有6亿年的历史，这个叫埃迪卡拉生物群的化石在澳大利亚的埃迪卡拉山被发现，也因此而得名。其中，有些生物体像由一片片不规则的絮状物拼凑而成，其外观如此之怪诞，以致有人提出它们既不是动物也不是植物或真菌，而是一些失败的演化实验而已。其他的埃迪卡拉生物则很明显是软体动物，最长的大约有两厘米，长着一个头，甚至还可能浅浅地钻进了海床表面的微生物层，也因此不着痕迹地改变了地球的生态，并为进一步演化发展开辟了道路。这些神秘生物所留下的这些精细又恢宏的化石，使埃迪卡拉成为近年来考古学最富吸引力的研究领域之一。

在埃迪卡拉生物群化石（距今6.55亿年）之前，还没有多细胞生命在地球上的直接证据。再接下来的一个重要里程碑大约发生在20亿年前，真核细胞出现了。我们已经说过，真核生物的细胞拥有细胞核，内部构造与我们人类的很相似——人体就是由真核细胞组成的巨大群落。在35亿年前，我们发现了第一个原核生物，这是地球上出现的第一个自由生活的细胞，或许，它是从原始地球海底的热泉系统演化而来的。

生命演化过程中的这些漫长的平台期（从原核生物到真核生物用了大约15亿年，而从真核生物到最早的多细胞生物化石证据又用了差不多的时间）出现的原因目前还不清楚。复杂细胞（即真核细胞）在生命的演化历史中似乎的确只发生了一次。在细菌和古细菌统治地球40亿年的时间里，没有证据表明有不同版本的真核细胞出现。所有的动物、植物、藻类和真菌都彼此相连，都含有DNA，都使用ATP，也因此享有多种同样的性状。它们细胞的形态和生化性质非常类似；截然不同的只有它们所构成的群落。这确切地表明它们享有一个共同的祖先，并提出了一个有趣的问题：真核

细胞的出现是一个概率极小极小的事件，还是演化相隔10亿年的步伐仅仅只是运气不佳？我们不知道，因为我们只观察得到地球上的情况，这也是为什么在太阳系中寻找其他微生物的存在如此重要。

但是，也有一点是科学家一致认同的，这个理论由现已过世的林恩·马古利斯率先提出：真核细胞是一个嵌合体，经由内共生形成，形成方式与植物和藻类的祖先吸收叶绿体基本一致。这一理论的证据就在线粒体这个细胞器之中，线粒体是细胞通过呼吸作用产生ATP的场所，如今绝大部分活着的真核细胞当中都含有线粒体（我们将在第2章中详细讨论线粒体）。不过，就像叶绿体一样，线粒体也拥有自己的一圈细菌DNA，显示了它们作为共生菌的过去。此外，真核细胞与生命的两大原核分支——细菌和古细菌——拥有有趣的遗传关系。真核细胞与两者享有共同的基因，这强烈表明了第一个真核细胞是一个细菌和一个古细菌相互融合的结果。具体细节尚处争论之中，但看来在我们这颗星球上出现复杂生命以前，确实发生了不大可能的事件——两个原核细胞的成功融合。真核细胞的出现很可能是个幸运的巧合，因此，我们人类的出现也是。

这对于其他星球上存在复杂生命具有深刻的意义。原核生命的出现或许是无可避免的，只要凑齐了合适的条件（我们将会在下一章探讨这一问题）。但我们完全不知道这些原核细胞是如何聚在一起构成了动物、植物和人，至少它们在地球上的最初40亿年里没有做到。要构筑阿波罗8号，你首先需要真核细胞，而在地球上看，这关键的一步很可能是运气使然，接着是大量的自然选择。在我们这颗星球上发生这一切用了将近20亿年——在这20亿年的时间里，在凶险的太阳之下，海洋一直是稳定而宜人的家。能够从太空中给自己的家拍照的生物很罕见且为地球所独有吗？或许将来有一天我们会知道。但不管孤独与否，关于生命从简单开始所走过的漫长而艰辛的演化历程，我们肯定已经知道足够多了，足以令我们好好珍惜如今的地球。

对页图　澳大利亚埃迪卡拉山发现的Dickinsonia costata是埃迪卡拉生物群的一块标志性化石，距今大约有6亿年的历史，是地球上出现复杂多细胞生命的最早的证据。

第 2 章

生命的定义

生命之美

　　自科学开始探索宇宙奥秘之初起，便一直在与一种生命之力——相信精神或灵魂的存在——相抗争。2000多年来，地球上最伟大的头脑屡次试图揭示这股好似能隔开生与死的神秘力量。从以亚里士多德为首的古希腊哲学家，到笛卡儿、康德等现代的伟大思想家，寻求生命本质的道路漫长而常常不得其所，与其诉诸理性主义，不如留给宗教去思考。就连现代科学出现以后，世人为这条隔开生与死的分界线确立物理上的定义也费尽了心力；在过去的几个世纪里，压倒科学思想大行其道的歪理谬论不计其数，现在已经过时的燃素说和生机论便是这样的两个例子。不过，最近的100年使我们距离用物理学术语揭示生命的本质只有一步之遥。

对页图　夜幕降临在菲律宾小镇萨加达的万灵节上，这不是对亡者的追悼，而是对生命的礼赞。

万灵节

小镇萨加达位于菲律宾首都马尼拉以北320千米的北部山区。开车到这里用了整整两天，其中大部分时间都是在一辆吉普尼里颠簸——至少在我的记忆中是如此。被当地人叫作吉普尼的小车原是第二次世界大战时期美军留下的吉普，经过大幅度的改造加工，现在已完全是一派花枝招展的模样，同时它被赋予的还有藐视所有已知工程学原理的超长使用寿命。我们或许有一天能理解生命，但吉普尼顽强的机械力将永远是一个不解之谜。

菲律宾北部的历史与该国其他地区的很不一样，主要还是因为山路险阻，与外界鲜有接触。后来，一个西班牙传教团给当地古老的部落信仰蒙上了一层宗教的薄纱（尽管很少有征服者能不借助吉普尼一路支撑走到这里）。这种相对较弱的殖民色彩形成了一种与众不同且极富影响力的活动，也就是当地人说的万灵节。

在现代社会，这个节日已经与人们更加熟悉的基督教万灵节以及很可能在基督教还没有出现时就有的万圣节联系起来，但其源头可以一直追溯到殖民前的墨西哥土著文明。文化与文化间的"交叉授粉"有时随机得令人惊讶！萨加达兴起的这种阿兹特克节日是由天主教的传教士带去的，进而融入了当地部落对万物皆有灵（泛灵论）的信仰，这从镇上著名的悬棺中可见一斑。泛灵论认为生命的力量（或灵魂）并不为人类所独有，而是存在于万事万物之中，从低等生物到草木河山。当地人认为将逝者送归这如画的山崖，其灵魂就能归回生息的崇山。

这种浓郁的思想在10月30日的晚上，在光影流转之间变成了现实。萨加达的村民聚集在一个颇为魔幻的山边小教堂的院子里，和他们逝去的亲人共度一晚。夜幕降临，白色的墓碑在亚热带冬季傍晚的天光中闪闪发亮，每家每户都在先祖的坟头点燃了一盏灯，大地刹那间便从田园牧歌式的英国乡村变成了科幻电影中有关世界末日的场景。烟与火的浓烈令人屏息，缕缕青烟在染成

上图 萨加达附近回音谷石灰石岩壁上的悬棺。泛灵论信仰体系认为，逝者的灵魂会回归生息的崇山。

橘色的夜空中袅袅升起，烘托出一派由哀庆祝的氛围。

这让我很意外：我以为万灵节是阴郁的，但在山边涌动的情感不是痛失亲人的悲怆，而是一种家人重聚的喜悦。"我认为灵魂就在我们身边，"一名女子说，"我知道他们就在附近。"无论这听上去有多么不科学，但未经思考就否定她的言论或否定山上人们的信仰都是不恰当的。它给人的感觉是对的。至少，它让人觉得不应该不是这样。我并不相信这个，这意味着我死的时候，会变成一堆没有生命的化学物质瘫倒在地。我身上没有减少任何东西，但剩下的这些已经不再是我。这听上去几乎自相矛盾。但如果不是这样，那么科学就有义务去解释我所拥有的那些情感以及所有与活着有关的过程，是如何从宇宙中随处都有的一批简单的化学物质中产生的。这是一项艰巨的任务，虽然我们还没有得出所有的答案，但在揭开答案方面已有所进展，而且现阶段得出的答案看来显然是合理的。

生命是什么

生命的奇迹（第二版）

现代科学观点认为,生命如果不在原始泥土中诞生,便起源于湿润的岩洞里,并且有一条40多亿年不间断的线,一直延续到今天,连到我们人类身上。

对页图 埃尔温·薛定谔在写下《生命是什么》之时,深切体会到什么是人生的无常。就在几年前,他被卷入欧洲愈演愈烈的政治动荡和暴乱之中,成为祖国奥地利被纳粹占领后离开的最著名的科学家之一。1938年9月,薛定谔离开格拉茨,留下的不仅仅是他在学校的教职,还有他的诺贝尔奖章——薛定谔和他的妻子安妮一起离开奥地利时只带了很少的随身物品。从罗马辗转牛津,薛定谔最终在都柏林安顿下来。1940年,爱尔兰政府发来了对他的私人邀请,他们想请薛定谔帮忙建立都柏林高等研究学院。也正是在都柏林,1943年,薛定谔发表了一系列题为《生命是什么》的演讲。

1943年2月,物理学家埃尔温·薛定谔在都柏林的三一学院发表了一系列题为《生命是什么》的演讲。薛定谔最为人熟知的,无疑是他在量子理论方面所做的开创性工作,正是因此他与保罗·狄拉克共享了1933年的诺贝尔物理学奖。在他的这一系列演讲与后来同样名为《生命是什么》的书当中,薛定谔讨论了一个比他之前对亚原子世界有违直觉的描述更为艰巨和困难的问题。薛定谔问道:"如何用物理和化学去解释在生物体内的时间和空间中发生的事件?"薛定谔用单独一个段落给出了部分回答,至少是一种意向的声明:"现今的物理和化学显然无力解释这些现象,但没有理由因此而怀疑科学解释不了它们。"这是一个大胆的宣言——在过去是,在今天也依然是,但我个人对此是绝对支持的。薛定谔认为,生命是一种物理过程,那些描述降落的雨滴和闪耀星辰的物理定律也同样能够描述生命。为什么不能呢?如果科学不能描述生命,那就意味着宇宙中有现象为生命所独有,而这表示生与死之间有着根本性的差异。这些现象或可用科学研究去解释,但它们并不会与研究无生命的物体有任何区别。而这又将反过来使围绕生命起源的问题永远处于科学范畴之外,因为由先前的定义可知,有生命的物体具有某些无生命的物体所不具有的东西——为讨论之便,这里姑且称之为灵魂。历史上,围绕这一主题的推论自然有很多。在18世纪末和19世纪,外科手术技术的快速发展使人们对人体构造的认知有了相应的飞跃。实验和解剖遗体成了一项观赏性活动,而这股潮流在1803年1月乔瓦尼·阿尔迪尼复活死者的举动中达到了顶峰。被复活的是一名叫作乔治·福斯特的杀人犯,当时光伏电池刚刚发明不久,阿尔迪尼将尸体连接到很多个这样的光伏电池上,可以想见,尸体弹了起来,晃悠悠地高举着双手,据说还睁开了一只眼睛。于是,电是将生与死区分开来的生命之力的说法便流传开来,更在玛丽·雪莱的著名小说《科学怪人》中被发挥得淋漓尽致。这部小说的中心思想是,一台由无机部件组成的机器在重新激活之后,能否发展出人类的道德与情感,或者人类的道德与情感能否寄宿在这样一台机器之上。这是一个很好的问题,因为我们知道,现代科学观点认为,生命如果不在原始泥土中诞生,便起源于湿润的岩洞里,并且有一条40多亿年不间断的线,一直延续到今天,连到我们人类身上。

争论在1859年达尔文出版《物种起源》时达到了极点。《物种起源》彻底抛弃了人与其他生命形态之间所有的那些人为区别,也将整个争论向好的一面扭转。但若是剥除迷信,我们依然无法回避薛定谔的那个问题,这是一个悬而未决的挑战,如果科学要给出一个对宇宙完整描述的答案——生命是什么?

能量和热力学第一定律

1840年，一个名叫朱利叶斯·冯·梅耶的年轻德国医生受聘于一艘荷兰商船，成为随船医生，一同驶往爪哇岛。作为一名刚刚拿到执照的行医者，冯·梅耶对这次航行既感到兴奋又掺杂着不安，一路上少不得有病患需要施行他才学会不久的放血疗法。虽有医疗任务在身，但生与死的搏斗并不是这次航行给冯·梅耶留下的最深刻的印象。在航程中，他与一名水手聊了起来，发现两人都观察到一种反直觉的现象：暴风雨过后海水温度较暖，风和日丽时海水温度反而较低。

这一观察结果让冯·梅耶着迷不已，回到德国后，他把医学研究放置一边，拾起了自己对物理学的爱好。在未经多少数学或物理学正规训练的情况下，1841年，冯·梅耶在归国后不久就发表了他的第一篇论文。这篇被著名的学术期刊《物理年鉴》（*Annalen der Physik*）拒绝登载的论文，题目是《对力的定量和定性测定》（*On the Quantitative and Qualitative Determination of Forces*）。冯·梅耶在其中称，"运动转换成了热"，向着发现物理学的一条基本定律——热力学第一定律——迈出了第一步，也是试探性的一步。冯·梅耶提出，海浪在暴风雨中温度更高的原因，与海浪在击中船身时发出轰鸣以及船只在遭受海浪冲击后左右摇晃的原因相同。用今天的术语来说，能量是守恒的，既不能被创造也不能被消灭。海浪中含有能量，当它们撞上船身时会丢掉一部分能量，而这部分能量必定会转化成声音、热量或船的动能。

冯·梅耶之后还发表了一系列论文，研究热量、能量和做功这三者的关联。其中包括对氧化反应的观察（这个名称当然是后来才知道的），冯·梅耶认为，氧化反应是动物从食物中提取能量的过程。但是，由于缺乏人脉，且没有受过正规的教育，冯·梅耶的工作在很大程度上被人忽视了。现在人们一般认为是英国曼彻斯特出生的物理学家詹姆斯·焦耳通过精确的实

验发现了热力学第一定律，不过，这一殊荣也并非授之不当。焦耳凭借精确的测量结果就将一个有待证实的科学结论确立了下来，他的著名实验证明，将1磅重的水温度升高1华氏度需要772.55英尺·磅（译注：1英尺·磅约等于1.3558牛·米）的力。这个数字也被刻在了焦耳的墓碑上，他被葬在离曼彻斯特不远的布鲁克兰公墓。焦耳之所以会用这么一个奇怪的单位，是因为他加热水时用的是一个下落的砝码，砝码的重量用磅衡量，而下落的距离则用英尺计算。焦耳断定，砝码下落的势能全部转换成了热量。再说一遍，能量既不能被创造也无法被消灭——它只能从一种形式转换成另一种形式。

关于优先权（谁最先做了啥）的争论很常见，在科

学中尤其尖刻。很多人认为冯·梅耶也应当享有与焦耳齐平的地位，但实际上美国人本杰明·汤普森（即后来的巴伐利亚拉姆福德伯爵）也做了类似的实验。汤普森在美国独立之前的1753年出生于马萨诸塞州。他在18世纪末、19世纪初奉巴伐利亚公爵之命出征战场，正是在枪林弹雨之中做了这个实验。因此，可以说能量守恒的概念在19世纪上半叶"到处都是"，许多伟大的科学研究者都投身于这个叫作热力学的新兴领域中。

热力学第一定律的表述——能量既不能被创造也不能被毁灭——看似简单，却耗费了大量的实验和理论工作才最终得出。原因在于，这一表述有违直觉。热量和下落的重物居然都是同一种东西的物理表现方式，这件事情并不显然。难道被滚烫的平底锅给烫了

的难受感和被冷的平底锅抡了一下的难受感，其底层的物理描述是一样的吗？确实是一样的。两种情况下，能量都从平底锅传到了你的身上，而其结果都是不舒服的。

能量的概念对描述任何物理过程都至关重要，因为能量永远守恒，既不能被创造也不能被消灭，在最最基本的层面，能量只能从一种形式转换成另一种形式。从某种意义上说，宇宙的真理亦是如此！如果没有能量的"流动"——"从一种形式转换成另一种"的通俗表述方式——那么任何事情都不会发生。这是迈向回答薛定谔"生命是什么"这个问题的第一步。无论生命是什么，它都是能量从一种形式转换成另一种形式的过程。

第2章　生命的定义

生命的奇迹（第二版）

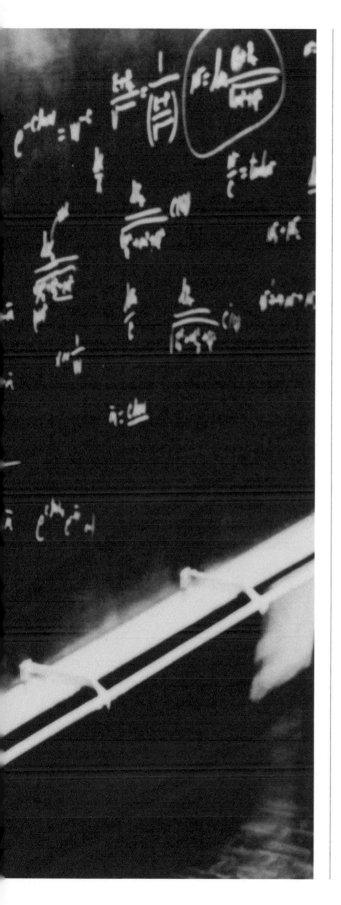

有一个事实（你要说它是定律也行）掌管着所有已知的自然现象。这条定律没有例外——就我们所知它是如此，这条定律叫作能量守恒定律。这条定律说，有一种物质（也就是我们说的能量）不会随自然的种种变化而发生变化。这个概念很抽象，因为它是一条数学原理，说明了有一个可数的量不会因为发生了某件事情而发生改变。它并不是在描述一种机制或任何具体的事情，它仅仅是一个奇怪的事实：我们能计算一些数字，然后看着自然变完了它的戏法后，再计算一遍，这个数字保持不变。

——《费曼物理讲座》

左图　美国物理学家理查德·费曼在展示电子间的相互作用可以被视为虚拟光子的交换。费曼还发明了"费曼图"来形象地表示粒子间每一种可能的相互作用。

最初的生命

　　吕宋岛是菲律宾最大的岛屿，作为首都大马尼拉市的所在地，这里是菲律宾的经济和政治中心。不过，这座岛屿的大部分力量都蕴藏在了环绕马尼拉市的非凡景致之中。吕宋岛上多山，火山活动频繁。从20世纪最活跃的一座火山（猛烈的皮纳图博火山）到地球上最完美的圆锥形山体（美丽的马荣火山），在这一座岛屿上，地理学家就能找到他梦寐以求的天堂。但我到这里来并不是为了领略这两大奇观；我要前往吕宋岛西南部的八打雁省，去考察一个非常特殊的湖泊，在那里，我将有机会见到类似于为地球孕育出生命的环境。

对页图　奋进号航天飞机发回的雷达照片，显示了菲律宾吕宋岛上塔阿尔湖"火山口湖套火山口湖"的惊人地貌。

生命最初的能量来源

拍摄的第一天总是很艰难。在这个远离英国的地方有时差要倒；到了菲律宾，得把时钟往前拨7个小时。再加上机场和航班、疫苗和疟疾药片、天气的变化以及离家在外、距离和异域通常带来的跃跃欲试的兴奋感，这次为期4周的行程还是悠着点儿比较好。想象一下，拍摄"生命之火"的第一天，我们站在塔阿尔火山面前，其地貌令人不寒而栗：湖中嵌着一个湖；巨大的火山口湖中还有一座火山岛，而这座岛上还有一个汩汩冒泡的湖泊。

火山岛的山坡上林木茂密，亚热带植被郁郁葱葱，湖边的土地被开垦出来建起了渔村，人们在这里与一位沉睡的巨人玩着惊险而不对等的赌博。在电视系列片中你可以看到，我乘着木船，用传统的木支架固定。渔村里低矮的木屋和好奇的孩子给影片增添了迷人的背景，这里可以说是一座色彩明丽的小岛乐园，但这样说也很危险。1911年，所有在岸边居住的村民以及岛上大部分人口都在塔阿尔火山的一次常规爆发中丧生。村民又回到了这里，不过，在塔阿尔火山内湖沿岸定居是违法的，因为这样做十分危险。我们在2011年秋天到这里来时，需要拿到特批才能造访，但实际上到了当年夏天，这个批准还没拿下来，因为愈加频发的地震活动所释放出的挥发性气体令整个旅程危险重重，就是摄制组带上防毒面具也不行。在我看来，当地政府默许了村民的定居行为，只因贫困实在是太过强大而让人什么都顾不得了。

塔阿尔火山是世界十六大"十年火山"之一，与更为臭名昭著的埃特纳火山、瑞尼火山和维苏威火山一起，对人类的生命和财产构成了巨大的威胁。随着火山岛历史的发展，塔阿尔火山的力量逐渐显露出来——300年前，还根本没有这座小岛。在18世纪，塔阿尔火山还与海湾相连，是从陆地朝着南海支出的一隅。后来，一系

塔阿尔火山的火山口在大约14万年前开始的一系列爆发中逐渐成形。在过去的几千年里，有1200亿立方米的火山灰和石块被喷发到了地球的大气中，形成了这一直径30千米、最深达150米的火山口。

生命的奇迹（第二版）

对页图 就其对生命和财产的威胁而言，塔阿尔火山是地球上最危险的火山之一。在1965年的一次爆发中（如图所示），一个新的火山口湖形成了。

上图 塔阿尔湖的硫含量很高，释放出有毒的气体。在绿树环绕的湖畔生活是危险的营生。

列大规模的火山爆发改变了地貌，将两端伸出的陆地连在一起，形成了一个封闭的环，只留下潘锡皮特河与大海相通。塔阿尔火山的火山口在大约14万年前开始的一系列爆发中逐渐成形。在过去的几千年里，有1200亿立方米的火山灰和石块被喷发到了地球的大气中，形成了

这一直径30千米、最深达150米的火山口。

形成这一"俄罗斯套娃"似的火山的能量由地球的深处而来。地核就像一锅翻滚的铁水，温度有5500摄氏度，比太阳表面的温度还要高。能量既不能被创造也不能被消灭，因此这一温度必定有个来源。地球形成自45.4亿年前一片缓慢飘移的气体尘埃云。当星子（直径1千米的石块）在自身引力作用下聚集到一起时，行星就开始形成了。星子在下落时释放了引力势能，在碰撞中温度不断升高。这种在地球形成初期的引力坍缩中释放出的热量，亿万年来一直保留在地球内部。但这也只占到地球经由板块构造、火山活动和其他活跃地质现象释放到太空中的44太瓦（TW，1太瓦等于1万亿瓦）能量的一半左右。地球剩下那部分热量的起源还要早，地球的岩石圈和地幔中蕴含着大量的铀（U）和钍（Th）等放射性元素，这部分热量就来自这些化学重元素的衰变。我们只知道一个地方的反应足够强，能

第2章　生命的定义

够形成这些重元素——超新星爆发。

超新星爆发是宇宙中最猛烈的爆炸——它们释放出的能量之多，能够点亮整个星系。从地球上肉眼可见的最后一颗超新星是开普勒超新星，它在1604年10月9日的晚上爆发，纵使相隔2万光年之远，银河系里所有的恒星还是都为之失色。罕见而又壮丽的超新星爆发既是毁灭性的，也能带来新的东西。超新星爆发释放出大量的能量，而这些能量正是促使较轻的原子核聚在一起形成重元素所必需的。

如今，地球上的每一个金原子和银原子，包括你在看这本书时身上戴的金银首饰里的那些，都是在一颗早已死去的恒星最后一次猛烈爆发中形成的。而产生这些化学重元素之所以需要如此极端的条件，是因为它们并不想真的在一起。所有比铁（在92种自然界里存在的元素中仅仅排行26）重的元素大体来说都宁愿"轻松些"。像铀（U）和钍（Th）等原子量较大的一些元素，通过自然衰变成原子量更小的元素来实现这

下图　美国夏威夷的基拉韦厄火山爆发。火山活动是地球将热量释放到大气中的一种方式。

地球的热量经由铀和钍等元素的放射性衰变释放到大气中。我们只知道一个地方的反应足够强，能够形成这些重元素——超新星爆发。

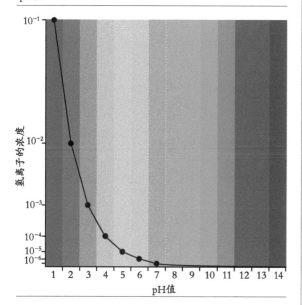

pH值

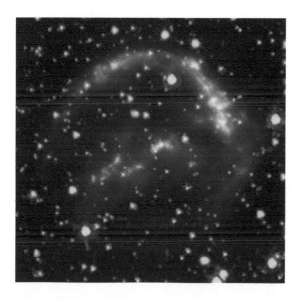

上图 开普勒超新星的爆发在1604年10月9日被首次观察到。这次猛烈的爆发释放了大量的能量,在长达几周的时间里都能通过肉眼看见。开普勒超新星遗迹(如图所示)现在仍是天文学研究的热点。

一点,只要给它们足够多的时间——这就是我们所谓的放射性。当重元素衰变时,它们释放出小部分用于形成自身时所用的能量,这部分能量回归到宇宙里,因为能量永远守恒。可以将重元素想象成电池,每个里面都储存了一点点远古时超新星爆发所释放出的能量。

当地球形成时,部分坍缩的气体尘埃云就由这些放射性元素组成,由于它们很重,这些元素很快就沉到了地核当中。从那时起,它们就一直待在深深的地底,缓慢地衰变,将远古恒星的能量一点一点释放到地球跳动的心脏里。不管你喜不喜欢,我们的地球可是受核能驱动的!

在塔阿尔湖,这一远古的能量仍然在持续释放,并且以我们能看见的方式展露出来。这是一趟穿越时空的漫长之旅,但沿着火山岛内湖的湖畔,它抵达了地表,以滚水和蒸汽的形式,给这片土地布上了戏剧性的场景。最终,在几十亿年之后,这一被困住的恒星能量终以红外光子的形式回归宇宙,永远离开了我们的地球。不过,也不是所有的这部分能量都能逃掉,它们中的一些会再次被困住,成为湖水的化学能。

摇摇欲坠地骑在驴子上,一队汗如雨下、还在倒时差的摄制组七扭八歪地行进在内火山口的山坡上,穿过茂密的草木和咬人的蚊虫进入蒸汽腾腾的内火山口,调查那汩汩冒泡的水的成分。用最简单的测试便可揭示出被困在水里的能量是什么性质的。拿出每所学校化学课上都有的通用试纸(石蕊试纸)——那些不记得的人,贝尔老师该掐着你的耳朵大吼了,通用试纸通过颜色的变化来测量液体的pH值。pH值小于7说明液体是酸性的;pH值大于7则是碱性的;而pH值等于7就是中性的,自来水的酸碱度就接近于7。将试纸放到中心火山湖里蘸一下,发现pH值为3——呈弱酸性。pH值的定义挺复杂的,但本质上说pH值测量的是可以参与化学反应的氢离子(或质子)的浓度。pH值越低,说明水中游离的自由质子的浓度越高。火山湖呈酸性的原因是火山释放的能量熔化了表面附近的岩石,释放出大量的气体,其中包括二氧化硫(SO_2)。二氧化硫气体溶解在水中,形成了一种弱酸,这种弱酸的酸性与柠檬汁相当。对于学化学的同学来说,我们应该从水合氢离子(H_3O^+)浓度的角度来解释,但就本书而言,讲到这个程度就够了。重要的是,火山能量的一小部分被拿去改变了水中氢离子的浓度,从而使其具有了势能——湖水储存了化学能。通俗点儿讲,这就是一个电池。

第2章 生命的定义

考克斯教授讲述的
电池和生命的起源

电池的工作原理很简单。它是一种将能量以化学能的方式储存起来的设备，接入电路以后再将储存的能量释放出来。人类是从何时起开始构建这些现代社会的装置的，目前还不得而知，但20世纪30年代在巴格达附近出土的一批极有意思的文物表明，至少在公元前225年便有人制造这些电化学电池了。这批巴格达电池的确切用途尚不确定，但至少从外观来看其设计已经非常现代了，比亚历山德罗·伏特在19世纪初的著名发明至少早了1500年。

从那时起，成百上千种电池被设计和制造出来，尽管成分不同，体积不同，功率也不同，但每个电池的基本原理都一样。电池由两部分组成，一部分含有大量的正离子，另一部分则含有大量的负离子。将这两部分用某种方式连接起来，让离子在其中有方向地流动，一个电池就做成啦。

质子瀑布
能量的产生就像一台位于质子瀑布中的水车。

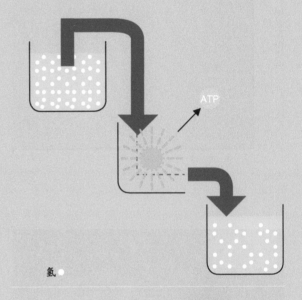

ATP

氢·

总体上说，在现代纪录片里做物理实验是很困难的事情，因为这样做会令演示人——也就是我——看上去像没穿狩猎装的詹姆斯·伯克[译注：英国著名节目主持人、科学史学家、电视制片人，代表作《宇宙改变的那一天》（The Day the Universe Changed）]。虽然考虑到了这样或那样的问题，我们小心翼翼，但离子的流动对生命实在太过重要，因此在塔阿尔火山内层火山口的边缘制作一个燃料电池，在我看来充满教育意义，正是该做的事情。

最简单的燃料电池由两瓶水和连接两者的膜组成，这层膜本身不透水，但离子可以通过。这个实验展示了生物中最重要的化学过程之一：质子梯度（或电子传递链）的运用。细胞膜一侧的高质子浓度可以用来提供能量——在这里就相当于一台电动机。质子梯度在地球上很常见，而塔阿尔的连环火山湖则是这一现象在地理上的壮美展现。湖水呈酸性的内湖咕嘟咕嘟地冒着火山气体，这里储存着大量的质子，也是质子瀑布的顶端。塔阿尔外湖的湖水呈弱碱性，这是由水与沿岸岩石反应造成的，而这里就是质子瀑布的底部，一片缺少质子的水域。内外双湖这样的结构正好形成了

一个天然的电池装置，将地球内部的热量以冻结质子瀑布的形式储存起来。如果有某种机制能解冻瀑布使质子自由流动，那能量就能释放出来用以做功。

值得注意的是，地球上几乎所有的生命都利用质子梯度来呼吸。具体来说，细胞利用一种叫作三磷酸腺苷（ATP）合成酶的蛋白质制造ATP——生命的电池。这一生化机制实际上就是一台放置在质子瀑布中的水车，像磨坊那样源源不断地制造出ATP分子。食物氧化释放出的能量并不直接用于制造ATP，而是用来在细胞膜之间输送质子，将其送到质子瀑布的顶端。乍一看，这显得很别扭，但生命兜了这么大的圈子自有其理由。具体的情况很复杂（生化反应都这样），但简单来说，就是运用质子瀑布使细胞能够分阶段制造ATP分子，先一点一点储存能量，攒够了以后才一口气完成合成ATP分子的化学反应。1978年，英国生化学家彼得·米切尔因发现了这一过程（即化学渗透）而获得了诺贝尔奖。但我们这里要讲的重点并不是具体的化学，而是这一过程的普遍性。化学渗透、使用ATP和遗传密码为所有生命所共有，而这强烈预示了化学渗透必定在生命起源之初就已经存在的事实。

燃料电池

用电解质膜将水隔开，就形成了一个人工质子梯度；氢燃料电池就是通过这个人工质子梯度产生电流的。

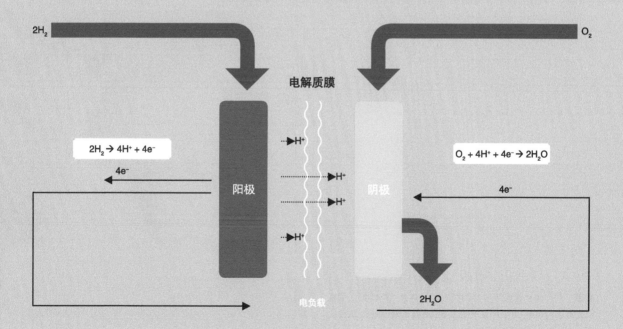

$2H_2$

O_2

电解质膜

$2H_2 \rightarrow 4H^+ + 4e^-$

$O_2 + 4H^+ + 4e^- \rightarrow 2H_2O$

$4e^-$

H^+

$4e^-$

阳极

阴极

$2H_2O$

电负载

我们或许永远也无法知道究竟是哪一系列事件带来了创生的那一刻，但我们确实知道生命诞生于一片陌生的世界中。在生命形成之后的最初几百万年里，我们的地球是一片荒芜、炙热、有毒而动荡不止的土地，崛起的火山和咆哮的海浪在它的表面留下了累累疤痕，全然不是想象中充满生机的行星。然而就在这里，在一片新近形成的大海之下，有一座伊甸园。没有绿草，也不葱郁，但这里仍然是伊甸园无疑——没有生命的无机物注定滑下化学的斜坡，走向复杂。

右图　阿尔文号深海潜水器拍摄的深海热泉"黑烟囱"。它最初发现于1977年，是一种位于深海海底的超高温喷发口，其喷发物当中通常含有大量的含硫矿物质。

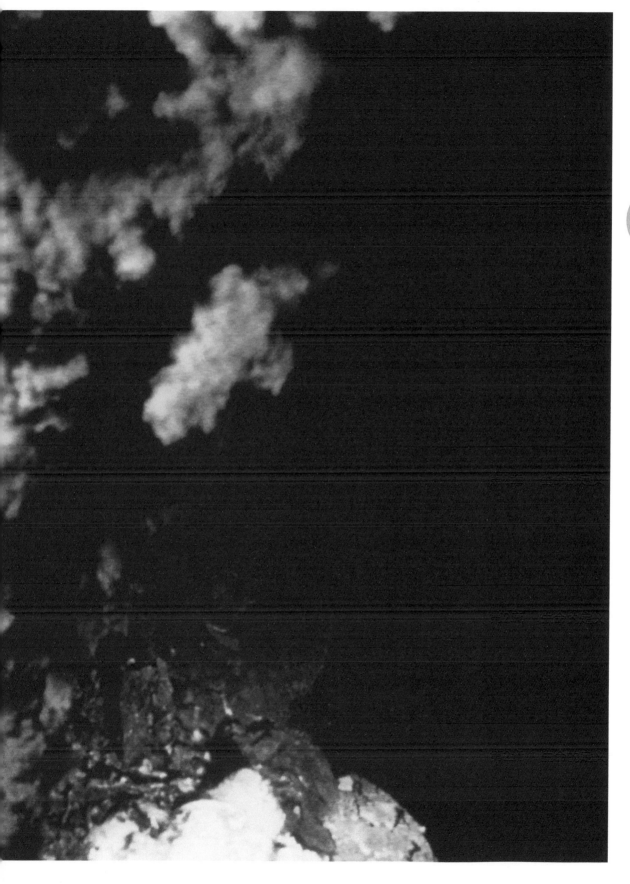

第2章　生命的定义

寻找伊甸园：
暖洋洋的小池塘

下图 澳大利亚西部边陲皮尔巴拉地区马布尔巴市附近的斯特尼湖，这里出土了已知最古老的化石。

86

为了寻找伊甸园，科学家将天涯海角踏遍。地理学家和生物学家在世界各地搜寻最初的生命形态在地球上生活过的痕迹，而其中最了不起的一些发现来自于在澳大利亚进行的研究。澳大利亚西部城市马布尔巴是一座淘金城，除创造了气温连续超过37摄氏度天数最多的世界纪录以外，2011年，目前已知最古老的化石在这里出土，又为当地增添了殊荣。这一被凝固在沙砾之间的远古单细胞生物（见下图）展示了34.5亿年前更为简单的世界。要发现这样的化石很难——不规则的地质构造或晶体形态常被误认为是古生物的遗存。虽然还有声称比这更古老的化石发现，但由牛津大学的马丁·布拉西耶和西澳大利亚大学的大卫·韦西出土的这个标本一直以来都经受住了检验。

这些原始的生命形态被发现的地点很可能是远古时的海滩，不过，当时的环境可一点儿也不像今天的澳大利亚海岸。那时候，海洋是酸性的，温度高达45摄氏度，比大多数人能承受的热水澡的温度还要高。那时候的大气也与现在截然不同，充满了火山气体而没有氧气。布拉西耶和韦西的进一步研究揭示，在这些细胞的体内和周围附近散落着一些硫黄的晶体，这些晶体与岩石中天然存在的硫黄化合物并不相同，表明这些生命形态利用硫化氢（H_2S）等环境中大量存在的、由火山释放出的分子进行新陈代谢，跟今天的一些嗜极生物（译注：可以在极端环境中生长繁殖的生物）一样。

上图 在斯特尼湖距今34亿年的砂岩的沙砾中找到了单细胞古生物的遗存。

在BBC"奇迹"系列纪录片的拍摄过程中，我也亲眼见到了一些这样的生命形态，从墨西哥塔瓦斯科州露滋村喜欢硫化氢、居住在洞穴里的"鼻涕菌"，到科尔特斯海下1.6千米处深海热泉附近生活的生物——这是一整个建立在硫化学反应上的生态系统，这些生物就在这片温度极高的水域中给海底铺上了一层黄色的地毯。

我乘坐阿尔文号下潜到了科尔特斯海底。阿尔文号是一个颇具传奇色彩的深海潜水器，重达17吨，最深能够下潜4.8千米。登上阿尔文号到海底一游对我来说是莫大的荣幸，几厘米厚的钛板将我和水压为200个大气压的海底隔开，但对阿尔文号以及船上伍兹霍尔海洋研究所的研究员而言，这只是一次例行考察——自1964年投入使用以来，阿尔文号去过了地球上一些最极端的环境，其中包括泰坦尼克号沉没的地点。但说到寻找生命的起源，或许最重要的还是阿尔文号在2003年潜入大西洋中部的一次考察。

这一被凝固在沙砾之间的远古单细胞生物展示了34.5亿年前更为简单的世界。

虽然一些早期的生命形态利用硫化学反应进行代谢，但它们显然不是地球上最早的生物。目前还没有发现任何比马布尔巴化石还要古老的生命所留下的化石记录或可见痕迹，但这并不代表我们不能推测最早的生命或许是什么样子的。我们就从一处可能的发祥地开始讲起，这是阿尔文号在一系列卓绝的考察中所发现的一处伊甸园的影子。

2000年12月，在百慕大和加那利群岛之间的大西洋海面以下深处，阿尔文号踏上了发现一处非凡水下景观的航程。这次任务的主要目的是考察亚特兰蒂斯山——从海底拔起8200米、绵延16千米的峻岭。这次考察最重要的科学发现却是一种全新的深海通风口，与之前见过的都不一样。3年后，阿尔文团队重新回到这里，对这些通风口进行考察，并将样本带回了海面。他们发现了一种独特的生化机制和一个独特的世界，并将其命名为"失落之城"。

亚特兰蒂斯山上矗立着30座巨大的碳酸钙柱体，高约60米，由热水、矿物质和从深海升起的气体形成。这些通风口与我之前在科尔特斯海所见到的深海热泉"黑烟囱"不同，后者的温度超高，水温超过了300摄氏度。在失落之城，水温要相对温暖一些，但也有90摄氏度。但研究生命起源的关键差异还在于热水与海床表面橄榄石之间的化学反应。这些反应生成的是甲烷和氢气，而不是"黑烟囱"热泉产生的二氧化碳和硫化氢。所以，"黑烟囱"形成的是一种酸性环境，而在失落之城，情况却是反过来的：海水变成了强碱性（pH值为9~11）。

这一点很重要。因为我们知道，当生命形成之时，地球的海洋是弱酸性的。这意味着在橄榄岩上的"白烟囱"四周，缺乏质子的海水被一片满是质子的海洋包围，会有天然形成的质子梯度。这些通风口也富含有机物和铁、镍等矿物质，这些生命的原料以很高的浓度聚集在多孔的岩洞里，恰好被悬了天然形成的质子瀑布中。即使在今天，这些石洞里也长满了以甲烷为代谢燃料的古细菌——甲烷八叠球菌。

这些通风口为科学视角下的伊甸园提供了最有力的说明：高浓度的有机物处于一个化学家所说的"极度不平衡的条件"，即处在天然形成的质子瀑布里，这意味着复杂的化学过程会自然而然地产生。这也是为什么如今地球上所有的生命都以质子梯度作为反应基础。质子梯度无处不在！我们的共同祖先不是细胞，甚至不是什么自由生活的东西；我们的祖先是一组在岩石的小小孔洞里发生的化学反应，在那里有着丰富的有机物，遍地都是天然形成的催化剂，整个环境处在天然形成的质子瀑布中，由地球内部的热量提供动力。而到了生命即将离开伊甸园之时，它只做了能做的最简单的事情——往已有的化学机制上挂个包，然后便漂走了。

而颇为神奇的是，生命起源的影子如今依旧存在于我们体内的每个细胞里，存在于每种动物、植物、藻类、细菌和古细菌之中。我们全都随身携带原始地球的这套化学机制，为了生存，运行这套机制的生化元件又不断地对它做出了仔细而又审慎的修改。这听上去像天方夜谭，但证据就在我们每个人的身体之中。

第2章 生命的定义

普通的生命

90

下图 葡萄球菌的显微图像。每个生物都由一个细胞或多个细胞组成的群落构成。

右图 健康心脏细胞纵切面的染色透射电子显微图片。可以看见肌肉纤维（粉色）之间密集排列着大量的大的、呈椭圆形的线粒体。

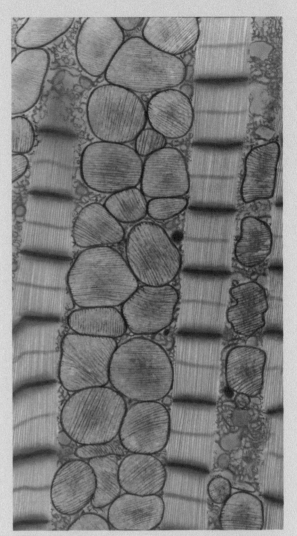

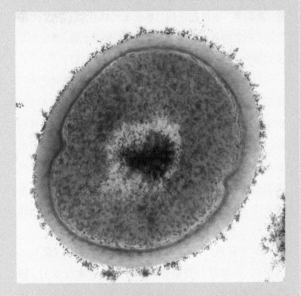

我们每个人身上都有大约50万亿个细胞，它们共同协作，创造了人体这个复杂的结构。

所有的生物都由一个细胞或多个细胞组成的群落构成，从最简单的生物体到多细胞的复杂形态，地球上每种动植物都是如此。显微镜发明以后，肉眼不可见的世界才在人类眼前显露出来：生命的"原子"、最小的生物结构、罗伯特·胡克在1665年发现并命名的细胞。在过去的150年中，人类一直在探索这些细胞里的微观世界，发现了其中蕴含的共同化学过程和复杂景观，它们是所有生命运作的基础。

细胞分为两种不同的类型：真核细胞和原核细胞。原核细胞的结构较为简单，细胞器很少，关键是没有细胞核。这也是地球上最简单的生命形态细菌和古细菌的结构。原核生物几乎都是单细胞生物，它们为生命在地球上的最初20亿年里应该长什么样子、如何生

活提供了再明晰不过的例子。相比之下，真核生物就要复杂得多，出现的时间也只有20亿年。真核细胞是构成人体和所有我们称为复杂形态的生命（从真菌到植物，从原生生物到动物）的基石。它们就像21世纪的工厂，满是先进的结构技术（相比于工匠的作坊）。除了含有细胞核（核内装有细胞的所有主要由DNA和蛋白质组成的染色体），真核细胞里还配备了一大批其他的功能部件。而在我们的故事——真核细胞演化历史的清晰映照中，最显著的就是线粒体了。

线粒体是微小的细胞器，直径大约1微米。几乎所有的真核细胞里都有线粒体。而那些极个别不含线粒体的真核细胞，很有可能在过去某个时候也含有线粒体。有的细胞只有一个线粒体，但很多都含有几百个这样的独立单元。线粒体的内部结构有些像迷宫，许许多多的细胞膜突出来形成了很多隔断。线粒体就在

下图 洋葱根细胞的透射电子显微照片，可以看见细胞核、白色体（译注：泛指存在于植物细胞中不含色素的色素细胞）、线粒体和细胞壁。几乎所有的真核细胞里都含有线粒体。

右上图 这张透射电子显微照片显示了植物细胞里的一个线粒体。质子瀑布在这里转动合成ATP的涡轮扇叶，生成"生命的通用电池"——ATP。

底图 哺乳动物细胞的透射电子显微照片，展示了细胞核（粉色）、核仁（深褐色）和细胞质（绿色）。细胞顶端的那些褐色小颗粒就是线粒体。

对页图 脂肪细胞线粒体切片的透射电子显微照片。在有的脂肪细胞里，特化的线粒体会产热，从而帮助维持体温。

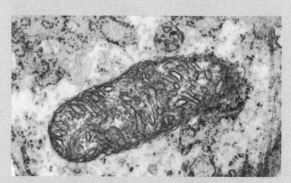

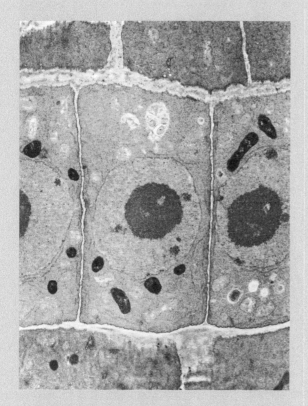

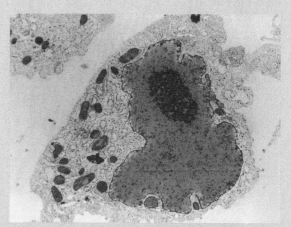

这些细胞膜的褶皱上行使它们的重要功能，为细胞提供能量。质子瀑布就是在这里转动合成ATP的涡轮扇叶，生成"生命的通用电池"ATP的。线粒体是生物氧化食物生成ATP的场所，你体内超过80%的能量都由此而来。虽然你也可以在无氧条件下制造ATP，比如通过肌肉中发生的一种叫糖酵解的过程，但这样维持不了多久。没有线粒体，就不会有人类；实际上，没有线粒体，地球上完全有可能不存在复杂的生命。这样说很绝对，但要弄清楚这样说的道理为何，我们需要更仔细地看看线粒体本身的性质。

　　线粒体最显著的特征便是它们拥有自己的DNA，储存在一个环形的结构里。这看起来跟细菌DNA一模一样，因为它就是细菌DNA。线粒体最初是细菌，像共生体那样存在于我们的细胞中。是什么使得这些远古的细菌进入了另外的细胞？这还是生物学里有待解决的核心问题之一。这种叫作内共生的过程显然在演化中不止发生了一次。我们在第1章里已经见过一个例子：所有绿色植物和藻类里的叶绿体都曾经是自由生活的蓝细菌。但更重要的，可能是一种远古的细胞与一种能够娴熟掌控质子梯度并通过有氧呼吸高效产生ATP的细菌相融合的事实。因为有理论认为，这可能就是真核细胞的起源。最近对现代细胞DNA的研究表明，最早的线粒体的原始宿主细胞可能是一种古细菌，也就是一种原核细胞。此外，还有人提出，在接下来的时间里，真核细胞以及由真核细胞构成的复杂生命，它们内部复杂性的发展也只有在吸收线粒体以后，得到了线粒体所提供的巨大能量优势才成为可能。倘若果真如此，那么生命在地球上的头20亿年里之所以这么"无趣"（这么说挺对不住细菌和古细菌的，但事实就是如此，它们永远也成不了晚宴上能跟你谈笑风生

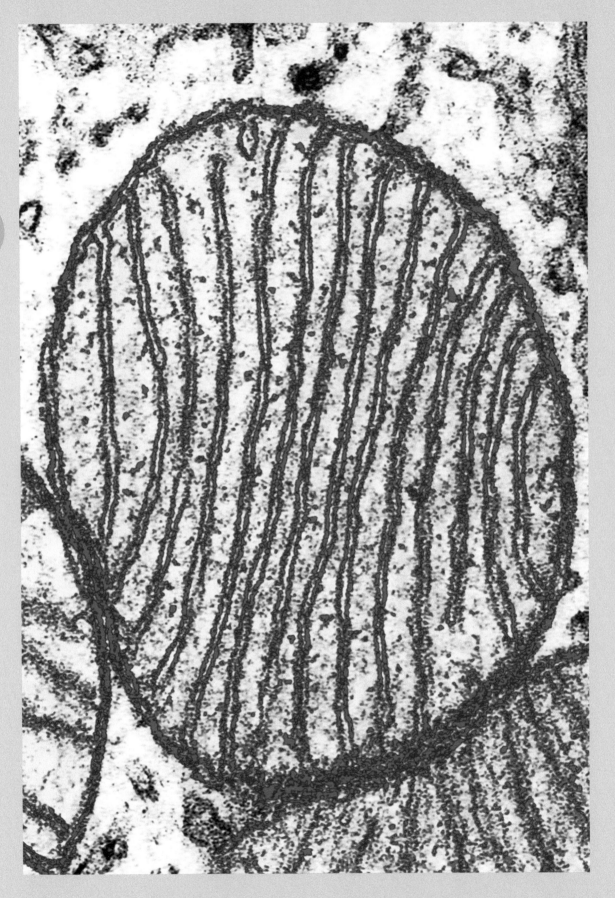

的座上宾），是因为拥有线粒体这个能量库是形成复杂的真核细胞的先决条件。

将这些全部合起来，我们便有了一个精彩的故事。应该说明的是，这属于前沿研究，其中有些说法可能是错误的。但这是对地球上生命起源的一种可能的理解，并且有证据的支持。生命从一系列化学过程中开始，这些化学过程发生在深海碱性通风口富含有机物的环境中。天然形成的质子梯度提供了能量，而这些质子瀑布从一开始就与生命的生化机制紧密相连。待到即将离开这些通风口之时，生命把这些化学机制也一同带走。在接下来的20亿年里，生命茁壮成长但受制于能量供给，一直保持简单。原核细胞没有制造大量ATP所需的细胞器，而这是向复杂的多细胞形态演化不可或缺的昂贵装置。然后，就在那么一个稍纵即逝的小概率事件中，一个古细菌"吞下了"一个细菌，而两者都存活了下来。在这个新的环境中，细菌得到了保护，于是集中精力，一心一意地从质子瀑布中高效地制造ATP。再过20亿年，这个嵌合体的后代已经完全适应了这种内共生模式，原因之一便是其证据已经写进了它们每个细胞的运作机制里。线粒体的化学机制里有着古老地球的影子，它们的环状DNA诉说着身为细菌的过去，线粒体就像立在细胞里的路标，顺着这条道路看回去，生命从深海通风口走来，地球形成时锁住的那部分来自远古恒星死亡的能量是它的动力。多美的想法啊！

制造ATP：生命的通用电池

细胞用ATP来贮存能量，制造ATP是一个非常复杂的过程，发生在线粒体的细胞膜上。

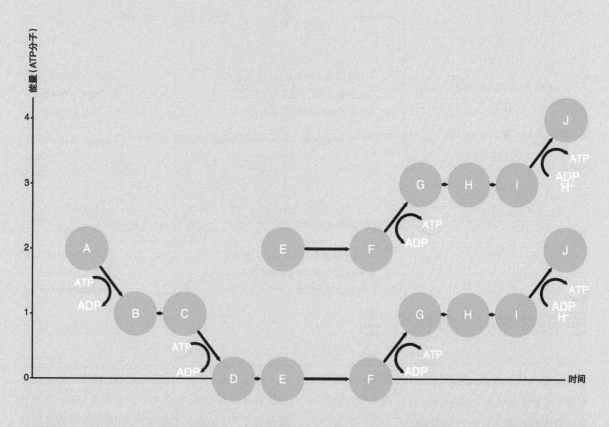

A 葡萄糖　　　　　C 果糖-6-磷酸　　　E 甘油醛-3-磷酸　　　G 3-磷酸甘油酸　　　I 磷酸烯醇式丙酮酸

B 葡萄糖-6-磷酸　　D 果糖-1,6-双磷酸　 F 1,3-二磷酸甘油酸　 H 2-磷酸甘油酸　　　J 丙酮酸

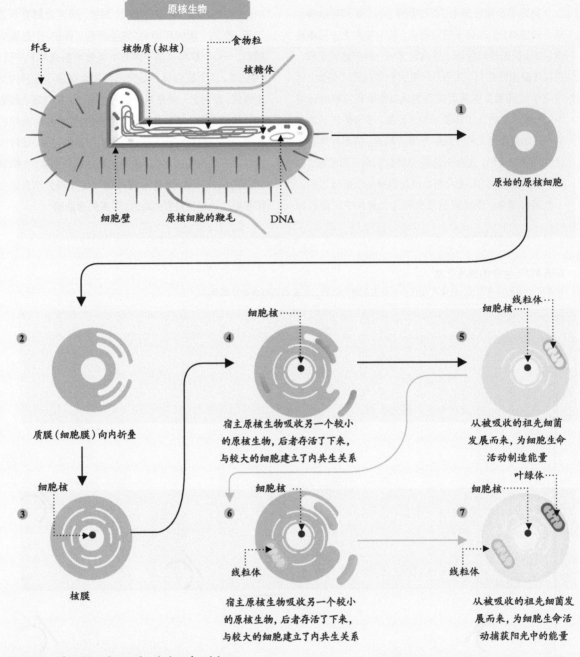

原核生物

纤毛
核物质（拟核）
食物粒
核糖体
细胞壁
原核细胞的鞭毛
DNA

① 原始的原核细胞

② 质膜（细胞膜）向内折叠

③ 细胞核
核膜

④ 细胞核
宿主原核生物吸收另一个较小的原核生物，后者存活了下来，与较大的细胞建立了内共生关系

⑤ 细胞核 线粒体
从被吸收的祖先细菌发展而来，为细胞生命活动制造能量

⑥ 细胞核
线粒体
宿主原核生物吸收另一个较小的原核生物，后者存活了下来，与较大的细胞建立了内共生关系

⑦ 细胞核 叶绿体
线粒体
从被吸收的祖先细菌发展而来，为细胞生命活动捕获阳光中的能量

原核生物与真核生物

细胞分为两大类：原核细胞与真核细胞。原核细胞（主要是细菌）没有细胞核；真核细胞拥有细胞核，将核内的遗传物质与细胞质分开。原核细胞一般比真核细胞小，结构也更为简单，最早出现于大约38亿年前，而真核细胞的出现则要晚很多（仅在15亿~10亿年前）。除了没有细胞核，原核生物也没有细胞器或细胞骨架，基因组也没有那么复杂。尽管有着种种不同，但是所有的生命都使用相同的基本分子机制，这表明所有的细胞都是同一个原始祖先的后代。

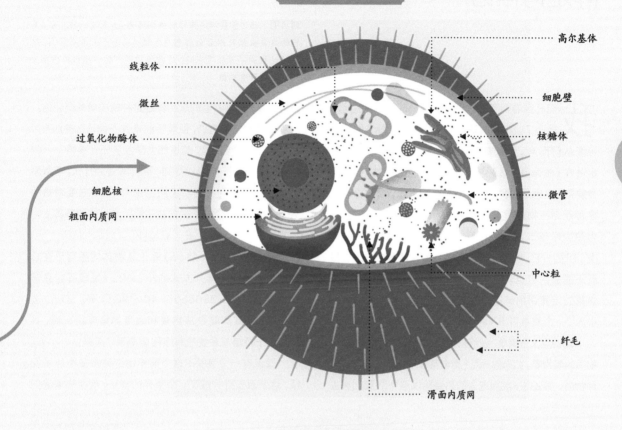

真核动物

高尔基体
线粒体
微丝
细胞壁
过氧化物酶体
核糖体
细胞核
微管
粗面内质网

中心粒

纤毛

滑面内质网

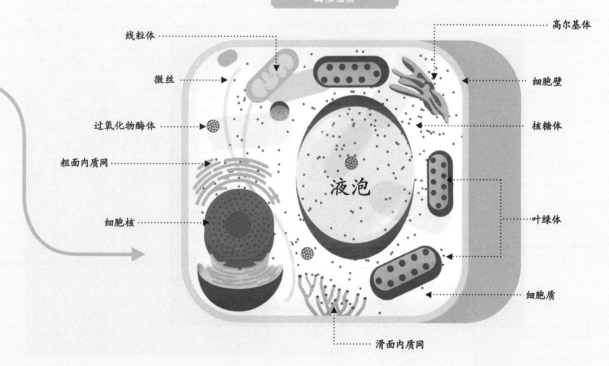

真核植物

高尔基体
线粒体
微丝
细胞壁
过氧化物酶体
核糖体
粗面内质网

液泡

细胞核

叶绿体

细胞质

滑面内质网

生命与热力学第二定律：薛定谔悖论

下图 大量物体聚集在一起（右下）向外（左上）扩散。这一过程几乎不可能逆转，说明了热力学第二定律——一个孤立系统的熵永不可能减少。

对页图 热力学第二定律可以被描述为：如果有一种过程，其中的热量被吸收以后全部都用于做功而不产生其他影响，这样的过程是不可能存在的。这意味着不可能制造出转化率为100%的太阳电池板。

我们已经看到了生命热力学的一些细节，还简略地谈了谈年轻地球上深海之下火山爆发的能量可能从何而来。但仅有能量来源并不能带来生命。薛定谔在《生命是什么》中指出，生物的决定性特征是不会腐败，这也是生物看起来"那么不可思议"的原因。这种能力在物理学家看来或许还要更加异乎寻常，因为热力学第二定律早已经深深地刻在了他们的脑海里。回忆一下，热力学第一定律讲的是能量守恒；能量既不能被创造也无法被消灭。从某种意义上说，热力学第二定律讲的是这些能量能够被用来做什么，并且引入了一个复杂得出了名的物理量——熵。

熵的定义很简单：在绝对零度，即零下273摄氏度，物质的熵为零。如果你一点一点非常缓慢地把热量加入一种物质，那么每一次加进去的热量除以这些热量加进去时的温度，所得的值的总和就是这种物质熵的变化值。

虽然定义很明确，但熵听起来并不像什么特别有用或有意思的量。但是，熵是热力学以及任何事情——包括生命在内——的绝对基础。要弄清楚为什么，可以看看19世纪奥地利物理学家路德维希·玻耳兹曼对熵的另一个定义，这个式子被刻在了他在维也纳的墓碑上：

$$S = k \cdot \lg W$$

这个等式的意思是，熵（S）等于某物体的各部分在总体不变的情况下排列方式的和（W）；k是玻耳兹曼常数，k的值等于$1.3806505 \times 10^{-23}$焦耳／开。这听上去有些绕，但其实就是从热量和温度的角度定义熵，其意义在于将熵与系统的有序程度联系了起来。

假设有一个茶杯，这个茶杯由许许多多个原子构成，这些原子排列成了一个茶杯的样子。现在想象我们

把这个茶杯打碎，变成一个个单独的原子，然后把这些原子堆成一堆。熵就跟你能够用多少种方法将这些原子排列成一个茶杯和一个小堆有关。茶杯是一种非常特定的原子排列方式；如果你改变了太多的原子的位置，就无法构成一个茶杯。相比之下，一个小堆的排列方式就没有那么特定，你可以改变很多原子的位置，然后还是能够得到一个小堆，看起来跟原来那堆没什么差别（虽然里面很多原子的位置都变了）。因此，将原子排列成小堆要比排列成茶杯有更多种方式，根据玻耳兹曼公式，一个小堆的熵就比茶杯的熵要大（因为 W 值更大）。

热力学第二定律表明，孤立系统的熵总在增加或保持不变——绝不会减少。如果没有外界干预，一堆原子永远不可能自己排列成茶杯，就算你温柔地搅拌10亿年也不行。必须施加巨大的功才能构建茶杯这样一个有序的系统。不过，要将茶杯变成无序的（即使变不成一个个原子，变成一地碎片还是有可能的）还是相对容易的。这是一条普适的物理定律——物体总是自发地向着混乱和无序发展，因为它们这样做的概率要大很多很多。

而生命则是一个显著的例外。第一眼看去，生命似乎违反了热力学第二定律；像薛定谔写得那样，生命"不会腐败"，或许这样说还不够全面——生命不仅不会腐败，还会自发地将自己组装成极度复杂的结构。无怪乎世人容易将生命的这些性质归于设计者或超自然现象，就好像有表就一定要有钟表匠；不过，用道金斯的话说，你会发现这个钟表匠是瞎的，而且绝对是按照物理法则在做事情。

这种自发地增强复杂性，即自发地降低一组特定原子的熵的能力，可作为生命的决定性特征。它成功地从原始海洋的混沌中形成了人类这样有序的结构。再次强调一点，生命在这样做的过程当中没有违反任何物理法则，否则薛定谔用物理和化学定律解释生命的难题早就破解了。那么，生命又是如何在这看似违背了热力学第二定律的过程中构筑自己的呢？这，就是科学家所说的薛定谔悖论。

第2章 生命的定义

跟随阳光的脚步

帕劳位于菲律宾以东800千米，由8座主要的岛屿和250多座小岛组成。帕劳的风景从最大的巴伯尔道布岛的高山，到几百个小岛上的低地，再到向太平洋铺展开去的浩瀚美丽的珊瑚礁，种类之多，令人叹为观止。这里是真正的岛上天堂。

我们到这里是为了拍摄埃尔马尔克岛上一个湖泊里独有的一种生物。埃尔马尔克岛是帕劳群岛外围的一座小岛，面积19平方千米，形状像个字母"Y"，岛上无人居住，林木丛生。这座岛原本是海底的珊瑚礁，在很久以前的地壳运动中被猛烈地推到了海面之上，当初的孔洞便成了一个个小小的湖，如同痘瘢一样长满了这座迷人而混乱的小岛。在埃尔马尔克岛的最东边有一个咸水湖，虽然与海相连，但由于岩石通路太窄，除了海水之外，只有最小的海洋生物才能穿过，因此实质上处于隔绝状态，形成了一个封存1.2万年的生态系统。这么长的时间，足以使湖里的生物和它们几百米外、在海洋中遨游的表亲分隔开来。

我们天不亮就到了，太阳渐渐升起，从东边的山崖探出头来又向西岸划去，沿途将湖水一道道逐一照亮。从碧绿的湖面之下，金色的身影开始忽隐忽现，最初只有几只，但随着眼睛逐渐适应了光线，湖水逐渐

呈现出一种有机物的浓厚质地，水本身仿佛拥有了生命。隔着潜水服，触感还没那么真切，我站在船舷朝后一滚，落入了"水母浓汤"里。

埃尔马尔克有2300万只黄金水母，分布在周围的咸水湖中。由于跟捕食者隔绝开来，这些水母蜇人的威力已经弱了很多（但它们从我脸旁拂过时，还是能感觉到我的嘴唇都麻了），还形成了独有的金色钟形身体。大多数水母都通过捕食一种叫作浮游生物的微小海洋生物获得能量；它们会用特殊的触手——口腕——将这些浮游生物送进嘴里。但是，黄金水母的口腕要短很多，最初看到时很难理解这种适应性特征会给它们带来什么好处。但你仔细观察黄金水母的行为，几小时后，答案就变得清晰起来——它们并没有那么依赖浮游生物作为食物。

黄金水母不停地变换位置，聚集在阳光照亮的水面，它们跟随着阳光的脚步，因为它们靠直接进行光合作用以获取养分。当然，从某种意义上说，我们都要靠光合作用获得能量。如今，地球上每一条食物链的底层都是进行光合作用的生物——树、藻类细胞或蓝细菌。

小动物吃光合作用生物，而大动物又吃小动物

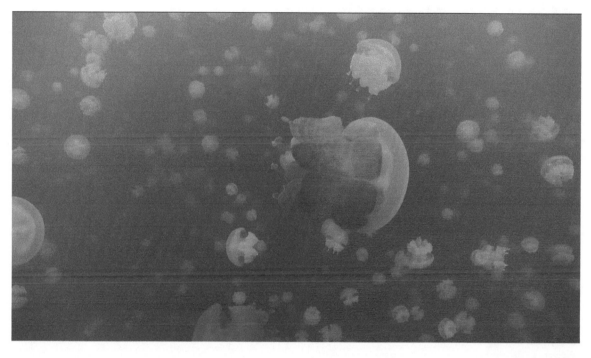

黄金水母不停地变换位置，聚集在阳光照亮的水面，它们跟随着阳光的脚步，因为它们靠直接进行光合作用以获取养分。

对页图　帕劳埃尔马尔克岛上咸水湖中的黄金水母跟随阳光游动，因为它们并不依赖捕食浮游生物，而是靠直接进行光合作用以获取养分。

上图　黄金水母透明的钟形身体里共栖着进行光合作用的藻类，它们在湖中四处"起舞"是为了让这些藻类照到阳光。

和光合作用生物。令黄金水母与众不同的是，它们去掉了中介，直接让进行光合作用的藻类共栖在自己透明的钟形身体里。它们每天在湖中以复杂的模式起舞，是为了让体内的藻类接受阳光，同时远离湖岸，在那里，守候着它们在岛上唯一的天敌——篷锥海葵（*Entacmaea medusivora*）。由此，这些水母便在光影变幻的湖中寻着光亮地带聚集，而与它们共同潜水的经历真可谓我在拍摄这一系列纪录片中最美妙的体验之一。漂浮在密集的"水母浓汤"里自然会令人感到不适（至少对我来说如此），但这种不自在的感觉很快便会在这些金色的吊钟那温柔而从容的旋转中消退，那是它们为了让体内共栖的藻类沐浴阳光而跳起的舞蹈。

黄金水母体内的海藻是虫黄藻，这是一种金黄色的单细胞藻类，在珊瑚和海葵等体内也经常可以见到。黄金水母在幼年时吞下虫黄藻，待到成年时虫黄藻能占到水母生物量的10%。这些海藻成群聚在一起，生活在水母体内叫作中胶层的纤维细胞里，中胶层就是构成水母大部分身体的那种透明胶状物质。黄金水母和虫黄藻的这种共栖关系从一个根本层面告诉我们，生命是如何根据自然法则建立起层层秩序的。

第2章　生命的定义

下图 水母是海洋生物，身体呈伞形或钟形，下面有长长的触须。钟形的身体可以通过喷水推进的方法向相反的方向游动；布满刺丝囊的触须可以用来捕捉猎物。

底左图 在加利福尼亚蒙特雷海湾拍摄到的名为Ptychogena的深水水母，活动范围一般在水下50米到1200米深处，4条颜色鲜艳、沿辐管十字交叉分布的宽大的生殖腺是它最鲜明的特征。

右图 这只发光的夜光游水母（*Pelagia noctiluca*）能在地中海找到。在拉丁语中，"pelagia"意为"海"，"nocti"意为"夜晚"，"luca"意为"光"。

底右图 美国西海岸十分常见的五卷须金黄水母（*Chrysaora quinquecirrha*），它的触须能释放毒素，可以杀死小型猎物，并能将它视为捕猎者的生物刺罩。

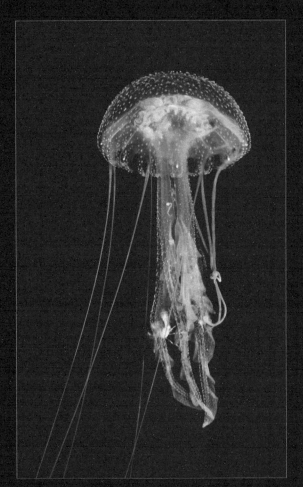

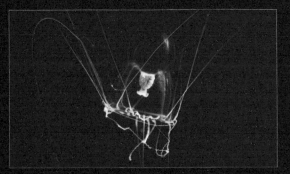

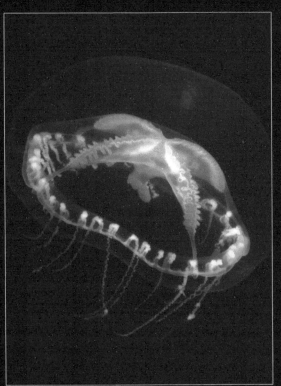

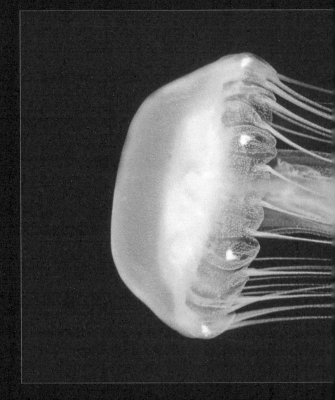

生命的奇迹（第二版）

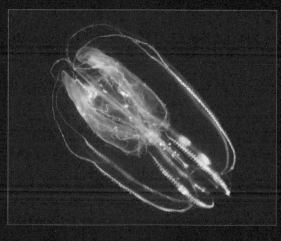

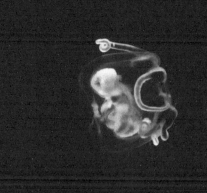

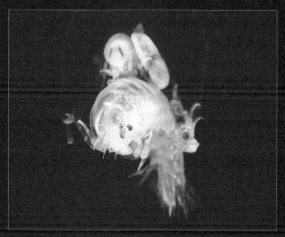

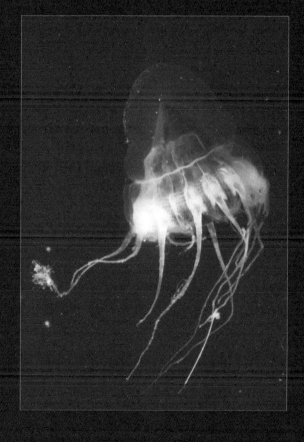

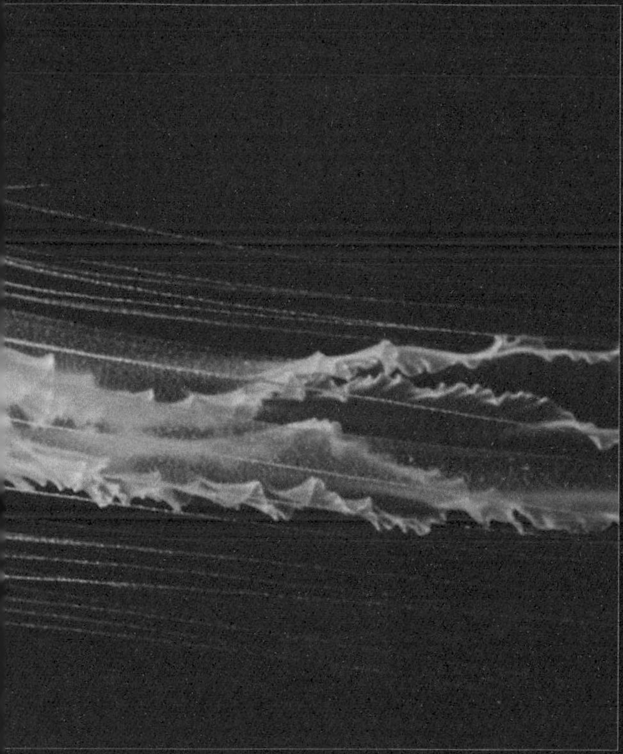

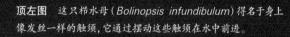

顶左图 这只栉水母（*Bolinopsis infundibulum*）得名于身上像发丝一样的触须，它通过摆动这些触须在水中前进。

中左图 水螅水母（*Sarsia tubulosa*），可以看见它体内有一只小小的端足目浮游生物（*Hyperia galba*）。

顶右图 澳大利亚大堡礁南部赫伦岛的水母。

上图 墨西哥湾拖网渔船捕捞到的水母，生活在海洋中层，主要在450～600米深处活动。

第2章 生命的定义

生命秩序的起源

在第1章里我们详细介绍了产氧光合作用的过程。而在这里，参与这个过程的生化物质并不重要，我们关心的是热力学。再来看一次这个标志性的等式，我们可以看出光合作用是一个利用简单分子（二氧化碳和水）制造复杂分子（葡萄糖）的过程。

$$6CO_2 + 12H_2O \rightarrow C_6H_{12}O_6 + 6O_2 + 6H_2O$$
$$阳光里的能量$$

葡萄糖分子是一个相对较为复杂的结构，与水分子和二氧化碳分子比起来肯定如此。而葡萄糖又几乎是地球上每条食物链的基础，如果我们能弄清楚生命是如何用简单的成分组建起复杂的葡萄糖的，我们将向解开薛定谔悖论迈出了坚实的一步。

葡萄糖

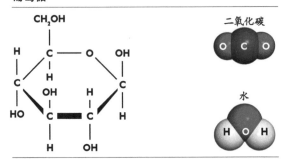

答案其实很简单。热力学第二定律说了，在任何自发过程中，物质的熵（无序的程度）不是保持不变就一定是增加，这条定律在全宇宙的任何地方都适用，除非宇宙中有一部分与其他所有事物都隔绝开来，那么这一部分可以不适用——但在实际操作中（乃至在量子理论的原则上），这样的区域是不可能存在的。具体来说，当我们考虑光合作用的热力学时，我们必须考虑从阳光中吸取的能量和在化学反应中释放的热量以及二氧化碳、水和葡萄糖。这样做之后我们会发现，整个系统的熵（包括从太阳里得到的光子和以热能释放出去的光子）确实是增加了，但其中形成葡萄糖的那部分原子，它们的熵却降低了。这是关键的一点。太阳提供有序的能量，而后经过光合作用，这种有序的能量变成

了无序的。在这一过程中，阳光中的有序被"借"了一部分过来，用以制造葡萄糖。

这并没有什么不可思议的；整个看来，宇宙的熵在增加，但像叶绿体这样的小小细胞器能够将接收到的太阳能转化成有序的物质，只要这样做令周围变得更加无序。这就是薛定谔悖论的部分答案。

不过，还潜伏着一个更深层的问题。从能量守恒和熵总在增加的意义上讲，生命符合热力学的原理，但总得有细胞器来"提取"阳光中已有的秩序并将其贮存为葡萄糖吧？在产氧光合作用中肯定发生了这样的过程，以二氧化碳和水为原料生成葡萄糖是生命需要解决的复杂难题。

因此，要解开薛定谔的悖论，我们就必须弄清楚在没有复杂细胞器的情况下，整个事情是如何发生

的——这些热力学元件是如何自发地在40亿年前的深海通风口附近形成的。有没有无机化学反应会利用简单的构建模块生成更有序的物质，而这些物质就成为生命演化的起点？答案是肯定的，这些化学反应就存在于梯度（或者像我们之前说的"瀑布"）中。现在，所有的事情都逐渐明朗起来。

生命起源于一个不平衡的环境中，那里有天然形成的梯度。在深海通风口，滚烫的碱性海水置身于冰冷的酸性海洋之中，既有质子梯度也有温度梯度。这些梯度为简单的化学反应提供了热力学的基础，使之可以将自己组装成更复杂的形态。在梯度丰富和成分充足的通风口环境中，乙酰硫酯和丙酮酸这样的复杂分子形成了。乙酰硫酯和丙酮酸的结构都比葡萄糖复杂，是参与如今生物代谢的核心物质。因此，复杂性的

形成并非神秘而不可知的，用行话说，只是"远不平衡的"系统的一种特性罢了；在这种系统中，质子瀑布会为构建过程提供能量。埃里克·施耐德和詹姆斯·凯还给出了热力学第二定律的另一种表述，他们认为系统会使用"一切可用的手段抵制外部施加的梯度"。这一理论认为，复杂系统的出现加快了温度梯度、pH梯度或任何梯度趋于平衡的过程，由此帮助第二定律将整个宇宙的熵最大化。梯度从本质上说并不能持久，很快就会达到平衡；终极的复杂系统——生命——可能是这一基本真理的又一个表现。

这段话最后一部分只是推测，属于一个新近形成且发展迅速的学科——非平衡热力学的研究范畴。非平衡热力学认为，生命的出现是经典热力学定律注定的结果；有梯度存在的地方必将演化出复杂性，而且根据热力学原理，这个复杂性只会变得越来越复杂，与其他细节乃至自然选择下的演化都无关。这种颇为绝对的说法是否正确还很难说。我认为它很有可能是对的。但说得更保守些就肯定没错了：复杂生命的出现遵循了热力学定律，并且生命演化出蔚为壮观的复杂性，并不存在任何矛盾可言。

但是，我们的故事到这里还没结束。薛定谔在《生命是什么》中指出，生命的奇妙秩序有两个问题需要回答。我们已经知道了有序的结构如何在非平衡的条件下遵循热力学定律很自然地出现。但若要彻底弄清我们如今所见的生命的复杂性，还有第二个问题亟待解决：最初的、相对简单的生物分子是如何一步一步地增加自己的复杂性的？简单的生物是如何演化出复杂性，构建起40亿年的生态系统这个最壮观的纪念碑的？很显然，一年一年、一个世纪又一个世纪，生命构建起了层层的秩序，但方法又是什么呢？薛定谔的回答是，系统里有一种记忆，一旦演化出一种复杂过程，以后就不需要再重头来过。薛定谔不知道这种记忆机制是什么，但他对这种记忆机制的性质做了大量的推论。薛定谔将其称为"非周期性晶体"，这种分子通常都非常稳定，并且能够将信息从一代传给下一代。部分受薛定谔这本小册子的启发，沃森、克里克、威尔金斯和富兰克林在10年之后的1953年，发现了这种非周期性晶体的确切结构——DNA的双螺旋。现在我们再看DNA。这种分子是通过什么方法得以记录下生命的确切顺序，并将其一代代无误地传续下去的呢？

第2章　生命的定义

一个大家族

下图 加里曼丹岛的雨林里聚集着各种各样的生物,但所有生命都必须遵循热力学第一和第二定律。

对页图 亚洲象(*Elephas maximus indicus*)是地球上体形最大的动物之一,寿命只有不过几十年。但它们的DNA可以代代延续。

马来西亚的沙巴州位于加里曼丹岛的北部,是地球上生物多样性最为丰富的地区之一。在那里生活着1.5万种草本植物、大约3000种乔木、420种鸟类和222种哺乳动物,这里是一个令你由衷赞叹地球上生命如此多样的地方。

尽管种类繁多,但居住在这片富饶雨林里的生物其个体的一生都非常短暂。昆虫,例如在岛上随处可见的美丽的蜻蜓,一生不过短短几天;而哺乳动物,例如亚洲象,一辈子也只能活上数十年;就连岛上寿命最长的生物——雄踞于此,塑造了这片栖息地的巨树,据说也没有哪棵活过了1000岁。所有的这些生命形态都不过是在这片森林中上演了数千万年的恢宏剧目里短短的一幕。我们这颗星球上的每一个生物都会迎来死亡,它们一味地遵循热力学第一定律和第二定律,掌控并指挥着我们的宇宙。不过,尽管生命如白驹过隙,物种却绵绵不绝。正是有了DNA将信息保存下来并传

> **哺乳动物,例如亚洲象,一辈子也只能活上数十年;就连岛上寿命最长的生物——雄踞于此,塑造了这片栖息地的巨树,据说也没有哪棵活过了1000岁。**

至下一代的能力,生命才得以发展,哪怕终将迎来腐朽的一天。正是这种对信息的保存使复杂性得以出现并持续发展了40亿年,也令生命从最简单原始的形态,变成如今我们所见的最美、最多样的奇观。DNA是连接所有生命的线,不仅在遥远的过去,也在今天。

在加里曼丹岛西必洛森林保护区里,居住着一些与我们人类基因最为接近的生物。红毛猩猩高度适应了在林冠里的生活,它们独特的解剖结构也反映了这种树栖的生活方式。红毛猩猩的手臂是腿的两倍长,四肢极其灵活,手掌和脚掌弯曲的骨头完美地适应了握住树枝的需求。我们与这些美丽的生物享有共同的祖先,它们生活在1500万至2000万年前,如今地球上所有的猿类(包括我们自己)都是它们的后代。

光看表面，我们或许与这些远亲有着显著的不同，但仔细看它们的细胞内部，就会发现一个完全不同的故事。2011年，红毛猩猩成为继人类和黑猩猩之后第3个将全部基因组成功测序的猿类。一只名叫苏溪的圈养个体有幸成为首只揭开全族遗传秘密的红毛猩猩，紧随其后的是其10只野生的同伴，5只来自加里曼丹岛，5只来自苏门答腊岛。

下面的图示展示了制造一只红毛猩猩所需指令的一小段，这一指令加起来含有30亿个字母。我们在第5章中将会看到，生命的代码仅由4个字母（A、C、T和G）组成，它们代表了4种不同的化合物，这些被称为碱基的化合物承载了地球上几乎所有生物的信息。就红毛猩猩来说，是这些代码里含有的信息创造了身体的各个部分，从它们鲜明的红色毛发到长长的手臂和短小而弯曲的腿。

这些制造红毛猩猩的指令千百万年来始终不变，原原本本地从一代传给下一代。为了做到这一点，红毛猩猩——以及地球上的所有生物——依靠的是DNA最了不起的特性：强大的稳定性和抗拒变化的能力。要弄清楚DNA分子是如何做到将秩序从上一代那里准确地继承下来，并无误地传给下一代，我们就必须理解DNA复制的机制——每当有细胞开始分裂，就会有DNA的复制发

上图 和地球上所有的生命一样，红毛猩猩（如加里曼丹岛西必洛森林保护区里的这只）依靠DNA超强的稳定性和抵抗变化的能力将生命代码代代传续。

DNA密码子表：标准遗传密码

第1个碱基				第2个碱基				第3个碱基
		T		C		A		G	
T	TTT (Phe/F)苯丙氨酸	TCT (Ser/S)丝氨酸	TAT (Tyr/Y)酪氨酸	TGT (Cys/C)半胱氨酸	T
	TTC	TCC	TAC	TGC	C
	TTA (Leu/L)亮氨酸	TCA	TAA 终止密码子（赭石）	TGA 终止密码子（蛋白石）	A
	TTG	TCG	TAG 终止密码子（琥珀）	TGG (Trp/W)色氨酸	G
C	CTT	CCT (Pro/P)脯氨酸	CAT (His/H)组氨酸	CGT (Arg/R)精氨酸	T
	CTC	CCC	CAC	CGC	C
	CTA	CCA	CAA (Gln/Q)谷氨酰胺	CGA	A
	CTG	CCG	CAG	CGG	G
A	ATT (Ile/I)异亮氨酸	ACT (Thr/T)苏氨酸	AAT (Asn/N)天冬酰胺	AGT (Ser/S)丝氨酸	T
	ATC	ACC	AAC	AGC	C
	ATA	ACA	AAA (Lys/K)赖氨酸	AGA (Arg/R)精氨酸	A
	ATG (Met/M)甲硫氨酸	ACG	AAG	AGG	G
G	GTT (Val/V)缬氨酸	GCT (Ala/A)丙氨酸	GAT (Asp/D)天门冬氨酸	GGT (Gly/G)甘氨酸	T
	GTC	GCC	GAC	GGC	C
	GTA	GCA	GAA (Glu/E)谷氨酸	GGA	A
	GTC	GCG	GAG	GGG	G

非极性	极性	碱性	酸性	终止密码子

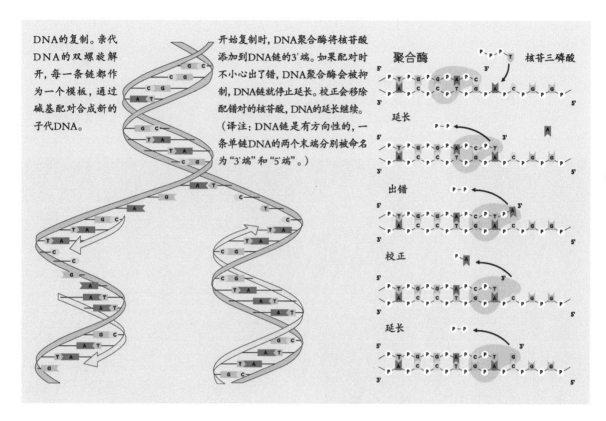

DNA的复制。亲代DNA的双螺旋解开，每一条链都作为一个模板，通过碱基配对合成新的子代DNA。

开始复制时，DNA聚合酶将核苷酸添加到DNA链的3′端。如果配对时不小心出了错，DNA聚合酶会被抑制，DNA链就停止延长。校正会移除配错对的核苷酸，DNA的延长继续。（译注：DNA链是有方向性的，一条单链DNA的两个末端分别被命名为"3′端"和"5′端"。）

聚合酶　核苷三磷酸

延长

出错

校正

延长

这些制造红毛猩猩的指令千百万年来始终不变，原原本本地从一代传给下一代。为了做到这一点，红毛猩猩依靠的是DNA最了不起的特性：强大的稳定性和抗拒变化的能力。

生。从受精的那一刻起，红毛猩猩的受精卵需要分裂上万亿次，才能得到一个拥有复杂生理和解剖特征的生命。

这些细胞每分裂一次，它的DNA就要复制一次，而纵使要复制的是含有30亿个字母的海量信息，这一过程也极少出错。在DNA聚合酶的带领下，这套化学机制运作的准确度高得惊人，平均复制10亿个字母才出错一次。打个比方说，就好比将包含77.5万字的图书复制280次，大约只弄错一个字。待到个体能够制造出将代码遗传给下一代的精子或卵子之时，DNA已经复制了不知多少亿万次，正是这一高保真度使得有益的适应性得以保存，而有害的适应性往往在生物有机会繁殖前就迅速消失了。

因此，自然选择的作用就是稳固这套遗传代码，如果有变化发生，它会确保留下来的是更有可能有益的变化，就这样经过了漫长的时间，基因的蓝图逐渐改变，形成一个新的物种。正是这一缓慢而有保障的过程让生命之树发展得如此宽广，但体系之中根深蒂固的保留有用适应性特征的能力，又意味着对地球上的大多数生命而言，遗传密码的绝大部分都基本没有改动——如果它有用，生命就一直用它，并且以各种各样的方式加以利用。

尽管我们和红毛猩猩在演化之路上已经分开了400多万年，但真正令人称奇的是我们所拥有的共同点。红毛猩猩是最像人类的动物之一，拥有很多我们常以为是人类所独有的行为特征。它们会传递信息，教育后代，哺育孩子8年以后才放手让年轻的红毛猩猩独闯森林；它们会教这些孩子如何活下去；它们会记住哪种果子有毒，哪种果子可以放心吃；它们会分辨哪根枝丫承受得住它们的体重，哪些不能；它们还懂得搭建遮蔽物来躲雨。

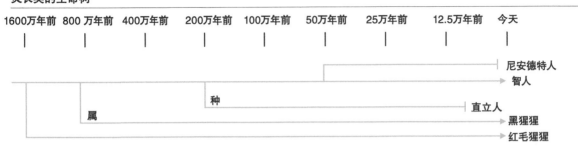

灵长类的生命树

| 1600万年前 | 800 万年前 | 400万年前 | 200万年前 | 100万年前 | 50万年前 | 25万年前 | 12.5万年前 | 今天 |

尼安德特人
智人
种
直立人
属
黑猩猩
红毛猩猩

下图 红毛猩猩的很多行为特征都跟人很像。它们保护、喂养并且教育后代，最重要的是，它们能够凭记忆学习。

右图 人类的基因与黑猩猩和倭黑猩猩的基因的相似度高达99%。

地球上所有的生命都有亲缘关系，我们通过遗传密码彼此相连。DNA是生命的蓝图，同时也是一个伟大故事的讲述者。

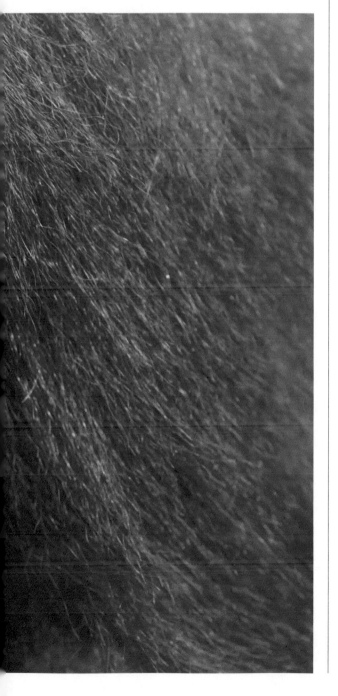

而它们之所以能做到这一切，是因为红毛猩猩能记住一生中经历过的事情，并从记忆中学习，然后将经验一代代传递下去，一如它们的DNA记住了为确保种族延续而做出的每一次变化，这条线索可以一直回溯到它们的祖先那里，不仅仅连着所有的灵长类，还连着地球上所有的生命。

画一棵灵长类的生命树，与人类亲缘关系最接近的是黑猩猩和倭黑猩猩，我们的共同祖先生活在600万至400万年前，这在演化尺度上不过一眨眼。将人类的基因序列与黑猩猩的做对比，可以发现二者有99%的基因都是一样的。再往前，我们会遇到大猩猩，这个分叉点发生在800万至600万年前；我们与大猩猩的基因相似度是98.4%。继续往前，我们会与红毛猩猩会合，它的基因有97.4%与我们一致。如果还要往前，走到更古老猴类（如猕猴）的分叉点，我们仍旧可以发现有94.9%相同的遗传密码。其实，这条路可以一直往下走，找到我们与鸟类、爬行类、昆虫和细菌的共同祖先，但不论这些生物看上去与人类差别有多大，我们始终都能在它们的基因序列中发现与我们一模一样的片段。自然用最直接的证据告诉我们，地球上所有的生命都有亲缘关系，我们通过遗传密码彼此相连。

DNA是生命的蓝图，同时也是一个伟大故事的讲述者，这个故事或许是有史以来最精彩的传说——DNA不仅将我们与今天地球上的每一种动物、植物相连，还连起了所有那些曾在地球上出现过的生命。

第③章

大小很重要

活生生的差异

地球上最小的生物只有最大生物的十亿分之一。最高的树能高过百米，重逾千吨。最小的微生物细胞长度不到1微米，重量也只有1克的万亿分之一。从38亿年前在我们这颗星球上的诞生之日起，生命繁衍生发，伸展出无数的枝丫，创造了一系列令人眼花缭乱的结构、形态和功能，从简单却无处不在的微生物到结构复杂、难得一见的庞然大物，比如那重达200吨在海洋中潇洒徜徉的蓝鲸。除了基本的生化机制，这些生命形态在各方面都迥然相异；它们同处一个星球，却活在不同的世界。

上图 博茨瓦纳乔贝国家公园的水潭边，一只非洲大象和一只雄性黑斑羚并肩饮水。地球上生物的大小、形态和结构千差万别，但都遵循物理定律。

大小决定了生物体与世界的关系，在这一点上它的话语权比其他任何物理特征都要大，而这是有原因的。生物的大小、结构和形态都受制于自然规律，生物无法从中逃离，纵是演化的巧思（虽然发挥作用时没有特定的方向）也无济于事。就连盲人钟表匠也无法改变物理学的定律。那么，世界上可能存在的最小的生物是什么？最大的又是什么？是什么定律限制了生物的大小，这些定律又给演化加上了哪些限制？倘若生物逼近这些不容商洽的物理极限，它们将被迫做出哪些妥协？

第3章　大小很重要

同一个星球，不同的世界

有史以来，地球上出现过的最大的生物是树。如今地球上最高的树是加州红木，也叫海岸红杉，能长到150多米高，占据空间1500立方米。随便挑一个物理特征来比，树木都能把恐龙远远抛开。巨树遍布全球，在地球上最小的大洲上也不例外。塔斯马尼亚蓝桉（*eucalyptus globulus*）、澳大利亚橡木（*e. obliqua*）和垂枝桉树（*e. viminalis*）都是澳大利亚土生土长的巨树，这片土地上还有很多这样高大伟岸的身形，但要说到其中之最，非杏仁桉莫属。杏仁桉的拉丁学名为*eucalyptus regnans*，是澳大利亚最高的树，也是全世界最大的开花植物。杏仁桉在塔斯马尼亚岛和澳大利亚东南部的维多利亚州都有分布，那里的桉树林犹如从托尔金的笔下走出。林间2月，气焰渐颓的

夏末阳光与飘袅的氤氲不断纠缠，给一根根耸峙的树干打下了独特的光影，风景一步一换，香气湿冷，回声不出几步便在林间消散。这里是巨人的世界，遇上好年头，这些常绿林一年能长高1米，就这样在400年的生命里触及百米之外的天空，直到物理学像个不耐烦的治安官，嚷嚷着跑来干预，生怕这个世界变得太过魔幻。

在这里义正词严维护稳定局面的是重力和电磁力，它们两个共同决定了地球上的一棵树的体积最大能有多少。这棵树必须足够强韧才能支撑起自己的重量，而强韧与否又取决于构成树干的物质性质如何。木头主要由叫作木质素的长链碳分子组成，我们会在第5章详细介绍这一化学成分。木质素的强度由连接碳分子的氢键的强度决定，而氢键的强度又取决于电磁力本身的大小，电磁力是物质间最基本的相互作用，是一种宇宙基本力。当然，自然界里也有比木头更强更

对页图 杏仁桉（*Eucalyptus regnans*）是澳大利亚很常见的树木，也是世界上最高的开花植物。所有的树木，不论有多高，都必须足够强韧以支撑起自己的重量。

轻的建筑材料，比如钢和碳纤维。但树木必须利用现有的原始材料，通过生命的生化过程将木质素制造出来。木质素是生物易于合成的现有材料中最强、最轻的一种，正是木质素在质量和强度之间的取舍，为树木的高度设下了一个限度。

树木还必须克服重力作用，将水分从根部向上运输至顶端的叶片。树木通过毛细作用运输水分，这个作用力取决于水分子之间的相互作用和水分子与木质部毛细管内壁的相互作用。水分子之间的相互作用受氢键主导，这在第1章里已经说过，而氢键的强度最终还是归结到电磁力的大小上面。像杏仁桉这等高度的树，每天要在毛细作用下克服地球引力向上运输大约4吨的水，因此这些分子相互作用的具体情况在限制树木最大高度方面起到了至关重要的作用。

在引力较小的行星上，由木质素构成的树木可以长到比地球上高得多的高度，因为行星之间的电磁力大小一样，构成树木的材料所受到的引力却不同。这一原理可以从太阳系里各个山的高度上看出来。火星上最高的奥林帕斯山，它的高度差不多有地球上珠穆朗玛峰的3倍。它在地球上重量会变成火星上的2.5倍，地壳将无法支撑这么大的重量。珠穆朗玛峰差不多就是地球上能有的最高的山了。夏威夷的冒纳凯阿

火山若是从海底量起，就比珠穆朗玛峰要高，但它正在自己的体重的作用下逐渐下沉。山是如此，树也一样，因此在火星上最高的树或许能长到300米以上。

这听起来或许有些离奇，但背后的原理不是这样。从澳大利亚的杏仁桉到其树皮之上覆盖的几十亿细菌，所有的生命无一例外都受制于自然法则，是自然法则塑造了生命的形态，并最终决定了地球上生物圈可能会有的模样。地球上有大量不同的生态位供生物去填补和探索，将自己的领域扩展至我们这颗星球上的每一个缝隙和角落。如今，生物形态和大小的多样正反映了物理定律和这些生态位及生活空间复杂的相互作用。

选澳大利亚做背景来探索生物大小的故事，是因为这里有一系列栖息地，里面到处都是长相奇特、适于拍照且令人肾上腺素升高的生物——你得承认，我们毕竟是在拍电视系列片嘛。澳大利亚的爬行动物种类比地球上任何地方都多，这里有世界上最毒的一些蛇，蜘蛛的种类更是多到使不怕蜘蛛的人听了也会哆嗦，这是一个拥有美丽但同时也致命的生物的国度。不过，这些难缠的家伙大部分体形都挺小，因为和世界上很多地区一样，这里的大型陆生捕食者已经被人类赶尽杀绝了。澳大利亚最大的肉食哺乳动物袋狮，在最早的人类到来后不久（5万年前）便灭绝了。因此，在今天要找到巨大、行动迅速的捕食者，我们必须从旱地转移到澳大利亚丰饶的近海。

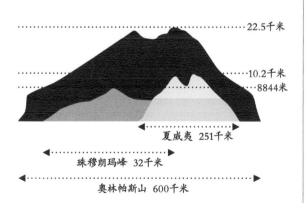

火星上的山：耸立在火星上的高山由剧烈的火山活动形成，其中最高的是奥林帕斯山，海拔远远超出地球上最高的火山。

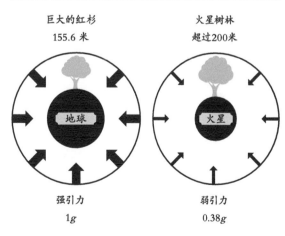

地球上的树：火星上的引力相当于地球上引力的38%，即0.38g。因此，在地球上受力100牛的物体到了火星上只会受力38牛。

海中巨物

内普丘恩群岛南部所在的海域就在因康特湾入口，过去是澳大利亚南部第一大城阿德莱德。它虽离海岸相对较近，却是几座孤零零地暴露在茫茫大海中的小岛，在南冰洋滚滚浪潮之下，这种不安又增强了几分。遇上阴天，简直就跟苏格兰一样的光景。岛上有一座灯塔、几只澳洲海狮和一群新澳毛皮海狮，它们在无意中（当然是怀着一百个不乐意）成为这座岛扬名在外的原因——充当一群大白鲨（*Carcharodon carcharias*）的年度盛宴。

大白鲨无疑是世界上标志性的捕食者之一，而且完全实至名归，身长达6米，体重超过2吨。据计算，大白鲨一口咬下来的力道是成年非洲狮下颌咬力的3倍。这是一种珍稀而美丽的生物，我很荣幸能与它们一同潜水。虽然大白鲨不会直接攻击人类，但在某种意义上它们仍是最危险的鲨鱼，极少有人会不带防护便与之共泳。我们在一个笼子里拍摄，顶上有一根链子连着潜水船的船底。对我来说，这驱散了所有的恐惧，又完好无损地留住了无法抗拒的敬畏之心。

对页图 大白鲨是举世公认的猎手，它通常从下方迅速接近猎物，以极大的力度破海而出。

下图和底图 在笼子里与大白鲨一同徜徉于内普丘恩群岛南部的海底是一次令人震撼的体验。尽管大白鲨不会直接攻击人类，但很少有人敢不加防护只身游在它们中间。

身长达6米，体重超过2吨，大白鲨的游速能达到32千米／时……以惊人的速度在水中搜寻猎物。

你一眼就能认出大白鲨游来的身影，它是那么优雅，甚至轻柔。海里的生物徜徉于此，端庄而从容，相形之下，陆地上的居民却总是惶惶而不得安宁。铁笼之外的海洋清澈动人，我相信就算游出去也定能安然无恙。潜水长阻止了我的冲动，并用纯正的澳大利亚口音告诉我："当有玻璃的时候，隔着玻璃从蛋糕店旁边走过去很容易，但玻璃没有了，人就可能禁不起诱惑。大白鲨的下颌有1米宽，可以把人整个儿吞下去。"他笑着说，但此言确实在理。

大白鲨具有的一系列适应性特征使它们成为极为高效的捕食者。它们口中长了多排尖利的锯齿，掉了还可以再长出来。嗅叶占了脑的2/3左右，使它们能探测出浓度仅为百万分之一的血。大白鲨通常从下方高速接近猎物，它们往往会以32千米／时的速度破海而出，将巨大的躯体暴露在空中。能够高速在水中行进对捕食者来说显然是一大优势，却带来了工程上的难题，给大白鲨以及所有高速行进的海洋生物的外形施加了极大的物理约束。

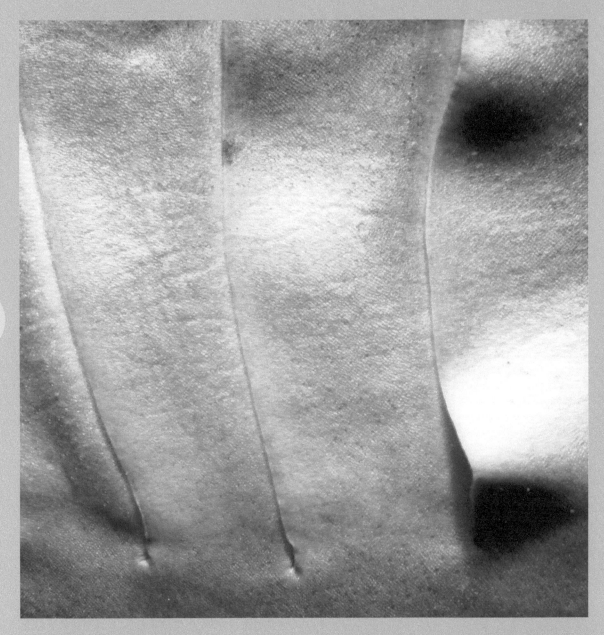

"杀手"的物理学

上图 鲨鱼的鳃裂表面不是光滑的，而是有起伏的波纹，这增大了鳃裂的表面积，从而加大了鳃裂与水中氧气接触的时间。

自然选择将大白鲨塑造成了高速的泳者，但若说它真能"选"，能走的路也只有这一条。流体的物理特性是普遍的，与生物无关，因此自然选择为大白鲨配备的解决方案也必须如此。

在流体中移动主要有两个问题。首先，当物体从流体中通过时，流体自身必须被推开。物体的横截面越大就越难做到这一点，因为要推开的流体体积变大了。同样，将一定量的流体移开所需要的力会随流体的密度增加而变大。每秒钟移开的水的量取决于你的速度；想要游得更快，就得推开更多的水。流体的黏度也是一个重要因素。黏度是衡量液体抵抗流动能力的物

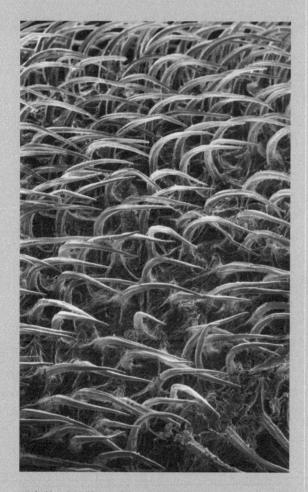

下图 鲨鱼体表盾鳞的肋条结构（图中放大了28倍）减小了雷诺数，使周围水流的阻力降低。

其中，ρ是流体密度，V是平均流速，μ是（运动）黏度，D是与横截面积有关的管直径。雷诺数将某一形状的物体在特定流体中移动的情况量化了出来，其值越大，物体所受阻力就越大，在流体中运动也就越困难。大白鲨身体最宽的地方大约在其全长1/3处，宽度大约是身长的1/4，这种形状减小了雷诺数，因此在游动时不会受那么大的阻力。鱼雷和潜水艇也常常采用这种特殊的几何结构。

但是，尽管有了这个微调，大白鲨的雷诺数还是很大，这主要是因为它体形巨大，在游动中必须推开大量的水。雷诺数大的结果就是流经大白鲨身体表面的水流不是物理学家所说的层流（呈平滑直线运动），而是湍流，而且游得越快，湍流越急。我们可以从大白鲨游过的水痕中看出水流不规则的运动轨迹。

很明显，雷诺数大是个问题，而任何能够降低雷诺数的适应性特征都将成为种群的选择。这就是为什么鲨鱼会有一身如此霸气的皮，它能够降低周围水流所受的阻力，从而减小雷诺数。鲨鱼的体表覆满了盾鳞，这些肉眼几乎不可见的结构由胶原蛋白构成，和鲨鱼的牙齿是同一质地。盾鳞像瓦片那样沿水流方向层层相叠，纵向有一道道凹槽，形成了特殊的盾鳞肋条结构，优化鲨鱼游动时体表流体边界层的结构。美国阿拉巴马大学最近的研究表明，盾鳞还能通过另一个机制提高鲨鱼的泳速。盾鳞松散地嵌在皮肤里，由橡皮一样的基板与皮肤相连，每一个鳞片都能独立活动。研究人员认为，盾鳞的这种特点使它们像高尔夫球上的小坑那样，能够改变鲨鱼身后的水流动向，减弱一种叫作压差阻力的现象。鲨鱼全身的盾鳞大小和灵活性都不同，在阻力最大的地方（如鳍的后面）最灵活。

生物学很显然受制于自然法则，要不然生物就都超自然了！但有时候物理定律施加的限制太紧，在自然选择过后，很大程度上决定了生物的形状。大白鲨就是一个很好的例子。对于大型海洋捕食生物，速度要快的话就必须长成鲨鱼这样，因为流体动力学的定律说了算。其他形状的鲨鱼要么游得更慢，要么在高速游动时会消耗更多体力，因此也算不得成功。渐渐地，一代又一代，自然选择会将鲨鱼的身体打磨成如今的形状。

理参数，由液体分子间的内聚力决定。

在枫糖浆里游泳比在水里难，一是因为枫糖浆密度更高，另一方面是由于它更黏。在设计飞机、潜水艇以及很多涉及气体或液体在其周围流动的物体时，常常会用到一个无量纲的物理量（也就是单纯的数字）雷诺数，它是流体惯性力与黏性力之比。如果你想一想，很可能把雷诺数的公式写下来，从定义上理解它。这个数一定由流体的密度、物体通过流体的速度、物体和流体接触的面积以及流体的黏度决定；再把单位（量纲）都去除，就能得到以下公式：

$$R_e = \frac{\rho VD}{\mu}$$

庞然大物

大白鲨身长能达6米，体重超过2吨，以这等个头，它可以产生超过1.8万牛的咬合力。15岁左右达到性成熟，寿命可达30多年

完美体型

水的密度是空气的800倍，因此为了在水中拥有最佳的机动性和隐蔽性，大白鲨的身体只能是流线型。人类全速游泳时的速度能达到10千米／时，大白鲨能达到32千米／时左右

◄ ┄┄┄┄┄┄┄┄┄┄┄┄┄┄ 能超过6米 ┄┄┄┄┄┄┄┄┄┄┄┄┄┄

身体最宽的地方在体长1/3左右处

流线型鳞片

鲨鱼皮比鲸的皮肤硬很多,以前还被用作砂纸。鲨鱼皮的表面有几百万个叫作盾鳞的微小突起,盾鳞在纵向有凹槽,能提高鲨鱼的泳速。盾鳞还形成了极其坚硬的外壳,可抵御其他鲨鱼利齿的攻击

0.1毫米

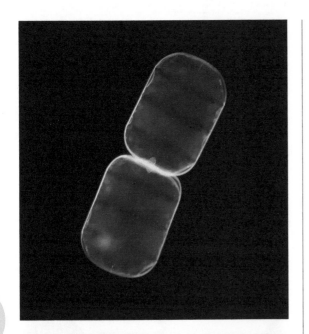

左图 浮游生物形状各异,大小不一。这幅图中的巨盘藻(*Ethmodiscus*)属于圆筛藻科,有很强的浮力。

下左图 几乎所有的水生环境中都能找到端足目。它们随波逐流,和大多数浮游生物一样,身体并不呈流线型。

下图 羽小角水蚤(*Pontellina plumata*),它的触角上还有一只不小心被困住的桡脚类。这些浮游生物看起来与我们更大世界的住民完全不同。

对页上图 独角聚花轮虫(*Conochilus unicornis*)。水的密度对这样的浮游生物基本没有影响,因为它们每次要移开的水实在太少了。

小即是美

决定海洋中生物形态的物理约束会随生物的大小发生剧烈的变化。看看这两页上的生物,海洋中充满了这样的微型生命,它们被统称为浮游生物。这些生物一般不根据种属科目分类,而是根据居住环境。海洋浮游生物生活在海洋的大洋带,即大陆缘以外的水体。任何生物,无论是动物、植物、藻类还是古细菌,都可以归为浮游生物,你大可将这个词看成是在形容这类生物最重要的一个共同特点。"浮游生物"一词源于希腊语planktos,意为"漫游的"。这些生物浮在水中,随波逐流,任变幻的航路将其带至大洋各处。任何能抵御这一浮游状态的生物都被划为另一个种类——游泳生物,比如鱼类和海洋哺乳动物,有了解剖上的改造和力量,它们能够全面控制自身的方位。

虽然浮游生物不能控制自己在水平方向的位置,但它们能够并确实会调节自己纵向的方位。它们常常在一天之内游动数百米,竖直地从水体的这一层迁徙到另一层。因此,浮游生物造成了地球上单日迁徙的最大生物量。

并不是只有很小的生物才能算浮游生物,有的小型水母和头足纲动物,肉眼也可以看见。不过,虽说小

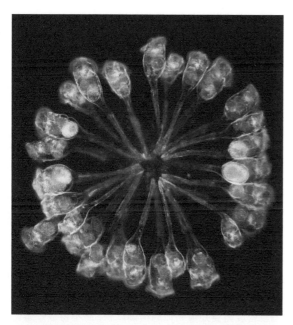

下左图 这只海蝶(准确地说是有壳翼足亚目)有两只大大的、翅膀一样的疣足,它能够缓慢拍翼来推动微小的躯体。浮游生物控制不了自己在水平方向的位置,只能在竖直方向上下移动。

下图 浮游生物,比如这只棘爪网纹溞(*Ceriodaphnia reticulata*),生活在一个雷诺数很小的世界里。

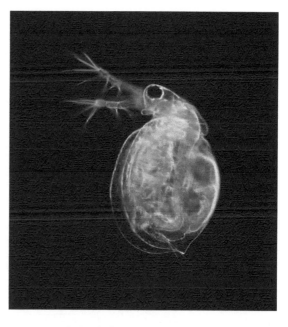

不是加入"浮游生物俱乐部"的先决条件,但浮游生物通常都很小。在微观尺度,物理定律施加在这些小家伙身上的是不同的压力,从这些图片中可以看得非常清楚。不需要人告诉你这些生物很微小,因为它们看起来与我们更大世界的住民完全不同。它们的形态告诉你,这些生物小得不具规模。从片脚类的游泳足到桡脚类的长触角,这些微小生物最直接而明显的特征就是身体不呈流线型。原因在于,微观世界里由水带来的不同物理难题。身体横截面积小,水的密度对这样的浮游生物基本没有影响,因为它们每次要移开的水实在太少了。对细小的浮游生物而言,真正重要的是流速,是流速决定了演化如何塑造和驱使它们的形态。如果你个头小,水对于你就成了浓稠黏腻的"糖浆"。浮游生物生活在一个雷诺数很小的世界里,黏性是它们四处游动最大的障碍。为了移动,演化为浮游生物设计了可伸缩的"桨"和"橹",使它们能够在水中上下活动。一次几个毫米,每一下都来之不易;它们停止"划桨"时,就停止了运动。

那么,这里就有了一个对比生物的大小和环境决定其形态的例子。对浮游生物大小的生物而言,水流的速度是关键。在小尺度上水很黏,因此这些生物演化出了在水中攀升的方法。此外,个头大的生物必须能够在移动时移开大量的水,因此水的黏性就成了次要问题。不同大小的生物能够生活在同一种环境里,但由于面临着不同的物理约束,它们的物理形态可能千差万别。

皇冠和海中巨物

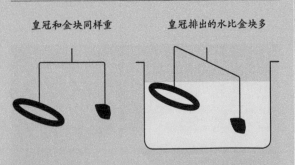

皇冠和金块同样重　　皇冠排出的水比金块多

阿基米德的皇冠实验

在测量了皇冠排出的水以后，阿基米德往同一缸水中扔进了与皇冠重量相同的金块。金块排出的水比皇冠的少，表明皇冠不是纯金的。

不管他有没有赤条条地从浴缸里冲出来大喊"尤里卡"（译注：古希腊语，意思是"有办法啦！"），阿基米德原理这条与他同名的定律说明了为什么海洋中能存在巨型的生物。阿基米德公元前287年在海滨小镇叙拉古出生，对巨大的海洋哺乳动物应该不会陌生。迁徙的海豚定期会路过这里，瓶鼻鲸也常常在西西里的岸边现身。据传说，阿基米德会对物体浸入水中的行为萌生兴趣，是由古希腊叙拉古国王希伦二世的一道题目引起的。希伦二世委托当地一名金匠打造一顶庆典用的皇冠，并提供了制作皇冠所需的纯金。但是，当皇冠造好以后，国王觉得自己被骗了，他怀疑金子中掺入了其他廉价的金属。于是，他请阿基米德来证实金匠掺了假，但不能损坏皇冠。阿基米德知道，如果黄金中混入了其他金属（如银），那么其密度也会降低。但测量密度需要知道物体的精确体积，而不将皇冠熔化并重铸成易于度量的形状，这几乎是不可能做到的。

传说中，阿基米德坐进一个盛满热水的浴盆里思考这一问题，在这一次幸运的泡澡中，他注意到水面随着他浸入水中逐渐升高。他立即意识到，任何物体的体积都能通过它全部浸入水中以后所排出的水的体积来计算。

体积决定以后，只需测量皇冠的重量就可以算出皇冠的密度，因为密度就是单位体积的质量。如果得出

124

125

阿基米德原理

阿基米德原理表明，浸泡在液体中的物体所受的浮力等于其排出液体的重量。这里，铝块最初在空气中由弹簧秤测得重78克。然后，将铝块浸入盛满水的烧杯中再次测量，重量减轻到了52克，这是因为有浮力的影响。

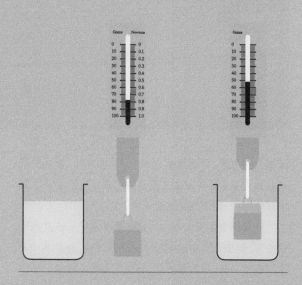

对页图 根据传说，阿基米德在泡澡的时候发现了阿基米德定律。

顶图 由水和弹簧秤的实验可知，质量和重量是不同的概念。

的密度比纯金的密度小，那么这个金匠就是在骗人。

这些事情究竟有没有发生并不重要，而将物体浸入水中来决定其体积的做法实际也并不简单。这里还隐藏着一个更深层的物理知识，那就是阿基米德在他《论浮体》（*On Floating Bodies*）一文中所说："任何物体，在全部或部分浸入一种液体时，都会受到一种向上的浮力，其大小等于物体排出液体的重量。"这在当时是相当超前的观察结果，比牛顿的定律早了将近2000年。

这表示如果一个物体的密度比水小，浸入水中后会受到向上的力，这个力会将物体推至水面，这一力的大小等于相同体积的水的重量减去该物体的重量。类似地，如果一个物体密度比水大，浸入水中后会沉至水底，但物体的表现重力（即受到的向下的力）将会减少，减小的值等于相同体积的水的重量。这也是重物在水中下沉比在空气中下落速度慢很多的原因。对于在水下生活的生物，这种现象具有凌驾一切的重要性，因为这实际上表明它们都是失重的。再说一次，所有动物绝大部分都由咸水组成，也就是说，其体重与同体积的咸水非常接近！根据阿基米德原理，这些生物的视觉重量几乎总是近似于零。其实很多海洋生物都利用鳔这样的器官维持中性浮力，就是视觉重量恰好为零的状态。没有体重就无须应对重力的烦恼，这就是为什么地球上最大的生物蓝鲸（*Balaenoptera musculus*）会生活在海洋之中。

第3章 大小很重要

大家伙跳不起来

英国传记作家理查德·霍尔姆斯在他以浪漫主义时代的科学为主题写下的波澜壮阔的历史篇章中断言，"奇迹时代"始于1768年詹姆斯·库克船长乘坐努力号三桅帆船环游世界的航程。这次航行由英国皇家海军和皇家学会共同委派，旨在考察南太平洋，并且定好时间邂逅一种最罕见的可预测天文现象——1769年6月3~4日金星凌日的奇观。对皇家学会那帮好奇的研究者来说，很少有天文现象能与金星凌日的科学意义相颉颃，因为仅凭简单的三角计算，根据不同地点观测到金星划过日面的状况，就能精确计算出地球与太阳之间的距离。努力号船员将从南太平洋上的塔希提岛对金星凌日进行观测。和许多伟大的科学航程一样，资助这次昂贵探险的部分原因是出于

上图 袋鼠（如约翰·霍克斯沃斯版画中的这只）这么大一只蹦蹦跳跳的动物令博物学家约瑟夫·班克斯大为惊讶。

上右图 袋鼠是唯一通过双脚跳跃来向前进的大型动物。

对页图 袋鼠跳跃能效很高；速度一旦超过10千米/时，它们的能量消耗就会下降，到大约40千米/时的巡航速度以后才会再次升高。

政治上的考虑。传言说南方有一片新的大陆，新西兰是其北部海角，海军方面尤其在意的是，倘若这块土地果真存在，一定不能让法国人抢了先。

我的感觉是努力号上的科学家和水手一点儿也不信传言，但秉承一项延续至今的光荣传统，他们将个人怀疑搁置一旁，以科学之名，接过了政客的钱粮。

船上的若干科学家当中，有天文学家查尔斯·格林、博物学家丹尼尔·索兰德和英国科学界的一位伟人约瑟夫·班克斯。班克斯家境富裕，出资1万英镑（译注：以当下汇率约合86000元人民币）在努力号上组建了他自己一行8人的自然历史学部，在1768年这可是一大

笔钱。作为约克郡乡绅，他还带上了一对灵缇犬。霍尔姆斯形容班克斯"高大健壮，有一头好看的浓密的深色卷发"，拥有"浪漫主义的梦想情怀"。换句话说，他是个富有魅力的人物。班克斯从1778年开始，直到1820年去世，一直担任英国皇家学会会长，是在任时间最长的会长。班克斯一生取得了许多伟大的成就，他在1799年和本杰明·汤普森一起成立了英国皇家科学研究院，意在弘扬科学和工程是一个国家（在班克斯的时代，是一个日益壮大的帝国）经济繁荣发展的基石，从而为全民利益服务，这个观点的正确性自然不言而喻。汉弗莱·戴维和他的得意门生迈克尔·法拉第就是

两位在英国皇家研究院找到科学归属并改变现代世界的科学家。筹款建立皇家研究院的募股章程在今天的现实意义，丝毫不亚于200多年前。"但在评价该研究院可能发挥的功效时，我们一定不能忘记公共利益源于实验研究和改进的精神在社会更高阶层中的广泛传播。当富人乐于承认这些机械上的改进是真正有用的，并且鼓励这些改进时，好的品味和与之密不可分的好的德行也会复兴：理性的经济将成为流行，勤勉和独创力将得到尊敬和奖励；届时所有不同的社会阶层都将趋于促进公共繁荣。"用现在的话说，把"富人"换成"政治阶级"，这段文字就可以直接寄到唐宁街10号

第3章　大小很重要

（译注：英国首相官邸）了！

1769年对金星凌日的观测获得了巨大的成功，其结果经勘校后于1771年在《英国皇家学会哲学汇刊》发表。当时计算出的日地平均距离为93 726 900英里（约149 963 040千米），与如今雷达测定的结果偏差不超过1%。

考察队继续扬帆环游世界，在1770年夏初到达了昆士兰海岸，由于努力号撞上了大堡礁，船队搁浅了几个星期。班克斯、索兰德和芬兰植物学家赫尔曼·斯普林趁这次临时滞留得来的意外机会，对澳大利亚的动植物展开了首次详细的调查，并将一些新物种带回了欧洲，包括如今人们非常熟悉的桉树。

不过，这次探险的明星是一种班克斯从未见过的奇特动物。最先是船员发现了它，班克斯后来写道："今天采集植物时，我有幸亲眼见到了热议之中的那种生物，但看得并不真切；它只有灵缇那么大，在跑，有一条长尾巴，像灵缇尾巴那么长；我说不好它像什么，但我所见之物必然都不像它。"在听住在澳大利亚东北沿海一带的土著人称呼以后，库克记录下了这种动物的名字gangurru，并将其译为英语的kangaroo。

袋鼠在努力号船员看来必定非常奇怪。我看它们就很奇怪，蹦蹦跳跳地出现在澳大利亚的高速公路上和城镇里，就像英格兰城市里的松鼠和狐狸。东部灰袋鼠（*Macropus giganteus*）很常见，但我们一路走到布罗肯希尔，才在这座灰蒙蒙的矿业城镇拍摄到澳大利亚现存最大的陆生哺乳动物、少见得多的红袋鼠（*Macropus rufus*）。这些袋鼠站着比成年人还高，是澳大利亚袋鼠中个头儿最大的一种。澳大利亚大约有50种袋鼠，其他还有小袋鼠、小沙袋鼠。它们的名字macropod意为"大脚"，用在红袋鼠身上真是再贴切不过。弯曲的后腿决定了这些动物走路的姿态，也造就了它们在灌木丛中来回溜达找寻食物那难登大雅之堂的模样。不过，自然选择从来不会产出无能的生物，袋鼠那看起来古怪的后半部在它们开始快速移动之后，其成因便显而易见了。袋鼠是地球上唯一通过双腿跳跃往前行进的大型动物。没有化石证据表明有其他大小类似的跳跃动物存在。这多少让人有些意外，因为跳跃使袋鼠移动速度非常之快，而且在提速时能效很高。和其他采用更常规运动方式的动物不同，袋鼠的能量消耗在其速度达到10千米/时便开始下降，直到超过

标度律：物体变大后，重量呈立方增长，而承重部分的面积呈平方增长。地球上任何物体增大的最后结果都会在自身重量下倒塌。

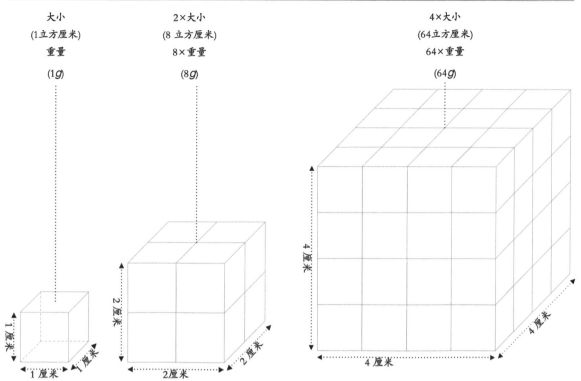

大小
(1立方厘米)

重量
(1*g*)

2×大小
(8 立方厘米)

8×重量
(8*g*)

4×大小
(64立方厘米)

64×重量
(64*g*)

40千米／时的巡航速度以后才会再次升高。这种能效背后的原因可以从袋鼠解剖结构的机理细节中找到。

袋鼠的腿部肌腱（尤其是跟腱）和尾部肌腱在受力后会将能量储存起来，然后再像网球那样释放出去，给袋鼠前进的力。这个工程解决方案真是别出心裁，不像现代混合动力汽车使用的再生制动技术，将动能转换成势能，再用储存的势能帮助驱车向前。

就袋鼠而言，在它重达90千克的身体接触地面时有不少的能量都消散掉，但其中很大一部分都储存在伸缩自如的筋腱里然后再次使用，使它跳一次就能跃出9米。乍一看，这个设计如此高明，真想不通演化为何没将它用在其他更大的动物身上。但这里跟生物学没什么关系。地球上从来没有过蹦蹦跳跳的恐龙或大象，这是因为可供生物随意使用的材料的强度和质量设下了物理约束。生物越大，重力对它们支撑结构的要求就越高。

论适当的大小

1926年，英国生物学家霍尔丹发表了一篇现在很有名的文章，题目是《论适当的大小》（*On being the right size*）。霍尔丹在文中讨论了动物的大小对其形态和结构的影响。童话故事里的巨人可能存在吗？野兔能长到河马那般大吗？这两个问题的回答都是否定的。但为什么呢？物理世界的什么属性限定了生物的大小？为什么动物的尺寸，从腿的长度到心脏的大小，不能简简单单等比例放大，就有了一头功能齐全的巨兽？答案就在于特定的基本物理量随大小变化的规律。假设有一个立方体，它的边长为2厘米，那么它的体积就是2厘米×2厘米×2厘米＝8立方厘米。现在我们将长度翻倍，立方体的边长就成了4厘米，这时体积就是4厘米×4厘米×4厘米＝64立方厘米。将立方体边长扩大一倍的结果是体积乘以8。边长再翻一倍，体积就增大为512立方厘米，体积又乘以8。在数学上，我们可以说物体的体积呈立方增长。这一点之所以重要，是因为动物质量的增加与体积成正比。这应该一眼就能看出来，因为物体的体积其实就是在衡量它里面有多少"东西"。如果动物的大小加倍，那么它的质量会变为原来的8倍，而这将极大地改变动物骨骼的结构要求，因为重力的大小与质量成正比。从澳大利亚早已灭绝的巨型生物留下的骨骼化石中，我们可以充分领略这一原理。

失落的巨兽

对页图 艺术家描绘的巨型短面袋鼠。巨型短面袋鼠生活在更新世的澳大利亚，是已知最大的袋鼠，站立时超过2米。

下图 艺术家描绘的双门齿兽，科学家认为它生活在190万至1万年前。现在与它亲缘关系最近的是袋熊。

底图 动物个头变大时，骨骼占体重的比也会变大。图中所绘的雷啸鸟被认为是地球上出现过的最大的鸟，站立时有3米高。

在人类到来前的几十万年里，生活在澳大利亚的生物让它们现在的表亲相形见绌。雷啸鸟（有点儿像巨型的鹅）高3米，重达半吨。非洲狮大小的袋狮（*Thylacoleo*）可能是当时顶级的捕食者，但它们会遭遇已知最大的陆生蜥蜴、长达7米的古巨蜥（*Varanus priscus*）这一强大的竞争对手。不过，单看大小，澳大利亚大陆上很少有生物能与双门齿兽相提并论。第一具双门齿兽的骨骼化石于19世纪30年代初在新南威尔士州的一处山洞里被发现，发现者是深入澳大利亚荒野的一位著名的欧洲探险家、陆军中校托马斯·米歇尔爵士。米歇尔将骨骼送回英国交由理查德·欧文爵士仔细检查，欧文是伦敦自然历史博物馆的创始人，是他新造了英语中恐龙dinosaur一词。但双门齿兽并不属于欧文口中"了不起的蜥蜴"，它是地球上曾经出现过的最大的有袋动物。

双门齿兽的大小与犀牛类似，高2米，从鼻子到尾巴长3米，全身长毛，有两颗突出的门牙、一个巨大的育儿袋和4只有力的爪子。它看起来像一只动作迟缓的巨型袋熊。双门齿兽的化石在澳大利亚各地都有发现，时间跨度2500万年，其间稳步向巨型演化，才有了这澳大利亚巨型动物群中之最。大约在5万年前，双门齿兽和几乎所有其他的澳大利亚巨型动物一起从地球上消失了；大略也是在这时，跨越末次盛冰期之后澳大利亚与欧亚大陆的浅海和列岛连了起来，人类踏上了这片土地。

袋熊是现存与双门齿兽亲缘关系最近的动物，对比两者的骨架可以很明显地看出体形变大对陆生动物骨骼的要求。袋熊的个头与小型犬差不多，体重35千克，身长1米左右。双门齿兽身长3米，根据我们之前对大小和体重的讨论，大致估测双门齿兽的重量是袋熊的30倍，接近1吨。实际上双门齿兽还要更重些，大约2吨。

看看2吨重的双门齿兽的股骨，结构与袋熊的股骨很像，有着同样的解剖学特征，不过，亲缘关系相近的物种本该如此。但它们骨头的大小非常不同，一根标准成年袋熊的股骨长15厘米，而双门齿兽的股骨长75厘米，是前者的5倍。袋熊股骨的横截面积大约有2平方厘米，而双门齿兽的则是80平方厘米，增大了40倍！骨头尺寸的急剧增加是支撑双门齿兽增加的体重所必需的，因为骨头的强度与其横截面积成正比。如果双门齿兽的骨头只是将袋熊的骨头等比例放大而不经任何改造，那么它们一动就会骨折。

下面的照片展示了一组大小不同的动物的股骨，从澳大利亚最小的有袋类宽足袋鼩开始，接着是长鼻袋鼠，这是一种大小跟野兔差不多的有袋动物。再往上是袋獾、袋熊、澳洲野犬、红袋鼠（澳大利亚现存最大的有袋动物）、双门齿兽。最顶上的一根是角鼻龙股骨的模型，角鼻龙是一种蜥脚类恐龙，长17米，重20吨。

动物变大，体重会增加，骨头也会变粗，骨骼占全身体重的比例也会增大，这由物理的两条标度律决定，与生物学无关。动物尺寸增大，体重以增长尺寸的立方增大。对陆生动物而言，这会使骨骼需要承受的力急剧增加。而骨头的强度与其横截面的面积成正比，因

决定陆地上最大动物体积的不是食物够不够吃，也不是演化的结果，而是重力。

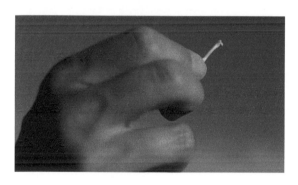

对页图 不同物种的股骨大小千差万别。

顶图 袋熊重35千克，股骨长15厘米；双门齿兽重2吨，股骨长75厘米（如图所示），但双门齿兽股骨的横截面积是袋熊的40倍。

上图 宽足袋鼩的股骨。

此动物尺寸变大，骨头也会变得更粗，这又会反过来增加骨骼占体重的百分比。而由于骨头密度相对更高，动物的整个体重又会增加。

因此，归根结底，陆地上动物的大小受骨骼强度和地球质量的限制。在火星上，同样强度的骨骼能支撑起重得多的动物，因为火星的引力只有地球上的1/3左右。从原则上说，这将允许更大的生物在这颗红色星球的表面肆意奔跑。

地球的质量为居住在这里的生物的大小设定了上限。梁龙和阿根廷龙等体形巨大的恐龙，其骨骼强度已经达到了极限，一次普通的摔倒便有可能危及生命。由此也决定了它们的运动方式，必定不惜一切代价避免被绊倒。这也是为什么虽然双腿跳跃能效很高，但地球之上再也找不到比红袋鼠更大的生物采用这种方式移动了。地球施加在一只蹦蹦跳跳的大象骨骼上的力会过大，而骨头粗到能够承受蹦蹦跳跳带来的压力的大象将会太重，根本跳不起来。

重力对大型动物的形态和功能虽然影响很大，在质量标尺的另一端它却形同虚设。

小的世界

　　在地球历史上有那么一段时间，大约是3亿年以前，这颗星球是巨型昆虫的舞台。翼展有雄鹰大小的蜻蜓凌云而起，超过1米长的马陆在地上窜来窜去，还有大个儿的蟑螂，人一脚踩下去还罩不住它。为什么现在没有这样巨大的昆虫，学界还在争论之中。但当前有观点认为，是古生代富含氧气的大气使得地球上出现了如此多的巨型昆虫。

对页图　白纹大角金龟（*Goliathus orientalis*）是地球上最大的昆虫之一。图中所示标本长约8.5厘米。

大约在3亿年前，地球大气中氧气的浓度高达35%，而不是如今的21%。昆虫没有肺，也不像人那样在全身输送氧气。昆虫依靠气管将身体各处的呼吸孔连接起来。氧气从这些孔中进入，二氧化碳也由此排出。昆虫变大以后，导管系统占身体的比例也会急剧增大，因为昆虫需要消耗更多的氧。回忆之前讲过的内容，生物的体积（消耗氧气的活组织）需要乘以增大尺寸的立方。古生代的昆虫导管系统可以相对较小，因为流经体内的氧气浓度比较高。根据导管开口可能的最大尺寸来计算昆虫的最大体积，氧气浓度21%的大气只能养活身长15厘米左右的昆虫。现在，地球上已知的最大昆虫Titamus giganteus也确实差不多这般大小。

如今，巨型的昆虫早已不存在，但昆虫仍然是地球的主宰。目前，已经发现的昆虫种类超过100万种，而昆虫学家认为还有1000万种有待我们去发现。这意味着在所有已知的物种当中，超过75%都是昆虫，而实际上这一数字可能远远超过90%。昆虫对这个世界的操控在很大程度上被人忽视了，主要是因为大小所限。我们之前讲过，这很可能是由导管网络受到的非生物的几何约束和大气中的氧气浓度导致的。或许昆虫

体形小是件好事。据估计，如今地球上有超过10^{19}只昆虫，生活在这颗星球上几乎每一个角落。

在所有的昆虫纲中，鞘翅目（即我们常说的甲虫）是数量最多的一目。已知的种类有40多万种，但在昆虫这个领域，无疑还有成百上千万的新种等人去发现、去分类。几个世纪以来，甲虫吸引了众多的博物学家。达尔文自己就热衷于收集甲虫，是他收集和记录甲虫的爱好为他带来了第一抹名声。早在达尔文崭露头角之前，他的名字首次出现在了詹姆斯·弗朗西斯·斯蒂芬斯的《英国昆虫图鉴》里。和他之前和之后千千万万的人一样，达尔文成了这些常常是奇形怪状的生物那取之不尽、用之不竭的形态和色彩的俘虏。

在新达尔文主义思想发展中被赋予了重要地位的英国演化生物学家霍尔丹有句名言（很可能是杜撰的）："……若能从造物的研究中推断出造物主的天性，那么上帝看来对星星和甲虫过于偏爱……"

不管霍尔丹有没有真的说过那些话，这都是一句绝妙的引语。而它正是冲着那些声称从上帝的造物中能看出上帝本质的神学家说的，其言下之意就是人类作为万物之长，是上帝依照自己的模样制作出来的。

昆虫解剖图

在演化史上，昆虫是节肢动物家族中出现得最晚的成员。节肢动物分节的身体从蠕虫般的祖先演化而来。每一节都有一对单独的附肢，演化来适应不同的需求，就像这幅苍蝇的图解中展示的那样。

飞行

科学家认为，苍蝇的翅膀是从水生祖先的鳃演化而来的。大多数有翅膀的昆虫都有两对翅膀，苍蝇的后翅退化成平衡棒，在飞行中保持身体稳定。鞘翅目昆虫的前翅变成了具有保护作用的坚硬结构——鞘翅。

前翅

变态

昆虫要么经历完全变态发育，走完卵、幼虫、蛹、成虫这4个不同的时期；要么部分变态，只经历卵期、幼虫期和成虫期3个阶段。

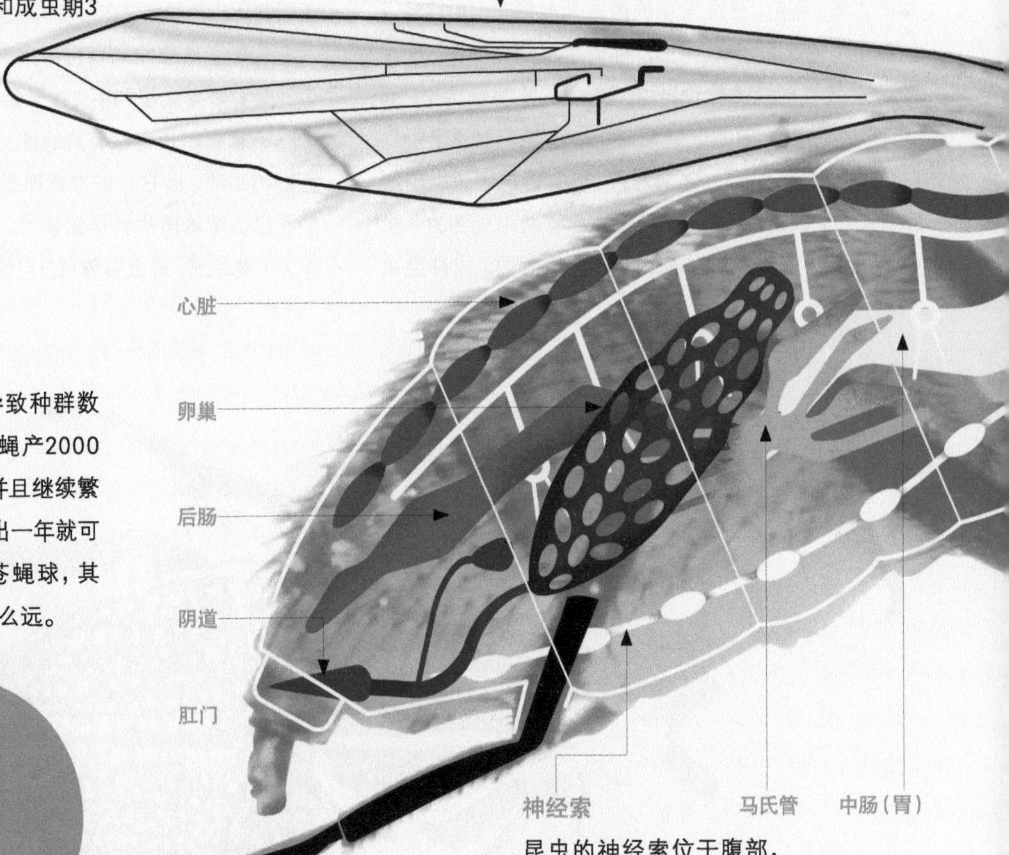

繁殖

快速繁殖可能导致种群数量剧增。假设一只雌蝇产2000枚卵，全都活了下来并且继续繁殖又都活了下来，不出一年就可以成为一个巨大的苍蝇球，其直径有地球到太阳那么远。

心脏

卵巢

后肠

阴道

肛门

8毫米

大米粒
苍蝇卵
1天大

幼虫
1周大

蛹

神经索

马氏管

中肠（胃）

昆虫的神经索位于腹部，脊椎动物的神经索位于背部。

分节

昆虫的胸部由3个体节组成，每个体节各有一对附肢。昆虫的腹部上仍然可以看出分节的痕迹。

腹部

呼吸
苍蝇通过气门呼吸，多少算是被动的。但昆虫也能通过活动腹部将空气吸进呼出。

信号处理
苍蝇的大脑善于处理视觉信号，尤其是与记忆形成有关的运动信号和化学信号。

360度视野
苍蝇的每只复眼里有4000个独立的晶状体，两只眼睛加起来有8000个，给了苍蝇广阔的视角，可以说是全方位的。

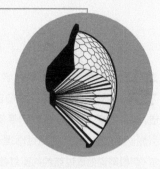

头部
苍蝇的头部由一系列体节高度愈合而成，附肢有触角、上颚、下颚和下唇。

感觉
苍蝇有味觉和嗅觉感受器，分布在触角、下唇须、胫节端部和翅膀前缘以及产卵器上。

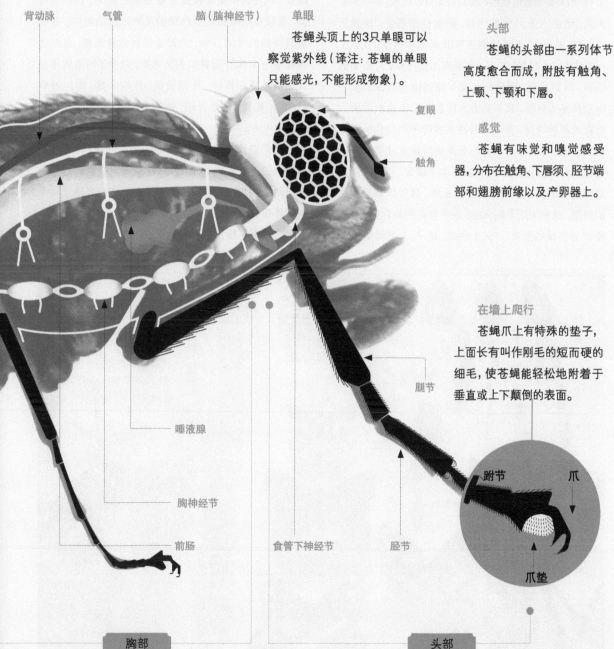

背动脉　气管　脑（脑神经节）

单眼
苍蝇头顶上的3只单眼可以察觉紫外线（译注：苍蝇的单眼只能感光，不能形成物象）。

复眼

触角

唾液腺

胸神经节

前肠

食管下神经节

胫节

腿节

在墙上爬行
苍蝇爪上有特殊的垫子，上面长有叫作刚毛的短而硬的细毛，使苍蝇能轻松地附着于垂直或上下颠倒的表面。

跗节　　爪

爪垫

胸部　　头部

137

第3章　大小很重要

甲虫狂想曲

下图 这组蝴蝶、甲虫和其他昆虫的标本收藏品展现了它们纷繁多样的形态和色彩。

对页图 这张图片表明独角仙力大过人。

我大胆猜测，大多数科学家都能找到那么一个时刻，或是一种特定的自然现象，可能微不足道，也可能蔚为大观，将他们最初想要理解自然的渴望引燃。理查德·费曼提到过修理一台老旧的收音机。卡尔·萨根则说他透过纽约的街灯瞥见点点星辰，即使天还大亮，他逢人便问那是什么，得到的回答是"那是天上的灯，孩子！"于是他跑去第85街的图书馆，找到了一本内有"大思想"的书。星星和太阳一样，只是要远很多。对我来说，那是每年奥尔德姆由浅入深的夜空中猎户座的身影。我不知道为什么总是很喜欢秋天。我喜欢那种味道，喜欢沾着露水的叶子和烤焦的太妃糖，喜欢足球赛季的开始和分发崭新课本的新学年。我喜欢躺在家背后的小山坡上，鼻子湿润，手指冰凉，双眼迷离地望向红色的猎户座α星。我可以感觉到它的强劲，这颗太阳系般大小、永不停歇的超巨星，标志着北方冬季的到来。"天上的灯，孩子。"那就是触动我的一刻。这种事情是私密的，而且往往与众不同。但很有意思的是，我在澳大利亚布里斯班的一间屋子里拍摄独角仙时，与一段从未有过的记忆擦身而过。屋主人是一位热心的昆虫学家，搜集了一批不小的藏品，蝴蝶、昆虫和甲虫都被规规整整地钉起来，按种属分类，摆放在阴暗斑驳的玻璃前面的木质抽屉里。最美丽最奇妙的世间万物，纷繁多样到恣意挥霍，自然选择就像一个疯狂而偏执的艺术家，只为了创造的喜悦而纵情雕琢和挥洒。先是赞美，再是分类、燃起好奇心、静心酌量、豁然开朗，依这个顺序，接着就是生物学家的一生。

我们造访布里斯班城郊的目的很明确，尽管我在途中瞧见一条未走的路，多样性意外地降临到我这个毫无防备的物理学家身上。这种独角仙全名是尤利西斯姬兜虫（*Xylotrupes ulysses australicus*），在澳大利亚这片地区很常见。夏季的几个月里，大军袭来，数

百万只气力不凡的尤利西斯姬兜虫在每棵凤凰木和每根灯柱上安家。这种兜虫最大可达6厘米，你很难错过它，除了个头大，它还有一身豪华的铠甲，巨大的头角也是其俗名"独角仙"的由来。

从解剖形态上讲，甲虫的身体分为头、胸、腹3节。所有甲虫都有一层坚硬的外骨骼，由一片片坚韧且富有弹性的骨片组成。前翅硬化成了壳一样的结构，叫作鞘翅。鞘翅不用于飞行，它的作用是覆盖在柔软的身体上保护后翅。这一前后翅膀的组合使它们得名coleoptera（鞘翅目），这个词源自希腊语coleos，意为"装了鞘的翅膀"。既然有翅，绝大多数的甲虫都能飞。不过，除了这一解剖学上的一致性，甲虫和甲虫之间千差万别，有各色各样的特征和演化来充作各种功用的附肢。就尤利西斯姬兜虫而言，它们最具特色的就是用来防御的巨大头角，但只有雄性才有。

这种夜行性的独角仙一生中大半光阴都在地底下作为幼虫度过，这一发育阶段不是几个月而是整整几年。当它们最终从土里钻出变为成虫后，只能活短短4个月，在此期间完成繁殖。也正是争夺雌性的生殖竞争促使雄性的头角不断演化。它们会用这些角与其他雄性在短暂的交配期里相互拼杀；雌性的外表要柔和

体重与力量比
举重运动员侯赛因·拉扎德得举起约130吨的重量才能与甲虫（最多能举起自身体重850倍的物体）相抗衡。

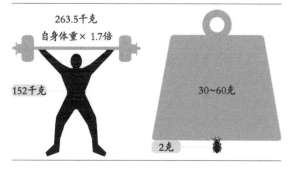

263.5千克
自身体重×1.7倍

152千克

30~60克

2克

许多，在雄性角斗时耐心地远远等在一旁。头角不仅象征着雄性的力量，也是雄性个体身体素质的"诚实信号"。有趣的是，雄性尤利西斯姬兜虫里有两个很不一样的种群。这边英武神勇的一众阿尔法雄性厮杀正酣，那边一小群体力不佳的雄性瞅准时机，偷偷靠近等在一旁无疑早没了耐心的雌性。

虽然尤利西斯姬兜虫动起来张牙舞爪，但实则于人无害。它们会把下体翘起来，收缩腹部发出吱吱的声音，此外无他用。但在我们白眼看"虫"之前，尤利西斯姬兜虫确有其过人之处，单按重量算，它们是现存最强的生物之一。

从很多标准看，侯赛因·拉扎德都可算是地球上最强的人类。他身为历史上最顶尖的举重名将之一，出生于伊朗，是奥运会冠军和世界纪录保持者，在精英赛事中成绩傲人。他职业生涯的最高点维持在2004年雅典奥运会，在那里他干净利落地将263.5千克的重量

单按重量算，这些昆虫是现存最强的生物之一……能够举起自身体重850倍的物体。

举过头顶，勇夺金牌，并且创下了一个在我写下这些文字之时仍然无人打破的世界纪录。263.5千克可是一个人能举起的天大的重量，而这一纪录在8年之后依旧无人能破的事实说明这可能逼近人类能够举起重量的极限。

但是，放在动物界里一比较，这看似超人的力量就没那么了不起了。侯赛因创下他的世界纪录时体重152千克，他的金牌一举远没有到他体重的两倍。再看尤利西斯姬兜虫，大个儿的一只体重2克左右，能举起自身体重30倍以上的重物高速走很远的距离。这个比例相当可观。放大到人的大小，世界纪录保持者侯赛因·拉扎德须得扛起4辆小轿车走上好几千米才行。

我被说动去抓起一只大个儿吱吱叫的雄虫，那时才深切体会到了尤利西斯姬兜虫的力气。当时它正停在一大截断掉的树枝上，我抓住它的头角拎起它时，连虫带木头整个都到了空中。我觉着很重，但这只甲虫只是僵直了腿，任木头在身下悠悠地晃动。顺便说一句，它的头角摸起来像硬塑料。

摔残的人和溅血的马

与哺乳类、爬行类和两栖类不同，如今的昆虫种群似乎忘记了有重力的存在。昆虫是动物世界里的超级英雄，它们飞檐走壁，从高空落下也不伤毫发，在一幕幕的险情中展现了超凡的力量与韧性。要弄清这些生物何以不受更大一些的动物所受的种种约束，关键在于物理学的普遍规律。

科学史上从来不缺有趣的人物。搞科学绝对有一种自由之感，尽管你仍然受制于自然法则（而非文明社会的种种规范）。资历和地位无关紧要，没有证据说得再好也不行，虽然自己不可能绝对正确，却能给别人贴上你肯定错了的标签并由此获得满足感。我不知道科学这行是不是会吸引一批脾性特定的人，抑或是把人培养成这样，但上面这段话是我自己的真实写照。

不过，说到顶尖科学家里那些有名的怪人，少有能媲美才华横溢、不折不扣的勇者霍尔丹。他出生在1892年的一场篝火晚会上，他的生日或可隐喻他的一生。霍尔丹是遗传学和演化生物学的先驱，事实证明他自我实验的热忱触及了知识和他身体的极限，却从未伤及他的幽默感。他饮下大量盐酸以辨别这种液体对肌肉的影响；他升高自身血氧饱和度直至引发痉挛；他反复进出压力舱，都数不清有多少次把自己的鼓膜击穿。在霍尔丹的实验中，科学和危险之后总有风趣紧跟而来，在大多数情况下，都会有一句令人难忘的引语附在他的结果旁边。霍尔丹1926年在剑桥的三一学院执教期间，写下了一篇著名的科学小品《论适当的大小》（*On Being the Right Size*），他在文中生动地描述了重力对不同大小的动物具有的相对重要性。

"你可以把一只小鼠丢进一口深1000米的矿井里；然后，在到达底部时，它被稍稍撞了一下爬起来走掉了，前提是地面非常软。同样条件下大鼠会死掉，人会残废，马会溅血一地。"

——霍尔丹

根据我们的经验，小东西会弹起来，而大物件会摔烂，似乎是显而易见的事情。但为什么会这样呢？乍一看，或许想不到两者有什么区别。在真空重力场中，所有物体的下落速度都相同。对此更深一层的解释是它们都沿测地线下落。测地线是曲面上两点之间的最

短距离，说曲面是因为时间和空间会因地球等大质量物体的存在而弯曲。既然物体下落的路径与时空有关而与质量无关，那么很显然所有物体（注意，这里的所有物体也包括光，光是没有质量的）都以相同的速度朝地面落去。

这一点在轨道空间尽显无遗。宇航员和水滴一同欢快地飘浮在宇宙飞船里，全都处于失重状态。但是，有了空气以后，物体下落的速度就不同了。正如霍尔丹在他的文章里指出的那样，这是因为动物的体积越小，受空气阻力的影响就越大。这是我们在本章前面

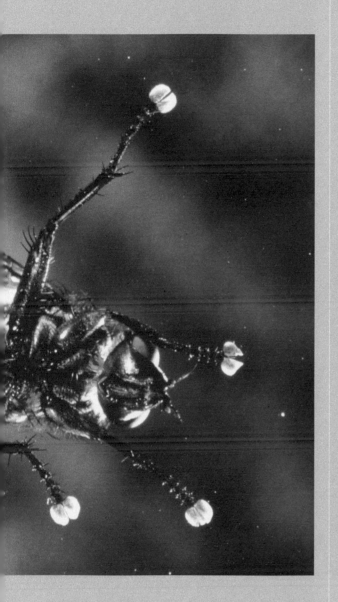

其中，m是动物的质量，g是重力加速度，ρ是空气密度，C_d是牵引系数（无量纲的量，取决于动物的形状），A是动物的体表面积。因此，当动物体积变大，其质量的增长速度比表面积和自由落体速度增加得快。

换句话说，大动物接触地面时的速度比小动物大。大动物触地时的动能也比小动物大，因为动能等于质量乘以速度的平方，而大动物的质量比小动物大，速度也比小动物快。但是，就骨骼而言，动物的强度与身体的横截面积成正比，而根据质量算，小动物的值更大。也就是说，下落时小动物在各个方面都占优势：触地速度更慢，释放的能量更少，相对而言身体更结实。

决定地球上最小生物生活情况的不是重力，而是其他远程的基本力——电磁力。我们之前其实已经遇到过电磁力，它决定了物质的强度，是电磁力将原子和分子维系在一起。物体的强度之所以与表面积成正比，其根本原因在于，表面积更大意味着有更多的分子"相接触"，也即分子之间的距离近到它们在电磁力的作用下紧密结合在一起。动物所面临的难题也就代表了分子之间重力和电磁力的相对重要性。

看家蝇在玻璃窗上行走或蜘蛛在天花板上溜过，你会觉得它们在你眼前克服了重力也情有可原。但这个结论自然是错的。物理法则不会被颠覆。你见到的只是这些生物受重力和电磁力相对强弱的物理表现而已。用一个最简单的实验就能自己体会一下。拿一小张纸，舔一下手指然后把纸举起来。如果这张纸不是很大，那么它肯定会贴在你的手指上。原因是水分子、构成你手指的分子和构成纸的分子之间的电磁力要大于地球对纸的引力。

停下来想一想：一整个星球试图将这张纸拉向自己，而少数几个分子之间的作用力抵消了这种拉力。这其中的深层原因是物理学的一大未解之谜。重力是一种弱得令人难以置信的力，没有人知道原因。

很多昆虫利用这一现象倒着走。它们会在脚上分泌一种黏性液体，使它们能够附着在平整光滑的窗户上不会掉下来。但是，不管你在手脚上涂多少黏性液体，也不会获得这种超能力，因为你的质量太大，与分子间的吸附力相比，重力在这里占主导地位。

讨论过的标度律所导致的。如果我们用更牛顿式的语言思考，就能想象出有两股力作用在下落的动物上。一种是重力，竖直向下，大小与动物的质量因而也就与其体积成正比。空气阻力作用于相反的方向，减小动物下落的速度，空气阻力的大小与动物的表面积即大小的平方成正比。因此，动物越小，受空气阻力的影响越大。如果下落的距离足够长，动物达到自由落体速度，速度的表达式为：

$$V_t = \sqrt{\frac{2mg}{\rho A C_d}}$$

小到不能再小

每年夏天，澳大利亚西部的克利夫顿湖涨水时，便打开了一扇通往微小世界的窗口。就活细胞的数量而言，原核生物——单细胞的细菌和古细菌——是地球的魁首。据估计，我们这颗星球上随时都有$5×10^{30}$个原核生物个体，那是5百万亿亿亿个细胞，里面含有的碳和整个地球上的植被的数量差不多。1升饮用水里有10亿个微生物细胞，用肉眼当然看不见。但在克利夫顿湖这儿，这些最微小的生命形态用死细胞带来了一幕壮观的景象：沿着湖边形成了黄土堆一样的构造，隔断了水面。它们看上去像极了地质结构，但还有一丝生息，其实这是生命活动留下的痕迹，是微生物群落的生长而创造出来的。生命在塑造大地。这些黄土堆叫作凝块石，这个名字源于湖中富含钙的微生物数百年来堆砌而成的凝块状结构。凝块石的旺盛期介于寒武纪到奥陶纪晚期（5.4亿~4.7亿年前），那时海水中的钙随处可得。凝块石再往前几十亿年是叠层石，这是由微生物层黏结沉积物聚集而成的石化构造，模样与凝块石很像。虽然现在很罕见——或许是因为那些微生物层容易被植食动物吃掉——但层叠石在好几十亿年里都是地球海洋中随处可见的风景。在地球历史的大半时间里，唯一可见的宏观生命迹象就只有这些石块一样的结构。

微生物很容易被当成简单生物，一种与复杂的真核生物相对的基本形态。然而，这些生物一点儿也不简单。每个个体里面都容纳着生命所需的复杂：DNA、RNA、mRNA和线粒体在细胞膜里呼呼运转，细胞器它们一个也不缺。这就带来了一个有趣的问题：可能有的最小的生物是什么？最小的微生物是支原体属（*Mycoplasma*）的细菌，大约0.2微米（即万分之二毫米）。这个大小与最大的一些病毒相比，大多数生物学家都不认为病毒具有生命，因为它们不借助宿主的细胞器就无法繁殖。看来，在地球上，0.2微米是自由生活、自我复制的机体所需的最小尺寸。

这个限度是由地球上生命演化的特殊性导致的，还是有更深层的原因？由分子构成的机体，其大小最终取决于分子本身的大小，因而也取决于原子的大小。碳原子的半径约为0.2纳米，是支原体的1/1000。换句话说，也就是最小的支原体细胞上可以摆放1000个碳原子。2006年，科学家发现共生菌（*Carsonella ruddii*）里只有182个不同的蛋白质。当前的估计表明，构建一个活细胞至少需要100种不同的蛋白质以及控制产生这些蛋白质的相应的基因、RNA和分子器。所有这些都得放进半径0.2微米的空间里。因此，地球上很可能存在这样小的生命，这个大小最终是由原子和分子的大小决定的，因而也就必须符合物理学定律。

微生物群落的生长形成了散落在这片湖滨的奇怪构造，这是生命塑造大地的绝好例子。

在最基本的层面，原子的大小由电磁力强度、电子质量和普朗克常数等少数物理常量决定。如果一些更为深奥的物理理论是正确的，那么还可能存在很多其他的宇宙，在那里这些常量的值不同。在那些宇宙当中不会有原子，因此也不可能有生命。但在我们这个宇宙里，所有的原子在任何地方大小都一样，因为基本自然常量在哪里都相同。这给生活在我们宇宙中的生物的大小设下了不容商议的极限，不论它们在哪里，这个极限都会接近0.2微米——地球上最小的自由生活的细菌细胞的大小。

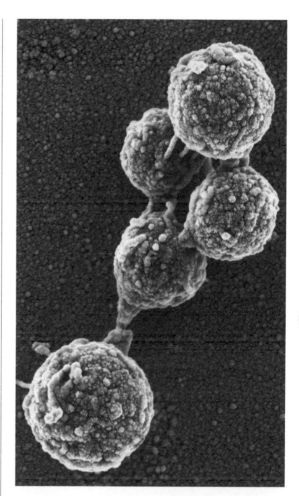

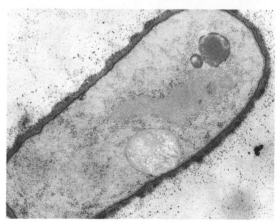

对页图 澳大利亚西部克利夫顿湖的凝块石，它由地球上最小的生命形态微生物的死细胞形成。

顶图 丝状支原体（*Mycoplasma mycoides*）是已知最小的一种细胞。

上图 枯草芽孢杆菌（*Bacillus subtilis*）的细胞是杆状的。

地球上最小的多细胞生物

细菌
0.5~5.0微米
这张放大6.4万倍的彩色透射电子显微照片展示的是T2噬菌体病毒（橙色）攻击大肠杆菌的场景

支原体
0.1微米
这张放大7.1万倍的彩色透射电子显微照片展示了引起非典型肺炎的霉浆菌（*Mycoplasma pneumoniae*）细胞的局部

144

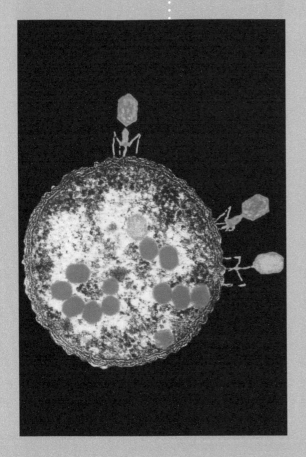

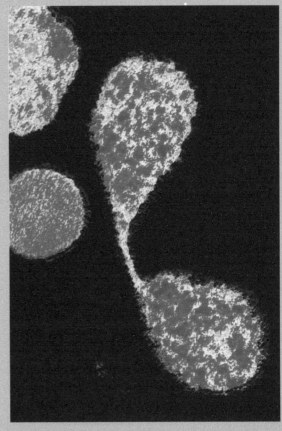

蛋白质

0.004微米

生长激素分子的计算机模拟图形，生长激素是一种促使人生长发育的蛋白质，由脑垂体的前叶产生。这是一个由191个氨基酸形成的大分子，质量为22千道尔顿（1千道尔顿=1000克/摩尔）

DNA分子

0.0025微米

在活着的生物里，DNA通常成对存在，两个分子紧密结合，两条长链缠绕形成双螺旋结构

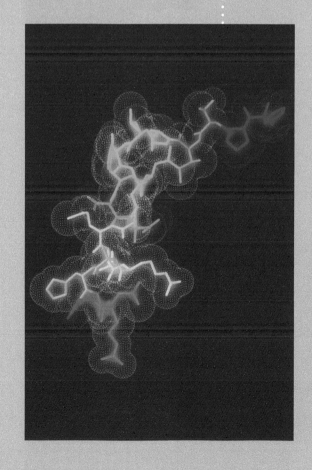

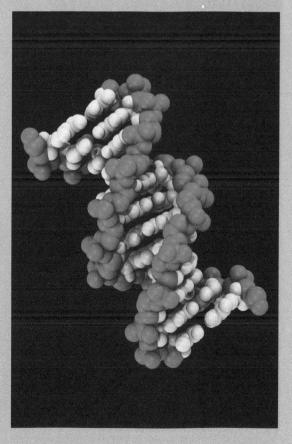

大小真的很重要

下图 在澳大利亚南部的纳拉库特岩洞里栖息着濒危的南长翼蝠。

在澳大利亚南部的纳拉库特岩洞里行走可是难能可贵的差事。这个洞穴系统由流水形成，自几百万年前，这个拜占庭风格的系统的坑坑洼洼和隐藏的裂缝可是声名狼藉。在遥远的过去，一些澳大利亚大陆上早已灭绝的生物不小心闯进了这里，被困住，因而保留了下来，于是纳拉库特岩洞成为澳大利亚大型动物化石出土最多的地方之一。

我们来到纳拉库特岩洞拍摄澳大利亚最濒危的一种生物——南长翼蝠（*Miniopterus pusillus*）。这些蝙蝠抚养后代的洞穴目前所知的仅剩两处。洞里面估计有大约3.5万只蝙蝠，其中1/3是年幼个体。我们必须格外小心不去惊扰它们，一个原因就是这种小个子长翼蝠每年夏季只交配一次，一次只生一胎。

南长翼蝠完全长成后，翼展只有4厘米，体重20克多一点，白天静息在洞穴系统的深处，黄昏时分千万只一起涌出觅食。这些蝙蝠会飞到距洞穴80千米远处觅食，天亮时回来喂养幼仔。

和所有哺乳动物一样，蝙蝠也是温血动物，内部会生热以维持体温。其他很多物种也有这一演化特征，由此而来的是温血动物获得的自由。与冷血动物

146

下图 南长翼蝠每晚得吃很多昆虫（通常有它们自身体重那么多）才能不冷。

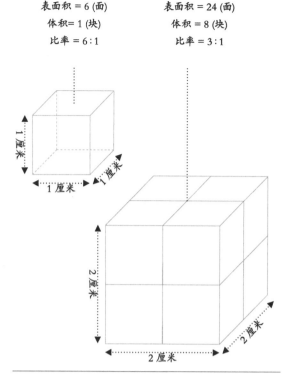

表面积 = 6 (面)　　　　表面积 = 24 (面)
体积 = 1 (块)　　　　　体积 = 8 (块)
比率 = 6 : 1　　　　　比率 = 3 : 1

1 厘米　　1 厘米　　1 厘米

2 厘米　　2 厘米　　2 厘米

不同，温血动物不一定受一天中温度变化或四季变换的影响，当然，南长翼蝠会在昆虫稀少的冬季冬眠。正是能够在一系列不同的环境中控制内在的温度，使哺乳动物和其他温血动物得以将种群扩散到地球上如此多的地方，而且活得自由自在。但是，温血动物也付出了代价。维持体温需要消耗巨大的力气，因为热量不会凭空产生。相比冷血动物，很多温血动物的细胞里平均含有更多的线粒体，这使它们在食物充足的条件下能以更高的速率燃烧体内储存的食物，从而产生更多能量。南长翼蝠每晚可能会吃超过自身体重的昆虫，仅仅是为了不冷。

对食物的极端需求驱使着南长翼蝠的大部分行为，而其原因在于它们微小的身形。所有的温血动物都通过它们的体表散失大部分热能，这也是人群聚集起来后房间温度迅速升高的原因：一个静息的成年人相当于一个功率100瓦的加热器。决定动物在任意温度下散热速率的主要因素是其表面积与体积之比。这很容易理解：动物产生的全部热量大致取决于身上有多少细胞，而这个数目与动物的体积成正比。热量经由辐射和做功从体表散失，我们已经说过，动物的体积与大小的立方成正比，而表面积与大小的平方成正比。因此，动物越大，体积增长的速率就要高于表面积

增长的速率，也就更容易维持一个较高的体内温度。实际上，对大型动物来说，热量流失并不是什么大问题，它们的麻烦在于体内温度过高，因为无法快速地通过体表将热量散发出去，因而这成了大型动物体积的一个限制。但是，对南长翼蝠这么小的动物而言，散热速率已经逼近极限，因为它们的表面积相对体积实在太大了。

这些蝙蝠藏在洞穴里进行复杂的社交行为从而保持温暖，不会死掉。在大一些的洞穴里，它们密密麻麻地挤在天花板上，一个挨着一个，切实降低了表面积与体积之比，从而留住更多的热量。如果你愿意，可以将这几百只抱在一起的蝙蝠想象成一个更大的生物体。

不过，在无情的表面积与体积之比面前，动物也并非完全束手无策。它们能够调整新陈代谢的速率，从而改变身体产生的热量。和所有小型温血动物一样，为了维持体温，蝙蝠有着很高的代谢率，它们呼吸快速，心跳迅疾，因此必须吃很多很多的食物——从各种意义上讲，这是一种全速运转的生命。大一些的温血动物（比如人）代谢的速率就要低一些。但是，动物的质量（体积）和代谢率之间的关系并不像预想的那样简单地遵循标度律。

看看对页左图，图中展示了一系列不同质量的动物使用能量的速率（焦耳/秒）。如果生物经由新陈代谢消耗的能量与其质量直接相关，那么我们将会在表中看到一条斜率为1的直线。不过，我们已经知道了表面积比体积的标度律，就能更进一步猜测这个斜率可能为2/3。这并不是我们观测得到的结果，但很明显标度律在发挥作用，实际斜率更接近于3/4。

这些年来，计算出这个数字的精确值在生物学中引起了不小的争议。但不存在争议的一点就是这个斜率小于1。大致说来，这表明大型动物的相对代谢速率（整体新陈代谢率与体重的比值）要小于小型动物。而问题是：为什么会这样？可能的解释有两个。一是有一种约束力，限制了大型动物体内每个细胞代谢的速率，而这可能是由血管等供应网络从动物的核心发散到肢端的方式引起的。就像一棵树一样，将氧气和营养物质输送到动物全身的供应网不断分叉，成为更小更细的管道，处在这一网络边缘的

上图 大象的温谱图，红色代表温度最高的部分，蓝色代表温度最低的部分。

右图　与大象相比，这张温谱图上橙色代表小鼠体温高的部分，这表明小鼠的新陈代谢率比大象高。

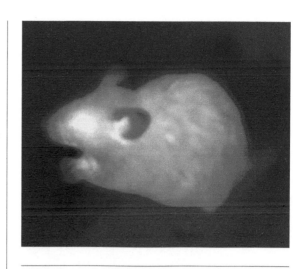

哺乳动物能量使用情况

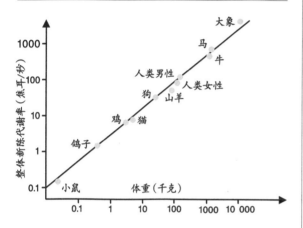

哺乳动物心率和平均寿命之间的关系

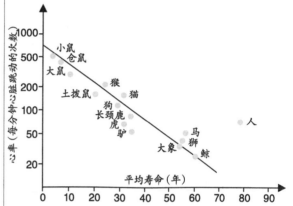

就像一棵树一样，将氧气和营养物质输送到动物全身的供应网不断分叉，成为更小更细的管道。

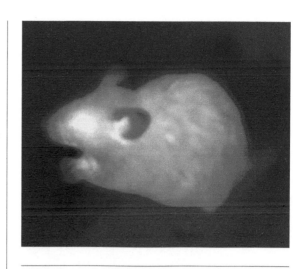

间用在更有益的活动上面，比如交配和哺育后代。

保持较低新陈代谢率的好处不仅仅在于生活方式。在哺乳动物中，一生中心跳的次数似乎与大小或种类没什么相关。但是，就观察结果而言，代谢率较高的哺乳动物心率更高，寿命也更短。注意，我们并没有考虑动物一生当中心脏跳动的次数有限，这个值很可能反映了细胞更深层的分子过程，或许与每个细胞合成ATP的速率有关。不论原因为何，代谢速率和寿命这两者间的有趣关系值得我们进一步探究。而我们观察到体重和代谢率之间的关系可能有更简单的成因。我们已经知道，大型动物的骨头更粗，因此体重中更大的一部分都是不会使用能量的骨骼。因此，我们实际观察到的代谢率会比预计更低，因为大型动物体内的活细胞数量和体积（质量）的比并不是简单的1:1。

但是，经验数据对大型动物（如我们人类）可不是一般重要，因为归根结底，个头越大，活得越长。

细胞的"燃料"供应就不那么充分了。大型动物供应网分化度更高，体内的细胞因而不得不以较低的速率新陈代谢。以这种方式分化的网络将会带来1/4的能量损失，这在数学上已经得到了证明，就和我们在动物代谢率上观察到的结果一样。

另一种解释则认为，表面积与体积之比的标度律是大型动物的发展机遇，因为它们留住了更多的热量，细胞就能够演化成以更低的速率新陈代谢。换句话说，它们抓住了这一机会，从而吃得更少，也就能把时

第3章　大小很重要

巨型生物之岛

我们在一个绝美的孤岛上结束了探索生命大小的旅程，那里的飞机临时降落跑道绝对是我所见过最吓人的，豪气万丈地支在山巅，不遮不挡，任印度洋的海风大肆穿行。这一荒唐透顶的位置——在飞机以一个有趣的角度即将降落时我也用了"荒唐透顶"这个词——实际上那里是唯一可行的地点；整座岛从头到尾也就16千米长。这一孤岛因在1643年圣诞节那天被发现而得名"圣诞岛"，这座荒凉的亚热带岩石岛屿是澳大利亚的边境，但是这里离印度尼西亚更近。地理上的隔绝使这里形成了由螃蟹称霸的独特生态系统，而岛上的"巨大症"给我们带来了自然界的一

上左图 印度洋上的圣诞岛是圣诞岛红蟹（*Gecarcoidea natalis*）的家，这种陆生蟹只在岛上的特定区域有，但数量极多，从海滩中出来以后会攀崖壁而上。

上图 椰子蟹是全世界最大的陆生节肢动物，它是岛上"巨大症"的最好说明。

151

椰子蟹是地球上最大的陆生蟹，它们极好地适应了陆地环境，还能爬树。

大奇迹：令人叹为观止的椰子蟹（*Birgus latro*），它是地球上最大的陆生蟹。

椰子蟹最长能长到50厘米以上，重量超过4千克，是圣诞岛上最大的居民。根据传闻，它们在晚上天黑时还袭击过岛上居民饲养的山羊。不过，椰子蟹的主食还是水果，包括椰子。这些家伙极为聪明，很好地适应了有人类的生活。说实话，它们看来还很享受与人类互动。当地人称椰子蟹为"盗贼蟹"，因为它们出了名地好奇心重、爱偷东西。它们会慢慢爬进门没锁的屋子里，把刀呀叉呀甚至鞋子给偷走。我对这种小偷小摸的行为可是深有体会：一只椰子蟹打开了我的

相机包，拿走了一张5美元的钞票。

椰子蟹一生要住在很多不同的地方，它们虽然模样霸气，但仍是一种寄居蟹。椰子蟹的一生从小小的幼体开始，雌性椰子蟹会在卵即将成熟的时候下到海滩上排卵，并将幼体放入海中。大约过了一个月，幼体有所生长，其间一直随波漂流，它们中很少一部分会被冲上圣诞岛周围的浅滩。在那里，它们找到一个壳，并最终回到岸上，从此失去了在水中呼吸的能力。大约再过5年，这个借来的壳已经容不下它，它的腹部也变硬后就达到了性成熟。它们会在岛上一直活到80多岁，是地球上个头最大、寿命最长的螃蟹。

毛足圆盘蟹（*Discoplax hirtipes*）

体形

背甲长达16厘米，体重最多500克

预期寿命

5年

椰子蟹（*Brigus latro*）

体形

长达50厘米，重达4千克，一
条腿长0.91米以上

预期寿命

80年

圣诞岛红蟹（*Gecarcoidea natalis*）

体形

背甲最宽12厘米

预期寿命

30年

154

生命的奇迹（第二版）

地球上各种各样大小不同的生命是自然选择下演化的结果，而自然选择又受物理定律所限。生命有一个最小的尺寸，由原子和分子的大小决定；生命也有一个最大的尺寸，在陆地上要看地球的大小和质量，因为重力限定了陆地上不可能有超巨型的生物出现。但在这两个极限之间，演化带来了一系列大大小小的动植物，它们出色地适应了环境，利用了现有的生态位。不管你是鲨鱼、蝙蝠、圣诞岛红蟹，还是人，你的体形大小影响你的形态和结构，决定你如何体验这个世界，并且最终决定你能活多久。

155

第 4 章

扩展的宇宙

扩展的宇宙

　　生命最初出现在一片充满信息却毫无意义的宇宙里。日月的光辉照亮了年轻的大地上并不美丽的景象，无云的夜空缀满了没有形状的星斗，化学物质与大气悄无声息地纠缠在一起，海浪咆哮着冲上荒凉的海岸，不断从锋利的岩石手中夺取自己的领地。新的生命与世隔绝，它无法响应、更别说感知这个陌生的世界。在这一章里，我们将探索生物如何学会触碰岩石、嗅闻空气和遥望星空，并由此演化出感知它们所处的宇宙以及令一切都充满意义的能力。

潜　入

对这么一个小小的岛屿来说，圣卡塔利娜有着悠久的历史。从大约1万年前，最早的一批居民踏足这座小岛开始，这片离奇的土地便和其上名为阿瓦隆（译注：传说中的极乐世界）的城市一起，迎来了各式各样、不计其数的探险者，从加利福尼亚当地的通瓦人到葡萄牙探险者，从中国来的商贩到俄罗斯渔民、阿拉斯加的海豹猎人，人们纷纷来到这片富饶的海域享受大自然的恩赐——冰冷的加利福尼亚寒流将太平洋深处大量的营养物质带到海面，在这里形成了亚热带大渔场。我不会忘记从圣卡塔利娜岛潜入海底的经历。在海水中，在巨藻林的中间，身边明橙色的红衫鱼（Hypsypops rubicundus）和翻滚的加利福尼亚海狮，让我简直无法想象这里距离钢筋水泥的长滩市区仅仅一小时的行程。

我们到这里来是为了拍摄一种隐秘的小生物：螳螂虾（Odontodactylus scyllarus）。螳螂虾既不是螳螂也不是虾，虽然外形与两者都很类似，它的名字源于一个奇妙的误会。实际上，螳螂虾属于节肢动物门甲壳纲的口足目。口足类动物在太平洋与印度洋有着广泛的分布，从日本到地中海地区，如果选择吃海鲜，它们绝对是餐桌上的一道美味。不过，尽管螳螂虾的数量多得不计其数，但在野外拍摄起来可不是件容易的事。

下图 纵身潜入圣卡塔利娜岛的巨藻（Macrocystis pyrifera）林是一次令人难忘的体验，可以充分领略美国加利福尼亚州南部海岸丰富多样的海洋生物。

　　口足类潜伏在海底的沙丘里，绝对称得上是神秘莫测的生物，它们极少从自己安全的巢穴中探出身来，在几十年的寿命里，大部分时间都是一夫一妻守着过日子。这种生活方式对于一种看上去像巨型虾的生物而言似乎很不寻常。螳螂虾是捕食者，它们拥有自然界中最有力的一种武器——就连潜水员都对其敬而远之。要知道，在澳大利亚螳螂虾可是有着"劈拇指虾"的名号。

　　拍摄螳螂虾需要潜到距离海面15米深的太平洋海底，坐在坑坑洼洼的浅滩上，在非常"不加利福尼亚"的冰冷中静静地守候。终于，在一丁点儿水母诱饵的引诱之下，一只器宇轩昂的"武士"出现了：黄色的口器、亮蓝色的腿和两只颤巍巍的眼睛，它迅疾地窜了过去，扬起一片沙尘。螳螂虾的身形出奇地

大——有我前臂那么长——我很清楚这不是我该去招惹的对象，但我还是拿网朝它扑了过去，并把它带回水面做后续拍摄。我之所以这么小心，是由于螳螂虾的前腿格外发达，挥舞起来就像中世纪武士手里拿的棒子。有的螳螂虾会用它们的前腿保卫领土，撬开岩生蚝、螃蟹和海蜗牛等各种猎物。这些看似平淡无奇的附属物发挥其效力的关键是速度，螳螂虾通过像弹簧一样扭转肌肉，能以令人震惊的速度伸出前腿，在电光火石的一刹那往前刺出。我历来不喜欢"令人震惊"这个说法，但用在这里是贴切的，因为我从来没有见过像螳螂虾拳这样的超快动作镜头。这是所有生物中已知的最快动作（在腿弹出的一瞬间速度超过了80千米／时，相当于10 000g的加速度），差不多是子弹穿透的感觉。在这一极其巨大的加速度

冲击波之下，正前方的水温能够上升到几千摄氏度。即使螳螂虾最初的一击不中，形成的冲击波也足以震晕乃至杀死猎物；就连震碎玻璃缸也不在话下。

不过，我们关心的是螳螂虾的双眼。螳螂虾演化出这对复眼，部分是为了能精准地挥舞自己的强力武器。人类拥有双目视觉，由于两眼之间隔了一段距离，因此两只眼睛看世界的角度会稍稍不同，这使得我们可以估算物体距离自己有多远。螳螂虾的眼睛是复眼，每只眼睛都由成千上万的晶状体组成，每个晶状体都朝向微微不同的角度，这使得螳螂虾的每只眼睛都能形成从3个稍微不同的角度看到的影像，也因此有了三目视觉和极为精准的深度感知力。

在这一有效的进攻机制之下，即使螳螂虾最初的一击不中，形成的冲击波也足以震晕乃至杀死猎物；就连震碎玻璃缸也不在话下。

螳螂虾还拥有异常错综的彩色视觉系统。人类拥有三色视觉，这是由4种细胞实现的，其中3种是叫作视锥细胞的颜色感受器，第4种是能够在低光敏度下分辨黑白两色的颜色感受器视杆细胞。螳螂虾的眼睛轻松地超越了这一点，它拥有12种视觉感受器，每一种都能感受不同波长的光线。螳螂虾为什么需要如此精准的彩色视觉，原因尚不清楚，但这些彩色感受器波长最敏感的地方似乎都与螳螂虾身上的不同颜色相对应。螳螂虾体表的缤纷色彩是传递信息用的，可能这12色的视觉就是为了使螳螂虾能在不同的水域和光线条件下准确地识别信号；当你能够使出全世界最快刺拳的时候，避免错误是很重要的。这一解释很有启发性，因为它为我们接下来要讲的内容做了铺垫。每种动物都演化出了一套特殊的感觉系统，因为它们要适应自己所处的环境和生活方式。对螳螂虾来说，确定射程是其捕猎行为的重要组成部分，而高精度的彩色视觉则很可能是个体间交流和处在一个终年泥沙遍布、光影变幻的环境中捕猎所不可或缺的。

对页图　远远地跟螳螂虾打声招呼。螳螂虾的前腿极其有力，难怪在澳大利亚被称为"劈拇指虾"。

上图和顶图　螳螂虾演化出复眼，在精准视力的辅助之下，它可以用矫健的前腿以令人震惊的速度击晕或杀死猎物。

要解释演化是如何将复杂如螳螂虾眼睛的器官精确地微调来适应它的特殊需求，看上去似乎很难；确实，在那些不懂得用科学来解释生命奇迹的人的心目中，眼睛的演化几乎拥有了图腾般的地位。而这一章正是要说明，为何这样的想法是错误的。感官的发育过程是展示演化如何发挥作用的最佳例子。在生物化学的层面上，人类的眼睛与螳螂虾的眼睛有着惊人的相似点，这揭示了人类与螳螂虾有着共同的祖先。同样，人类的听觉系统也与我们生活在水里的远古祖先的生理特征有着密不可分的关联。这些都指向了演化生物学中一个深刻的道理：生物体的形态和功能只有放在演化背景下才能被全面理解。物理学家会说，生物都是四维的，今天的三维结构和感受知觉只对应时间轴上的一点，结合过去，才能将四维的生物理解全面。试图弄清人类的眼睛、耳朵为何会有现在的功能而不理会我们遥远的过去，就像是要弄清手机的工作原理却将其送入一台香肠切割机，然后说手机不过是一片微米厚薄的薄片而已。但若将目光放远，将生物现代的形态（绝佳的适应演化结果）和演化起源放在一起，比起只看现在那片"微米薄片"上的模糊图像，感官的故事将会变得更加精彩易懂、奇妙非凡。

对页图 螳螂虾的复眼拥有12种视觉感受器，它们可以在不同的水域和光线下准确地识别信号。

下图 螳螂虾的前腿非常有力，可以震碎玻璃。

特殊的视力

口足类
12种视觉感受器，分别对应不同波长的光

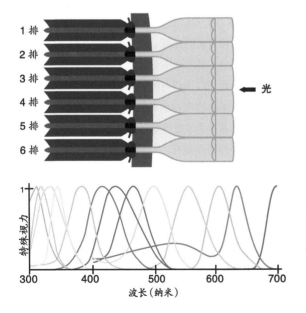

1排
2排
3排
4排
5排
6排

← 光

特殊视力

300   400   500   600   700
波长（纳米）

人类
3种颜色感受器（视锥细胞）和光线昏暗时分辨黑白的视杆细胞

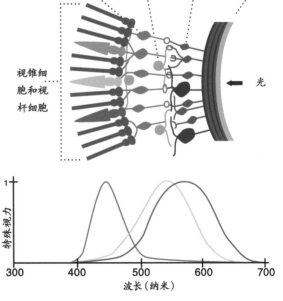

视网膜双极细胞　无长突细胞　神经节细胞　　内界膜

视锥细胞和视杆细胞

← 光

特殊视力

300   400   500   600   700
波长（纳米）

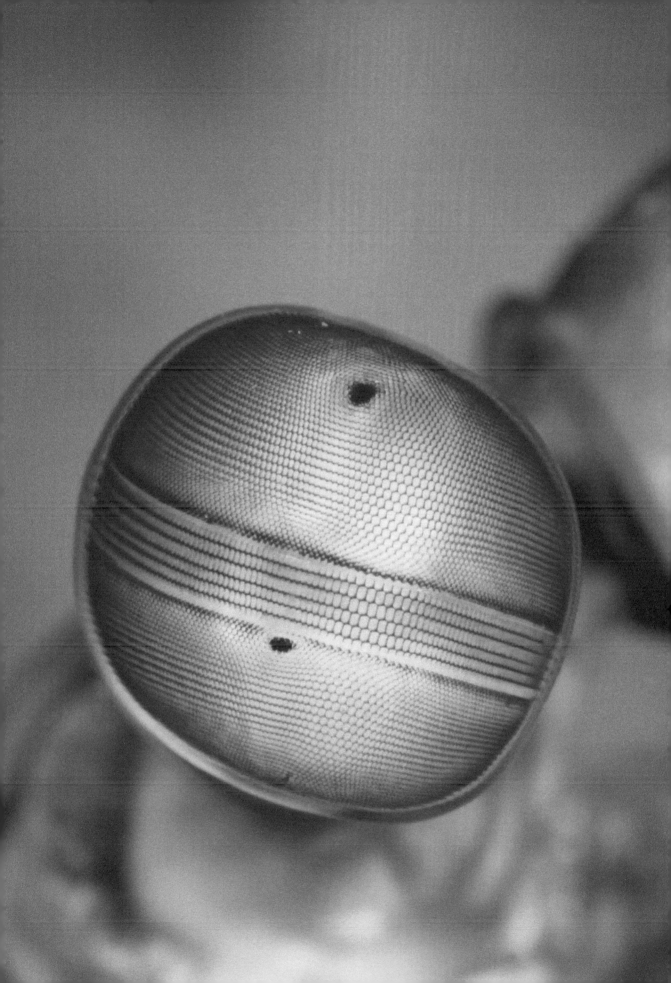

共同的感觉

最初的复杂生命（即拥有多个细胞和可以辨识的身体结构的生命）很有可能出现在大约6.5亿年前。在这些最早的埃迪卡拉化石之前，没有证据显示地球上存在多细胞生命。到了5.3亿年前寒武纪生命大爆发的时候，毫无疑问就已经有了能以与我们现在差不多的方式感知和响应这个世界的生物。但是，所有动物感知这个世界需要用到的基本生化过程，肯定要比多细胞生命更早出现。调查某一机制或性状演化史的一个有效方法，就是全面考察在今天共享这一机制的生物，从而找出它们的共同祖先。在寻找感官起源的过程中，我们并不需要看很远，因为在这颗星球上随处可见的池塘中和水洼里就潜伏着一种生物，通过它就可以知晓生命最初是如何伸出手去触及这个世界的。

草履虫

看看下面的照片，这是一只草履虫，它属于原生生物。和我们身上的细胞一样，草履虫的细胞也是真核细胞，有一个内含遗传物质的细胞核（实际上大多数草履虫有两个细胞核）和含有一些细胞器的细胞质。

和大多数原生生物一样，草履虫是单细胞生物。我们人类与这些单细胞的生命形态拥有一个遥远的共同祖先，大约在14亿年前走上了不同的演化路线，但这些生物与世界相互作用的基础与我们人类是相同的。在显微镜下观察一只草履虫的样本便可以知道，这些微小的细胞——直径只有100微米——能够感知并且响应周围的环境。草履虫的细胞外部覆满了细密的纤毛，草履虫就用这些纤毛在其居住的水中游动。纤毛长在细胞膜上，不停地晃动着将细胞带来带去，似乎在随机地搜寻食物。这可不是毫无章法的路线，一旦草履虫撞上了某个东西，纤毛便缩回去改变草履虫的运动方向。这只是一个简单的应激反应；草履虫没有神经系统，也没有大脑，但它拥有最基本的触觉；当它撞上某个东西时，它能改变自己的行为。草履虫触碰应激反应的基本生化机制被称为动作电位，是处于静息电位状态的细胞膜受适当刺激后产生的短暂而有特殊波形的跨膜电位搏动。动作电位在动物、原生生物乃至某些植物身上都有，这预示着它的起源非常古老。而且，它还是带电的。

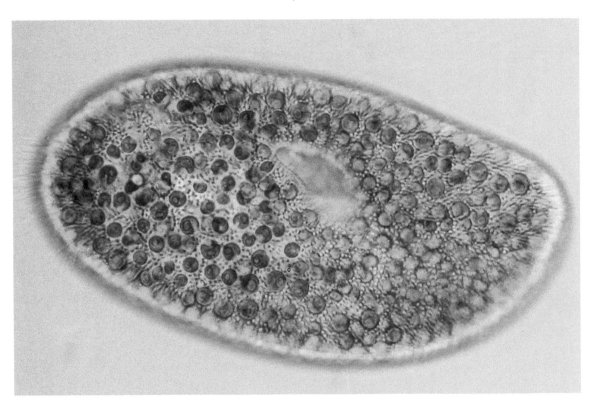

对页图　和大多数原生生物一样，草履虫（比如图中这只）是单细胞生物，而人类与这些单细胞生物有着遥远的共同祖先。

下图　这只草履虫表面覆满了细密的纤毛，草履虫用这些纤毛来游泳，并由此拥有了基本的触觉。

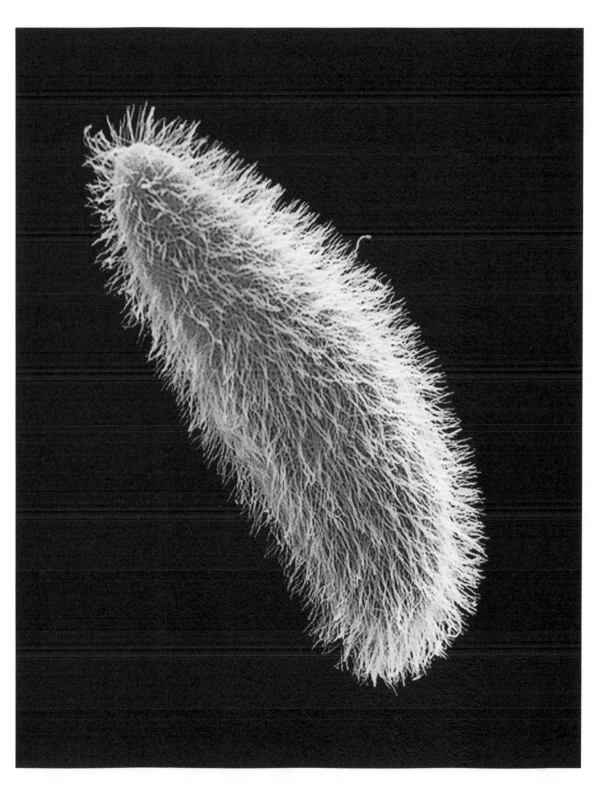

165

晴空霹雳

80多年以来,有一幅图片始终装点着100美元钞票的正面。这张面额最大的美钞有时被人亲切地叫作"本杰明",它是为了纪念一位被世人尊为美国开国元勋的人物。直到1790年去世,本杰明·富兰克林在一生中获得了无数光辉的政治与科学成就。似乎没有什么事情是他不擅长的,政客、作者、报刊老板、音乐家和科学家只是他简历上的一小部分而已。

和18世纪中期的很多探索者一样,富兰克林对电充满了好奇。当时有人提出,电是自然界中最壮观也最

对页图 美国亚利桑那州图森市上空贯穿天地、刺破云层的闪电。雷雨的成因至今尚不清楚,在富兰克林最先进行闪电实验后的260多年里,研究人员一直在积极地寻求这一问题的答案。

下图 本杰明·富兰克林和他的儿子威廉在雷雨中放飞风筝,以此来吸引云层中释放的电流。

具破坏力的一种现象——闪电形成的原因,但这一说法并未得到证实。那时候,在实验室条件下能够制造出的电火花最长只有几厘米,但富兰克林很想知道,划过天际的闪电是否也是由当时人们所谓的"电的流"形成的。为了证实他的假说,富兰克林设计了一项实验,可以"将电火花静静地从一朵云当中引下来……"

涉及闪电的实验什么时候做都是危险的,而在18世纪中叶,这项实验的危险系数又被放大了无数倍,因为那时候世人对闪电的基本原理一无所知。1750年,

富兰克林设计了一项实验,可以"将电火花静静地从一朵云当中吸引下来……"

富兰克林发表了一篇文章,描述了一项在雷雨天放风筝的实验。为了延续英国广播公司(BBC)的光荣传统,我要在这里郑重提醒大家切勿模仿。尽管没有证据表明富兰克林确实进行了他的实验,但一般认为他可能于1752年6月在费城放飞了风筝,并成功地从聚集的乌云中引下了电流。可以肯定的是,其他人确实尝试了富兰克林的实验,其中就有富兰克林的同事兼好友弗朗索瓦·达利巴德,他使用了一根12米长的铁棍(而不是风筝)做这个实验,并且还活了下来。而格奥尔格·威廉·里奇曼教授就没这么幸运了,他成为第一个体验到闪电真正力量的科学家(尽管很短,只有一瞬间),里奇曼几个月后在圣彼得堡进行富兰克林的实验时被闪电击中,当场身亡。

雷雨形成的具体机制尚不清楚,也是目前研究的热点,但就我们的讲解而言,闪电显示了一个简单的物理过程,而这一物理过程是动作电位生效所必需的,这就是电荷分离。当湿润的空气上升,将水蒸气带到高处较冷的大气层时,雷雨就形成了。随着上升空气的温度逐渐降低,水蒸气就冷凝形成了水滴。

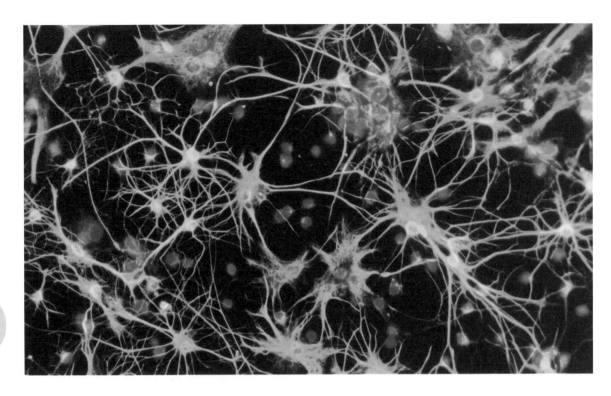

如果这股不稳定的气流继续上升,温度降到零摄氏度以下,就会形成冰晶。在不断的碰撞中,水滴与冰晶带上了电荷,带正电的冰晶上升到云层的上部,而带负电的粒子则往下沉,这就是电荷分离。在云的顶部和底部以及云的底部和地面之间,存在着电荷的不平衡,也就是电位差。在第2章中我们已经讲过,大自然不喜欢存在梯度,有任何不平衡都会把它矫正过来,而在雷雨发生的时候,矫正就以闪电的方式出现——一道电光劈过,将云与云之间、云的内部以及云层与地面之间(这是最危险的)的电位差给消除掉。我们有意在描述雷雨中电荷分离的过程时采取了模糊的手法,因为这一过程极其复杂,还有很多地方都没有弄清楚。但重要的是,雷雨时确实发生了电荷分离,并且形成了电位差(也叫电压差),而大自然一有机会便会消除这一不平衡。

草履虫的脉冲成形能力:动作电位

几乎所有的真核细胞都会主动在细胞膜上维持一个电位差,这叫膜电位。细胞将带电粒子从细胞膜的一侧运送到另一侧来实现电位差。一个经典的例子就是细胞膜上一种叫"钠钾泵"的结构,它会将钠离子(Na^+)送出膜外,同时将钾离子(K^+)运入膜内,这两种离子都带正电,但钾离子还能逆着细胞液的浓度梯度,

动态湍流: 一道闪电能消除几亿伏特的电位差。

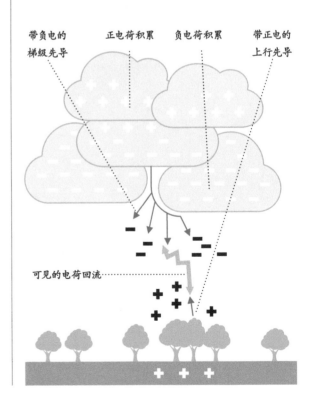

带负电的梯级先导　正电荷积累　负电荷积累　带正电的上行先导

可见的电荷回流

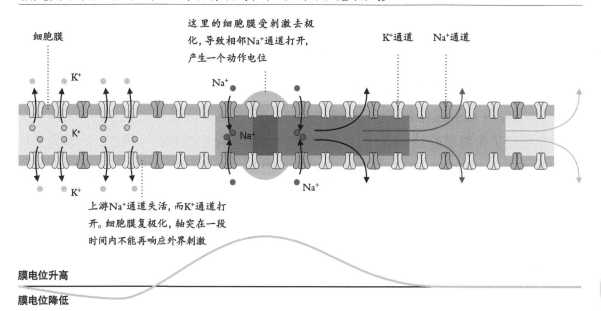

通过细胞膜上的钾离子通道再次从膜内出来。这就形成了细胞膜内外之间的电位差；最终膜的内部带上了负电，电压相当于0.1伏特。还有其他很多离子也参与了形成和维持膜电位的过程，对于动物、植物或像草履虫这样的原生生物，具体细节还稍有不同。但通过主动的电荷分离在细胞膜上形成电位差的原理都是一样的，而且这显然是一个非常古老的发明。细胞的膜电位主要用来做两件事情：一是储能，为细胞膜的不同反应提供能量；二是通过动作电位来传递信号，而这是所有生物的感觉的核心。

细胞将带正电的钠离子（Na^+）送出膜外，再将带正电的钾离子（K^+）运入膜内，而钾离子在进入膜内之后可以通过细胞膜上的钾离子通道再次回到膜外，这就在细胞膜的内部聚集了负电荷，细胞膜的外部则形成了正电荷。

当草履虫碰到障碍物时，细胞膜会发生形变，这使得上面的离子通道被打开。对草履虫来说，细胞膜的形变会打开钙离子通道，使钙离子涌入细胞，使细胞膜两侧的电位发生变化，减小了膜电位。我们知道，这个钙离子通道是根据电位来打开和关闭的，在膜电位接近0、要变为正的时候，钙离子通道就会关闭，而另外的钾离子通道则会打开，让钾离子可以从细胞里

出去，重新建立起膜电位。这一复杂的反应过程在上面的图示中表现了出来，其结果则是形成一个精细的脉冲，持续时间只有几毫秒，这个脉冲就是动作电位。草履虫将动作电位直接用于控制纤毛的运动，在钙离子浓度低时，纤毛向前摆，而当钙离子浓度升高时，则向后摆，由此改变草履虫的行进方向。草履虫纤毛向后摆动的时间长度受动作电位的控制，而动作电位又时刻处在不同的电压阈值以及各个离子通道打开或闭合的精确调节之下。这一系列过程之所以如此复杂，是因为草履虫完成了一项极为复杂的任务。为了响应不同时长和强度的刺激——在这里也就是草履虫和外部物体的碰撞——细胞生成了精确对应的电脉冲，这种精确的脉冲成形正是模拟电子元件梦寐以求的，人类在几十年前才开始学着做到这一点，而细胞膜通过有选择的带电粒子运动早就实现了。

对页顶图 哺乳动物大脑皮层细胞的免疫荧光染色照片，蓝色部分是细胞核，绿色部分是细胞质。这些细胞叫星形胶质细胞，胞体上生出许多长而分支的突起，为神经细胞提供支撑和营养。

我们一般不会认为植物有感觉，但植物确实会对周围的环境做出反应——它们朝着太阳生长，向土壤的深处扎根，有的还显现出很明显的触觉。

这张图片显示的是一株含羞草。含羞草是很敏感的植物；当有东西拂过时，它能察觉到这一触碰，并会迅速卷起它的叶片作为回应。17世纪英国著名的科学家罗伯特·胡克最先研究了含羞草的这一反应，他想知道植物是不是也有神经。现在，科学家知道了植物并没有神经系统，但含羞草的反应仍然说明它拥有触觉，并且其触发机制与我们人类和草履虫的非常一致。如果在含羞草叶片的基部接上电极，还能测量到电浪涌（译注：指沿导体传输的电流、电压或功率的瞬态波）。

当我反复刺激含羞草的叶片时，一股微弱的电流不断地触发收拢叶片的反应，形成的峰值就是动作电位，我们看到的电流就是含羞草细胞膜去极化的过程，也是我们在草履虫身上所看见的。

170

对页图 含羞草的延时影像。遭到触碰时，含羞草的叶片会在几秒之内从一个张开的刚性结构变为紧密合拢的形状，过一会儿不碰它，叶片又会慢慢打开恢复成原来的样子。

生命的奇迹（第二版）

感官的普遍性

历史上没有哪项实验像路易吉·尔瓦尼在18世纪下半叶所做的实验那样真切地触及了科学的灵魂。尔瓦尼是著名的学术之城博洛尼亚的一名医生和物理学家，他偶然发现的一种现象彻底改变了人类对生命的理解，并持续影响着两个半世纪以后科学伦理的走向。关于尔瓦尼的发现有很多种故事版本，有说他是碰巧得出的，也有说他是在思考中灵感乍现。可以确定的是，在1771年的某一天，当尔瓦尼在他的实验室里研究青蛙的解剖和生理时，突然注意到一种奇妙的现象。不论是尔瓦尼还是他的助手，是用一把手术刀还是解剖钩，总之，一个带静电的金属物体碰到了被肢解的青蛙露在外面的坐骨神经，蛙腿跳了起来。很难想象这一发现在当时给尔瓦尼以及随后世界各地重复这一实验的人所带来的震撼。

从最基础的层面来说，生物体能够感觉周围的环境是由于生物体能够将外界的刺激［这种刺激可能是化学的，也可能是物理的（比如触碰），还有可能是声音或阳光］转变为细胞膜电位的变化。而膜电位变化所造成的结果与生物体本身有着很大的关联。像草履虫这样的简单生物，膜电位变化的表现方式非常直接：膜电位一变，细胞膜上的离子通道也跟着改变，

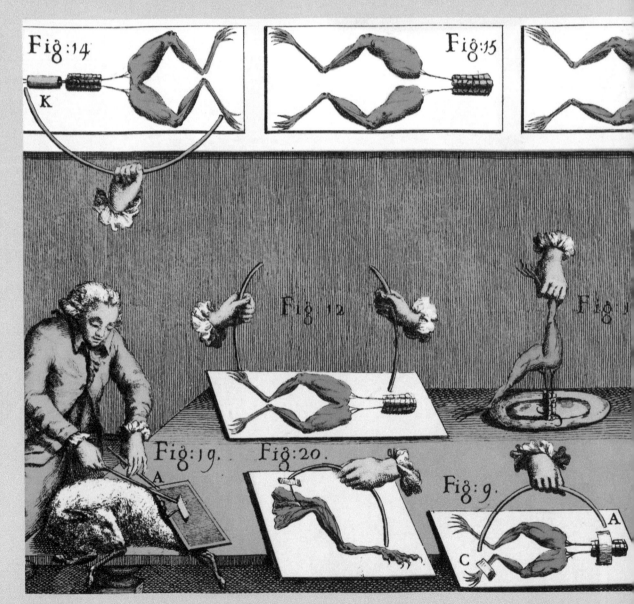

细胞里的离子浓度也随之变化，从而导致细胞的行为迅速发生改变——纤毛向着相反的方向运动。但是，对其他生物而言，接触外部世界可能会触发犹如瀑布般奔流而下的大量后续反应。比如人类，我们的触觉和听觉会直接产生动作电位，过程与草履虫非常类似（我们将在这一章的后面部分详细讨论人类耳朵的情况）。但视觉就不一样了，人眼里的视锥细胞和视杆细胞并不会直接产生动作电位，这些细胞将感受到的光转化为神经信号，这些信号被视网膜上的其他神经细胞处理后，转变为视网膜神经节细胞的动作电位。但在感觉信号从感觉器官传输到中央神经系统的过程中，地球上的几乎每一种生物体内都会产生动作电

位。当然，生物学里总有例外，在这里看来海绵要获此殊荣。在植物和藻类中也能观察到动作电位，这表明动作电位相比其他信号传输方式一定有过人之处。最显而易见的优势莫过于传输的速度和对电脉冲的精准控制：动作电位沿神经细胞的传输速度能达到100米／秒，而且脉冲的形状和强度即便远距离传输也不会发生改变。换句话说，动作电位是生物快速可靠传递信号的办法，其演化起源很有可能与离子通道有关，而离子通道的出现显然非常早。细菌和藻类都有在拉伸后会打开或闭合的离子通道，科学家还在一种病毒的体内找到了编码钾离子通道的基因。所以，这些感觉形成的基础可能源于细胞对膜内外离子浓度的调节，由此产生了像草履虫那样原始的感觉反应。几亿年以后，生命仍然以这样的方式感知世界，将外部刺激转化成电脉冲。你所拥有的每一种感觉，每次触碰、每口味道、每看一眼、每闻一次和每听一声，都通过动作电位——那些由古老的离子通道所产生和控制的信号——与你的大脑相连。

如今，地球上各种各样的生命形态，从动物、植物、原生生物到细菌和藻类，它们用来觉察外部世界的基本机制都是一样的，都涉及离子通道（有的直接，有的间接）或者在全身传递感觉信号，除非你是海绵。然而，不同的生物，感觉的演化方式以及感觉器官能够觉察的刺激都大为不同。正如我们已经说过的那样，生物体所拥有的那一套特定的感官系统最终取决于它所生活的环境和保有的生活习性。为了说明这一点，我们需要找一个个头儿大的、与人类体验这个世界的方式大不相同的家伙。在美国的最南边我们找到了这样一个绝佳的例子。

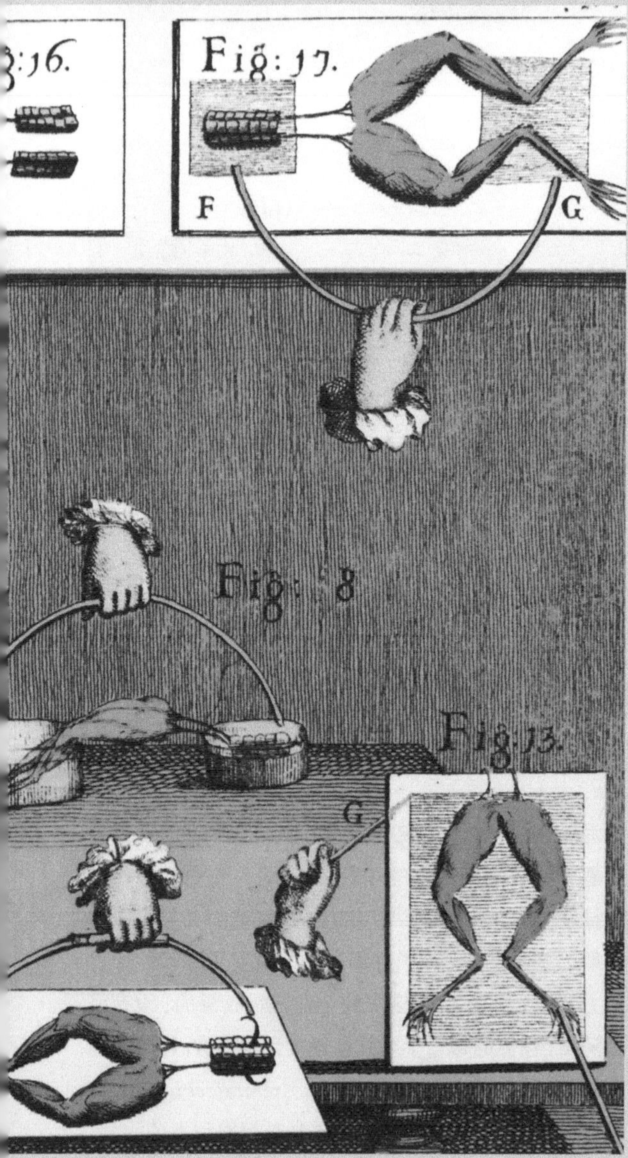

173

左图 这幅图展现了1771年路易吉·尔瓦尼做青蛙实验的部分场景。肢解后的青蛙腿在碰到带有静电的金属物体后死而复生般地跳了起来。

河中怪兽

要说哪个国家拥有大量不同类型的生态栖息地，美国必属其一。美国的国土面积接近937万平方千米，穿行于这里，你会遇到一系列多彩纷呈的自然环境：从佛罗里达的热带森林到阿拉斯加逼近极地的环境，从夏威夷喷发的火山到中西部那一望无际的草原和科罗拉多高耸入云的群山。这是一片将地球对生态多样性的恩赐展露无遗的土地——生命有无尽的空间去适应和发展，有机会形成各式各样纷繁迥异的形状和大小。无怪乎美国是地球上生态多样性十分丰富的国家之一，拥有将近2万种植物、9万种昆虫以及好几千种不同的哺乳类、鸟类和爬行类，它们都安居在适合自己的环境当中。但是，这种多样性并不仅仅体现在生物的体形大小、形状和结构上；每种生物的感觉也都与其生活环境相匹配，在自然选择的精细微调之下得以生存和发展。要弄清楚生命是如何投入宇宙的怀抱之中的，我们必须弄清楚感觉的工作原理，以及感觉是如何在个体的生活中发挥作用的。

作为北美最大的河流系统，密西西比河雄踞于美国的最南边。这条大河北起明尼苏达州，向南穿越4000千米，途经威斯康星州、爱荷华州、伊利诺伊州、密苏里州、肯塔基州、田纳西州、阿肯色州和密西西比州，最终在新奥尔良市汇入墨西哥湾。我们的拍摄地点选在了它众多支流中的一条，密西西比州的大布莱克河。这是一片多沼泽的地区，两岸丛生的杂草和遍布

顶图 铲鮰是密西西比河流域中一种常见的鱼类，体形巨大。

上图 唐·杰克逊帮着布赖恩用一张大网捕捞铲鮰。另一种更为刺激的捕捉方式是徒手捉鱼，当地人称之为"吸面条"——将手臂伸进铲鮰藏身的洞穴里，在鱼将你的整个手臂吞下去以后再拉出手臂将鱼捞上来。

的泥塘使地形近似于史前时期。在这里生活的动物也有着一种古老而慑人的风貌；蛇、鳄鱼和蚂蟥的存在令徒步于河岸之上充满了惊险，而我非常高兴可以待在船上坐享安全。这里可不是被咖啡烫了嘴就能起诉对方的"文明社会"，这里的一切都是狂野的、没有经过消毒，但你的每一个毛孔都能感受到振奋，而且你也不能把一只真鳄龟（*Macrochelys temminckii*）告上法庭，因为被咬掉了拇指的你连越野车都发动不了。

我们到这里来是为了拍摄当地最具代表性的一种动物——铲鮰（*Pylodictis olivaris*）。铲鮰是密西西比河流域中一种常见的肉食性鱼类，寿命可达20年，体形巨大，能长到相当于一个小个子人类的身高和体重。或许正因为有着这样庞大的身形，当地因年轻而更为无畏的垂钓者想出了一种独特的方法来捕捉这些庞然大物。他们把徒手捉鱼法称作"吸面条"，也就是将手臂伸进岸边铲鮰的洞穴里，等待这条大鱼将你的手整个儿吞下去，等待鱼吸稳了以后再把手抽回来就行。这种方法听起来容易做起来难，那可是一人高的肉食性大鱼在嚼你的拳头啊。而且，铲鮰的洞穴有时候会住着鳄鱼、真鳄龟或蛇。

我选择了用网捕鱼，并从密西西比州立大学请来了一位学识渊博的好帮手唐·杰克逊。杰克逊长期从事密西西比河流域野生动物的研究和保护工作，他在我们来的前一天就在河中布下了网，我们两人一起将捕到的铲鮰拖上岸时，场面轰轰烈烈，狂暴异常。铲鮰力气巨大，而且可以想象它被拖出水面时会有多不情愿。再加上河水浑浊，我们只有把渔网拖到甲板上以后，才知道从水里捞出来的是什么，因此捕捉过程愈发充满了紧张的气氛。大布莱克河的河床上积了厚厚一层淤泥，整条河水都是无法看透的深褐色，水面以下能见度几乎为零。你在影片中可以看到，我们尝试着在没入水下的渔网上安装摄像头，但是，就这么近的距离，我们都基本上看不清任何东西。这就是铲鮰生活和捕猎的场所，而它的感觉器官也高度特化，使其在能见度接近零的情况下成功捕捉猎物。由于派不上什么用场，铲鮰的眼睛很小，视力也一般。然而，这种生物用一系列其他强大而且精密的感觉器官侦查它的领地，并凭此成为密西西比河流域的霸主。

英语里鲇鱼的名字叫catfish（猫鱼），这个名字的得来是缘于鲇鱼下颌上的胡须（也叫触须）。这些触须可不是做装饰用的——它们是鲇鱼感受世界的关键部位。铲鮰也是一种鲇鱼，它有4对触须，分别是1对鼻须、1对颌须（与上颌骨相连）和两对颏须。每对触须都是兼具多种功能的感觉器官，帮助铲鮰详细地描绘出所处物理环境的图像。铲鮰用这些触须探测河床上污泥最细微的震动，从而"听到"任何可能果腹的东西所发出的最细微的动静；这些触须上还覆满了像味蕾一样的化学感受器，可以精细地探测水中的化学信号。触须只是铲鮰众多感觉武器装备中的一种。由于声波在水下传导很快，许多鱼都拥有发达的听力，但铲鮰把这一点发挥到了极致。在铲鮰身体的两侧有很多小孔，里面长有在显微镜下才能看见的毛细胞。这些毛细胞对低频声波极为敏感，使铲鮰能够察觉到猎物的一举一动，躲避捕食者还有那些偶尔来"吸面条"的人。和其他几种鱼一样，铲鮰也将鱼鳔改装成了感觉器官。鱼鳔控制鱼的浮力，但它同时也与一串被称为韦伯氏器的小骨头相连，这串骨头会将声波在鱼鳔里放大，而后再传送给铲鮰大脑的听觉中枢。这使得铲鮰与其他很多淡水鱼相比，能察觉到频率更高的声波——对捕食者来说这是一大明显的优势。

除了一系列精装细整的听觉感官以外，铲鮰还拥有一项我们人类所不具备的能力，它能察觉其他动物神经系统和肌肉的电活动。铲鮰的头部有电感受器官，通过探测其他生物体内产生的动作电位，它就能觉察到

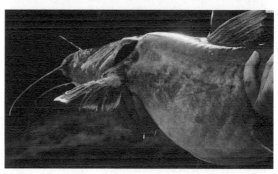

顶图　铲鮰有4对须，这都是它的触须。这些多功能的感觉器官能够帮助铲鮰描绘出周围环境的"画面"。

上图　铲鮰身体的两侧有许多小孔，里面长有微小的毛细胞，这些毛细胞对低频声波极为敏感。

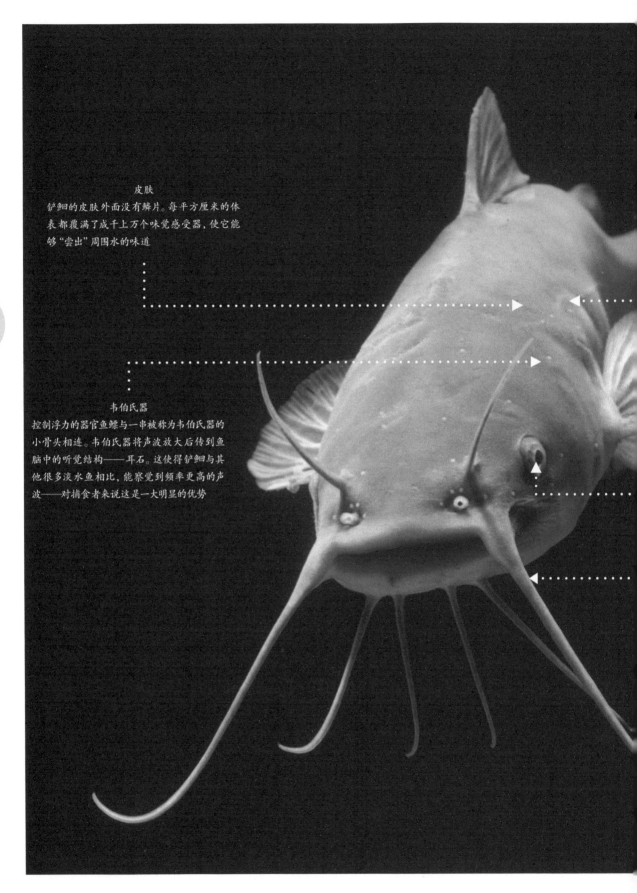

皮肤

铲鮰的皮肤外面没有鳞片。每平方厘米的体表都覆满了成千上万个味觉感受器，使它能够"尝出"周围水的味道

韦伯氏器

控制浮力的器官鱼鳔与一串被称为韦伯氏器的小骨头相连。韦伯氏器将声波放大后传到鱼脑中的听觉结构——耳石。这使得铲鮰与其他很多淡水鱼相比，能察觉到频率更高的声波——对捕食者来说这是一大明显的优势

毛细胞
在铲鲟身体两侧有很多小孔，里面长有微小的毛细胞，这些毛细胞对低频率的声波极其敏感，使它能够查探猎物和躲避捕食者

眼睛
生活在浑浊的河水中，铲鲟的眼睛很小，视力也一般

触须
铲鲟有4对触须：1对鼻须、1对颌须和两对颏须。这4对触须能够探测河床上泥污最细微的震动，从而"听到"任何可能果腹的东西所发出的最细微的动静。这些触须上还覆满了像味蕾一样的化学感受器，可以精细地探测水中的化学信号

潜在的猎物，即使猎物一动不动或者根本不在其视线之内。

但是，铲鲟最主要的感觉还是味觉。就像杰克逊告诉我的那样，铲鲟其实就像一根游动的舌头，虽然它的嘴里没有这种器官。铲鲟的体表没有鳞；它们的每一寸皮肤上都覆满了成千上万个味觉感受器，加上敏锐的嗅觉系统，铲鲟能在浓度不到一百亿分之一的情况下察觉出水中几千种不同的分子。

随着身体各处检测到分子浓度的不同，铲鲟还能估计气味来自何方。这样，铲鲟为它的世界建立了一幅精致而立体的化学图像，这是人类难以想象的。我们受视觉的主导，借助光对物体的大小、方位和特性形成判断。这是因为我们处在透明的空气中，四周的构造都被阳光照亮了。铲鲟活在充满泥污的河水中，那里的生物在移动时会留下一串化学踪迹，不同的味道、不同的浓度混在一起，形成了各种口味、或浓或淡的漩涡。铲鲟拥有的正是在这样一种黑暗、浓厚的化学世界中辨识方向、捕捉猎物所必需的感官。

人类或许会觉得铲鲟的这套感觉系统十分奇特，但它说明了重要的一点：没有哪两种生物用同样的方式感受这个世界。每种生物都有其独特的感觉器官，使其能够在它自己的生活环境中生存和发展。也因此，生物对世界的理解是主观而有选择性的，这种理解也没有必要全面而彻底。

不过，不能从上面精细微调的例子中推断，动物的感觉器官都是以最优的方式构建的。铲鲟的感觉系统很发达，也很奇特，但若是从一张白纸开始，铲鲟的设计者很有可能不会拿鱼鳔去充当体内的一种听觉器官。这说明了我们在本章的开头说过的一个观点：生物的形态和功能只有放在演化的历史情境下才能被真正理解。可能是先有了鱼鳔，而鱼鳔又善于在水下放大声波的振动，于是它才被纳入了感觉系统。有时候演化不像是钟表匠，更像是干零活儿的修补工，油腻的外套，脏兮兮的脸，调整着既有的部件，尽量这里混一混那里搭一搭，好把事情给做完。要展示演化走的这条令人费解的弯路，最好的例子莫过于听觉系统——我们最珍视的感觉器官之一——以及那些复杂但坦白说也很粗糙的构造，正是它们形成了每一声声响带给我们的细腻感觉。

有用的振动

    感觉到光是一个生物化学过程,光子激发色素细胞,而后色素细胞产生细胞电位。感觉到声音则有赖于对机械动作的感受,但这一感觉已经变得极为发达,有些动物的听力高度适应了环境,它们更多是靠"听"而不是"看"来感知世界。

听觉是一种机械感觉。人类将"听"与感受到空气中的声波联系起来，是因为我们的周围充满了这样的声波。我们听到的波是压力波，在海平面气温为20摄氏度时以1225千米／时的速度在空气中一张一弛地传播。要说明声波是什么样子的，一个简单的办法就是看播放音乐时的音箱。音箱的表面不停地来回振动，从而增大或减小它前面空气的压力。一般的年轻人能够听到的最低频率是20赫兹（即音箱在1秒内来回振动20次），最高能到2万赫兹。麦克风或耳朵的工作原理与音箱正好相反；音箱振动空气分子形成声波，反过来振动中的空气分子也能让一层薄膜发生振动，从而将声波转变为机械运动。但是，要克服一系列工程上的问题，才能有效地完成这一看似简单的任务。

下图 广翅鲎化石标本。广翅鲎是一类已经灭绝的节肢动物，是蛛形纲的近亲。

底图 蝎子［例如这只在紫外光下拍摄到的亚利桑那沙漠金蝎（*Hadrurus arizonensis*）］是自然界中生命力最强的生物之一。

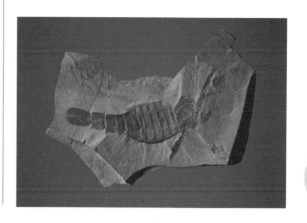

动物的听力

　　动物能够听到的范围从高（超声波）到低（次声波）不一而足，尽管直接比较听力的灵敏度还十分困难。大多数动物能够听到的范围大体相同，只是因习性和栖息地的不同而有着些微的差异。少数几个物种，比如世人熟知的海豚和蝙蝠，将"听"演化成了一种"看"的方式。这种回声定位法也是这些动物适应听见并发出高频声波的一个原因，这使它们能够察觉很小的物体。

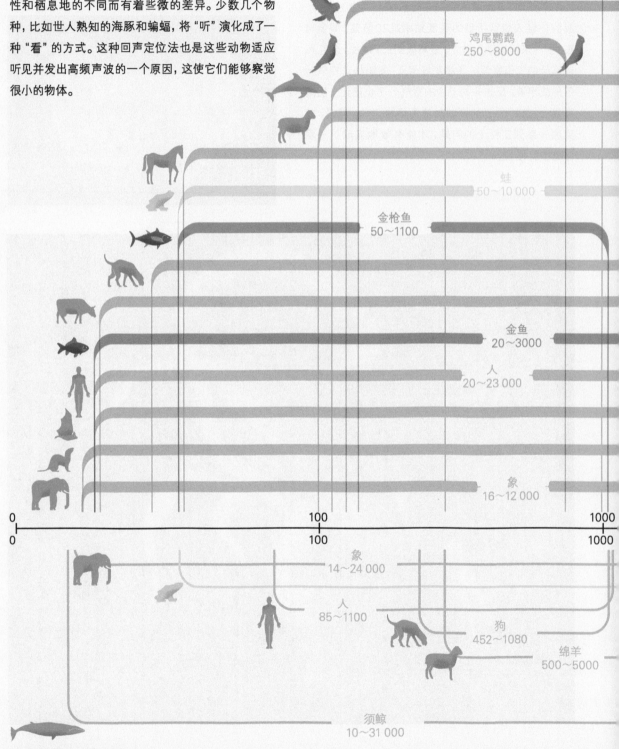

鸡尾鹦鹉
250～8000

蛙
50～10 000

金枪鱼
50～1100

金鱼
20～3000

人
20～23 000

象
16～12 000

| 0 | | 100 | | 1000 |

| 0 | | 100 | | 1000 |

象
14～24 000

人
85～1100

狗
452～1080

绵羊
500～5000

须鲸
10～31 000

180

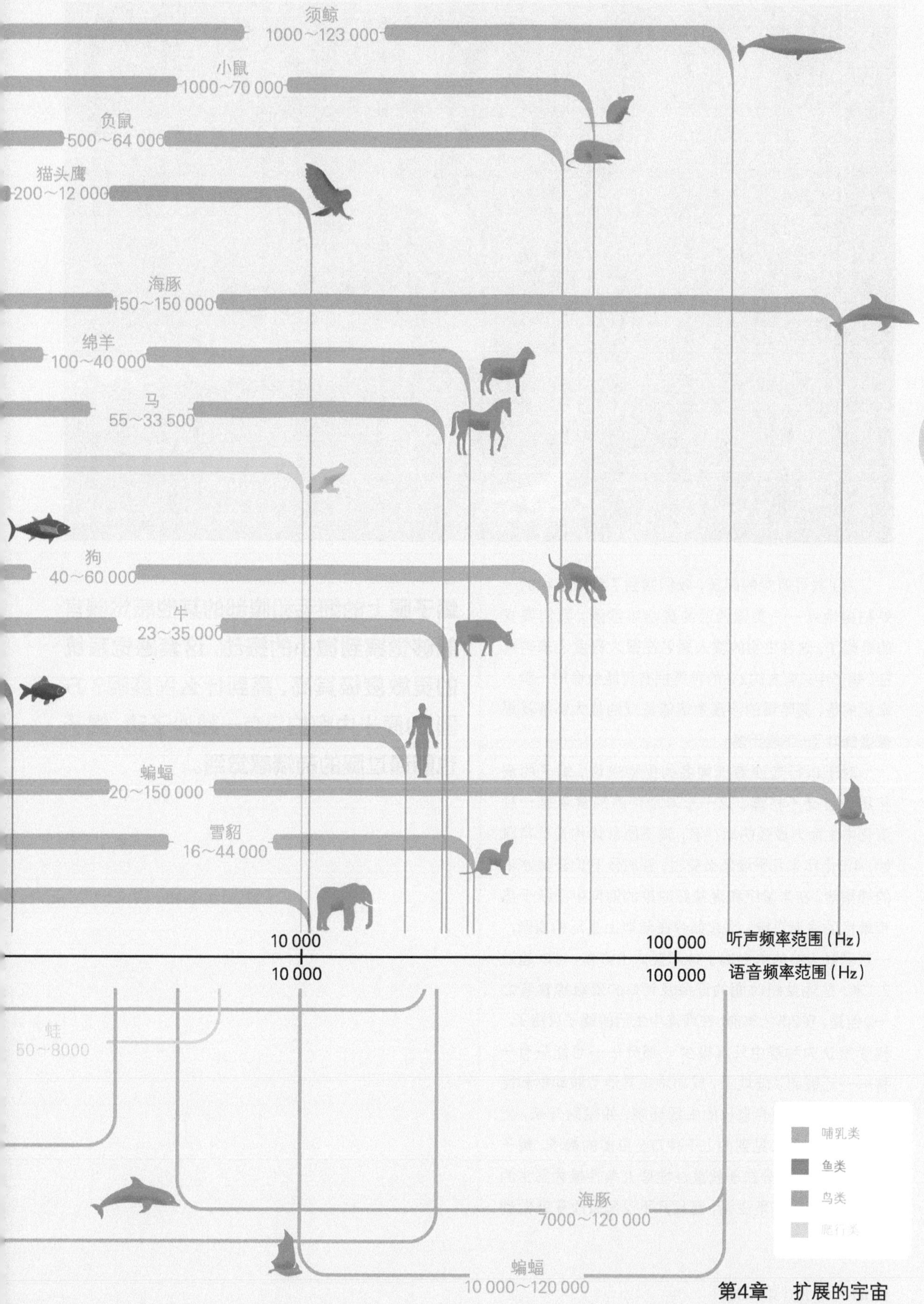

须鲸
1000~123 000

小鼠
1000~70 000

负鼠
500~64 000

猫头鹰
200~12 000

海豚
150~150 000

绵羊
100~40 000

马
55~33 500

狗
40~60 000

牛
23~35 000

蝙蝠
20~150 000

雪貂
16~44 000

10 000　　　　　　　　100 000　听声频率范围（Hz）

10 000　　　　　　　　100 000　语音频率范围（Hz）

蛙
50~8000

海豚
7000~120 000

蝙蝠
10 000~120 000

| 哺乳类 |
| 鱼类 |
| 鸟类 |
| 爬行类 |

第4章　扩展的宇宙

為了找尋聽覺的起源，我們回到了我最喜歡的一處拍攝地點——美國西部的莫哈維沙漠。我們要找的是蝎子，這種生物的駭人惡名在很大程度上來得冤枉，蝎子中只有大約2%的種類擁有可能致命的一蜇。幸運的是，莫哈維的沙漠金蝎能造成的最大傷害就跟被蜜蜂叮了一下差不多。

對於以行走沙漠而聞名的生物來說，蝎子的演化歷史絲毫不枯燥。這一乾旱地帶的掠食者是一種演化中生命力最強的幸存者，蝎子的身體構造非常原始，4.5億年來幾乎沒怎麼變過，那時候它們還是水中的捕獵者，在志留紀和泥盆紀時期的海洋中活躍於熱帶地區的淺海海域。比起如今在陸地上生活的表親，一些已經滅絕的水生蝎子體積要大上許多，可以超過2.1米，是泥盆紀時期的近海及河口的頂級掠食者之一。但是，在2.5億年前，在海洋中生活的蝎子滅絕了，科學家認為種群中只有極少一部分——可能只有一種——遷徙到了陸地上，成功地在其他節肢動物和昆蟲之前找准了適合自己的生活環境，並輻射開來，發展成為我們今天見到的上千種乃至更多的蝎子。蝎子成功的關鍵，部分在於就算在地球上條件最為惡劣的環境中也能很好地生活，而且幾乎沒怎麼改變就做到了這一點。

蝎子腿上的細毛和腹部的其他感覺器官能夠覺察到微小的振動，這套感覺系統的靈敏度極其高，高到什麼程度呢？方圓20厘米內哪怕只有一粒沙子動，蝎子也能通過腿的前端感覺到。

生命的奇迹（第二版）

对页图 亚利桑那沙漠金蝎是北美个头最大的蝎子，能长到14厘米长。捕猎时，它会将腿在身体四周摆放开，形成一个圆圈。

本页图 沙漠金蝎腿的前端有叫作狭缝感受器的加速传感器，能够察觉低速度的表面波（也叫雷诺兹波）。沙漠金蝎以此来计算猎物的距离和方位。

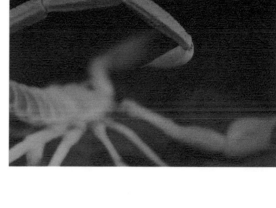

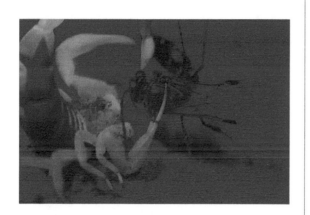

蝎子的化石记录有很多，能从中看出蝎子从海生变为陆生在解剖形态上的具体转变。最明显的就是腿变粗了，腹部的鳃变成了书肺，还有嘴部出现了用于吸入空气的口前室。有了这些小小的改变，蝎子就成为沙漠里的生存大师，一年多不吃不喝照样也能活下来。蝎子白天隐伏在沙漠下错综复杂的洞穴里，晚上出来觅食，它们的猎物包括昆虫、蜘蛛，偶尔也会捕捉个头儿小的蜥蜴和老鼠。和所有成功的捕猎者一样，蝎子需要收集周围环境的精确信息以成功捕到猎物（猎物自然要尽其所能避免成为蝎子的盘中餐），而它主要通过觉察沙子里的声波做到这一点。

蝎子捕猎时，会将腿在身体四周摆放开来，形成一个圆圈。在每条腿的前端都有8个叫作狭缝感受器的加速传感器，能够察觉出方圆20厘米以内因一粒沙移动而形成的低速度表面波（也叫雷诺兹波）。通过把握这些波到达每条腿的时间，蝎子就能计算出猎物的距离和方位。蝎子以一种有效而又原始的方式倾听沙漠的振动；它能用腿"听见"声音。狭缝感受器是蛛形纲独有的感觉器官，通常被用作位置传感器，在移动时通过动作电位向中枢神经传达关于腿的位置和朝向变

化的信息。但在蝎子身上，有的狭缝感受器似乎在协同演化之下被纳入了听觉系统，这个简单而有效的系统使蝎子能够适应环境，察觉到在沙漠表面传输的低速度雷诺兹波。这种特殊的生物由此成为沙漠中致命的捕食者，并在这样一个恶劣的环境中找到了适合自己的生存方式。

这种将声波转换为方位图的能力并不为蝎子所独有。尽管具体细节不同，人类的耳朵也有着同样的机制。我们耳朵里的一个特殊结构——基膜，能将波转换成机械振动，振动影响基膜上的毛细胞，从而打开了离子通道，细胞膜内外两侧电位变得不平衡，于是发生去极化，最终产生了沿着耳蜗螺旋神经节传至大脑的动作电位。上面这段话确实挺专业，但我希望你能读懂这些术语和概念，因为它们全部都是在这一章里已经讲过多次的。从草履虫到蝎子再到人类，感觉的基本底层机制都十分相似。所以，让我们再进一步，看看人耳的机械结构，因为它为我们深刻理解听觉背后的机制及其演化起源提供了一扇绝好的窗口，同时也阐明了人类如何像蝎子那样从泥盆纪的海洋走上了现代的陆地。

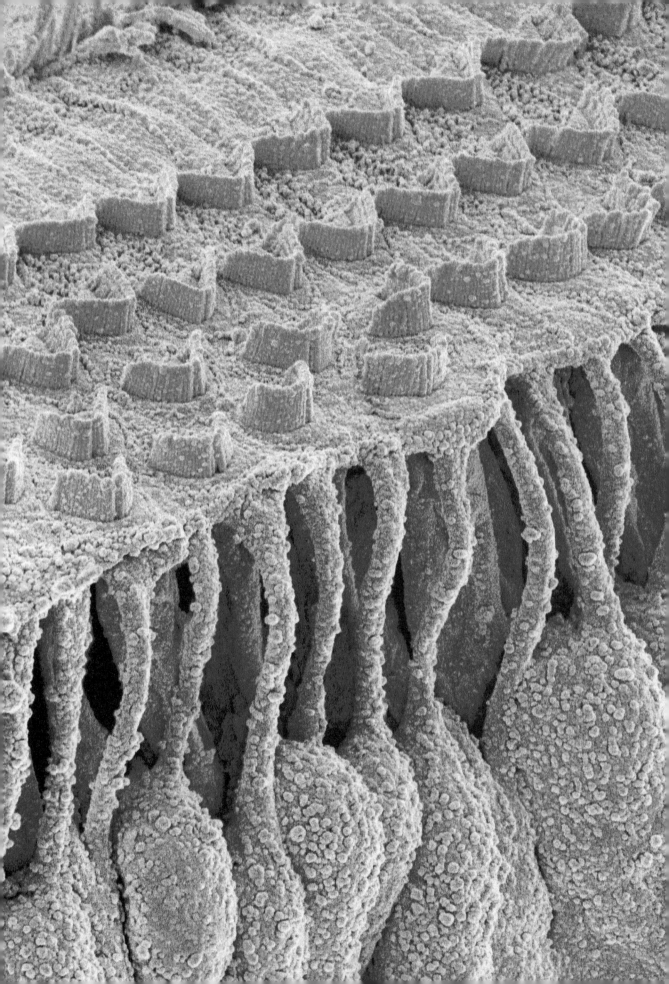

人耳：声学工程的奇迹

人类的耳朵是一台复杂的机器，因为它们要完成一项复杂的工作。人耳需要将声波转换成电信号——动作电位——并将电信号输送至大脑以作分析。耳朵要处理的声波振幅和频率分布很广，我们能够听见一只蚊子扇动翅膀时发出的嗡嗡声，也能在距离轰鸣的江轮发动机几米的范围之内坐着而不受任何听力损伤，虽然这时候传到我们耳中的力量要比蚊子的嗡嗡声强了1亿倍。在所有的陆生脊椎动物中，将声波转换成电信号都是由一种名叫基膜的振动膜完成的。基膜位于内耳深处一个叫作耳蜗的螺旋结构中（详见下页图解），基膜由外向内在厚薄、宽窄和质量上都有不同。在耳蜗的入口，基膜薄且硬，而在最里面就更"塌"一点儿，但也更宽更重。这种安排意味着在不同的深度，基膜的共振频率不同。在耳蜗的入口（即基部），基膜响应高频率的声波；而在最里面的蜗顶，基膜响应低频率的声波。基膜上叫作硬纤毛的听觉毛

在耳蜗的入口（即基部），基膜响应高频率的声波；而在最里面的蜗顶，基膜响应低频率的声波。

细胞感觉到这些振动，并通过我们现在已经很熟悉的过程——离子通道打开、细胞膜去极化——将动作电位经由耳蜗螺旋神经节传至大脑。这是一项极为精妙的工程设计，将声音的不同频率转换成对位置的测量，而后再由大脑进行解读。

然而，在这台美妙的机器能够投入使用之前，还有一个本质性的问题需要解决，而其答案简直引人入胜，因为它是将人类的演化历史融入我们一知一觉的解剖结构中最精彩的例子之一。问题是这样的：虽然我们生活在空气里，但体内装满了水；耳蜗里也充满了液体。声音不容易从空气传入水中，游过泳的话你就会知道，当你潜入游泳池的池底时，基本上听不见水面上发生了什么。这是因为水面可以说是一个完美的声波反射面，超过99.9%的波都被反射回去，只剩下一点点几乎可以忽略不计的部分传入水中。工程师将这种情况称为匹配阻抗问题，需要从机械的角度出发寻找解决方案。我们在海中生活的祖先当然不存在这样的问题；看铲鮰就知道了，在水里传输的声波很容易便进入铲鮰满是水的身体，引发鱼鳔的振动，不需要任何复杂的机械装置。可一旦从水里出来到了岸上，"听"便立即成了一个大麻烦。而演化以打零工的修补匠的姿态，给出了一个巧妙的答案。

听小骨：
大自然打的好补丁

对页图　内耳的染色扫描电子显微照片。毛细胞（黄色部分）浸泡在一种叫作内淋巴的液体中，内淋巴液也叫斯卡帕液（得名于意大利解剖学家安东尼奥·斯卡帕）。

将声波传入充满液体的耳蜗这件颇有难度的工作，在人体内是由3块小小的骨头来完成的，它们是锤骨、砧骨和镫骨，合起来称为听小骨。听小骨位于中耳，将鼓膜和耳蜗入口处的蜗管连接起来。锤骨、砧骨和镫骨形如其名，锤骨看起来像锤子，砧骨看起来像砧板，而镫骨则是马镫形的。其中，锤骨个头最大，与鼓膜相连。锤骨通过砧骨与镫骨连在一起，镫骨又与蜗管相连。这种结构有两大特点，可以使声音通过鼓膜有效地传入内耳。首先，它们像一个

杠杆系统，将鼓膜的运动放大。其次，镫骨前端的面积是鼓膜的1/17，这就意味着鼓膜的振动将以更大的力量传入内耳。结果是，不是99.9%的声波都在空气与液体的交界处遭到反射，大约有60%都传入了内耳。这3块小骨头真是做了了不起的工作！但这一绝妙的听觉工程构造又是如何演化而来的？故事还得从水里说起，而且历史也没有那么久远，因为如今仍然有生物在用着这3块骨头（虽然形状不太一样）去做别的事情。

人耳解剖图

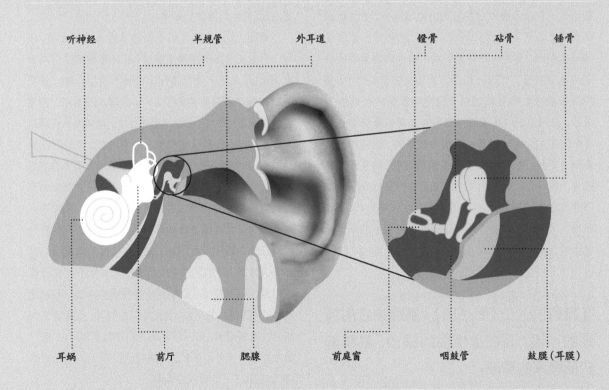

听神经　　半规管　　外耳道　　镫骨　　砧骨　　锤骨

耳蜗　　前厅　　腮腺　　前庭窗　　咽鼓管　　鼓膜（耳膜）

下图 鼓膜通过3块骨头与内耳相连，分别是锤骨、砧骨（见下图）和镫骨（见对页）。这3块骨头是人体内体积最小的3块骨骼。

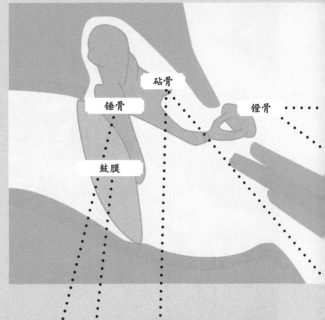

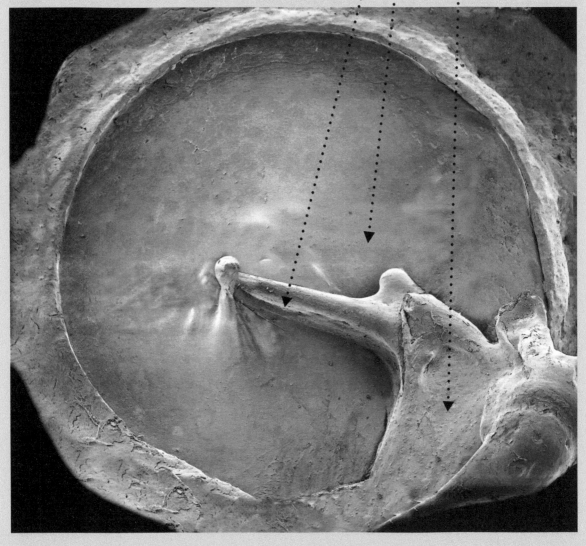

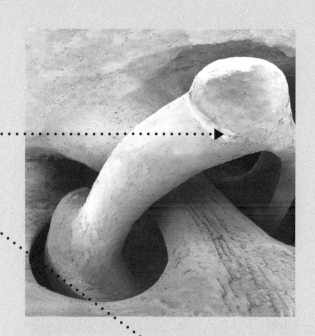

左图　镫骨（形状像一只马镫）将振动传入内耳中充满液体的耳蜗，之后这些振动会被转换成神经脉冲。

下图　砧骨（左上部分）将振动传入镫骨（粉色部分）。

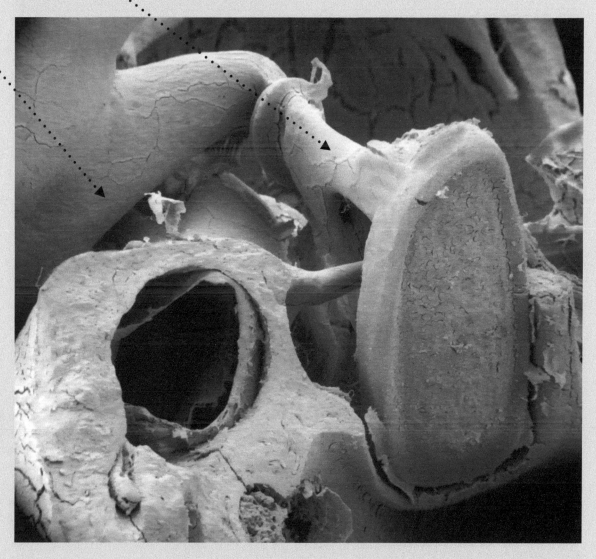

演变的耳朵和眼睛

哺乳动物的耳朵并没有经历一种线性的演化过程。中耳骨从我们爬行类祖先的颚骨演变而来，渐渐地被用于新的功能——听，而这一过程又与哺乳动物牙齿的演化相对应。

从下巴到耳朵

5亿年前，在一种早已灭绝的无颌鱼身上，鳃弓往前移，形成了下颌骨。随着脊椎动物慢慢地向陆地迁徙，这一解剖结构开始适应了一套新的需求。鳍渐渐地演化成腿，不再需要从水中提取氧气的鳃弓被重新利用，形成了咽和喉的结构。

在早期的羊膜动物中，舌颌骨是一个相对较大的结构，对动物的头盖骨起支撑作用。随着时间的推移，这块骨头的体积开始缩小。它不再用作支撑，而开始连接起新近演化出的耳膜。到了最早的爬行动物身上，这块骨头的主要功能变成了将震动从下颌骨传到内耳。

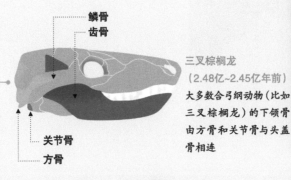

鳞骨
齿骨

关节骨
方骨

三叉棕榈龙
（2.48亿~2.45亿年前）
大多数合弓纲动物（比如三叉棕榈龙）的下颌骨由方骨和关节骨与头盖骨相连

仅由方骨和关节骨组成的关节

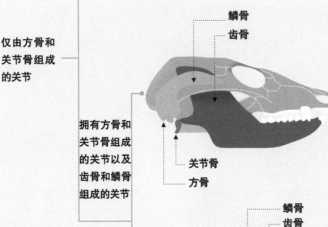

鳞骨
齿骨

关节骨
方骨

埃克斯穆尔马
（三叠纪晚期）
有的合弓纲动物（包括哺乳动物的祖先在内）在方骨和关节骨组成的关节以外，还长出了由齿骨和鳞骨组成的下颌关节。但这一情况并没有持续多长时间。导致这一变化的压力可能来自于提高听力的需求，也可能与增加脑容量有关，或者两者皆是

拥有方骨和关节骨组成的关节以及齿骨和鳞骨组成的关节

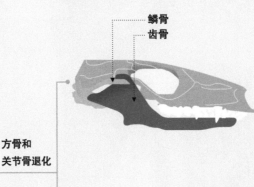

鳞骨
齿骨

摩尔根兽
（2.05亿~1.99亿年前）
有了新的下颌关节，方骨和关节骨很快就急剧退化，最终发展出了新的功能

方骨和关节骨退化

负鼠
（白垩纪晚期至最近）
在负鼠和所有现存的哺乳动物中，方骨和关节骨转变成内耳的"锤子"和"砧板"。这一变化过程在哺乳动物的两个分支——单孔目（鸭嘴兽科及针鼹科）和真兽下纲（胎盘哺乳动物）——单独发生

鳞骨
齿骨

仅由齿骨和鳞骨组成的关节

现存软体动物的眼睛的演化

眼睛的某些组成部分看起来拥有共同的祖先。但是，眼睛这个复杂的成像器官演变了几十次。若干种眼睛的类型和亚型同一时期在许多不同的动物身上演化，展现出广泛的适应性。软体动物眼睛的不同形态常被用作证实人眼平行演化的例子。

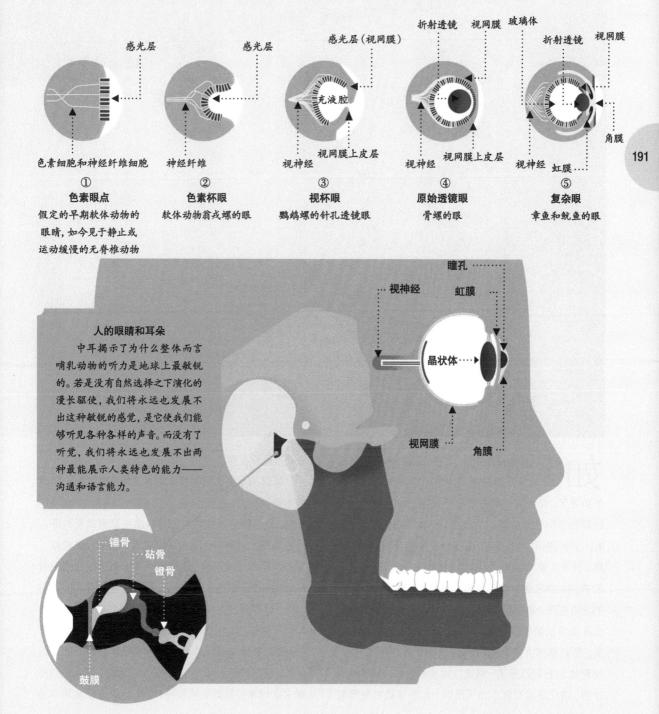

感光层

色素细胞和神经纤维细胞

①
色素眼点
假定的早期软体动物的眼睛，如今见于静止或运动缓慢的无脊椎动物

感光层

神经纤维

②
色素杯眼
软体动物翁戎螺的眼

感光层（视网膜）

充液腔

视神经

③
视杯眼
鹦鹉螺的针孔透镜眼

折射透镜　视网膜

视神经　　视网膜上皮层

④
原始透镜眼
骨螺的眼

折射透镜　视网膜　玻璃体

折射透镜　视网膜

角膜

视神经　　虹膜

⑤
复杂眼
章鱼和鱿鱼的眼

191

人的眼睛和耳朵
　　中耳揭示了为什么整体而言哺乳动物的听力是地球上最敏锐的。若是没有自然选择之下演化的漫长驱使，我们将永远也发展不出这种敏锐的感觉，是它使我们能够听见各种各样的声音。而没有了听觉，我们将永远也发展不出两种最能展示人类特色的能力——沟通和语言能力。

瞳孔

视神经　　虹膜

晶状体

视网膜　　角膜

锤骨

砧骨

镫骨

鼓膜

没有下巴的七鳃鳗

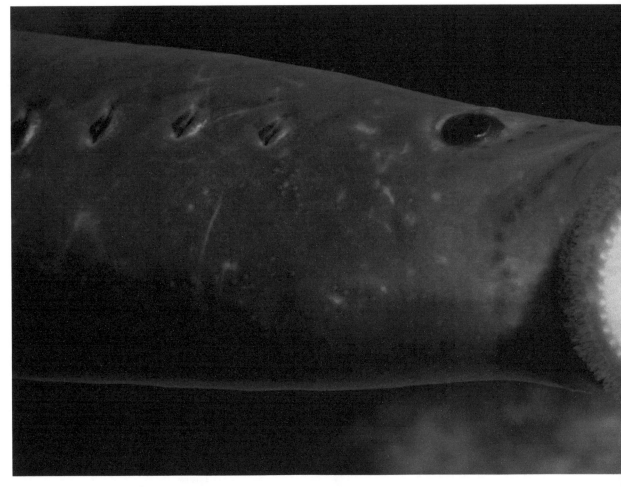

如果你想在地球上找寻"外星"生物，没有什么比一类叫作无颌总纲的没有下巴的鱼更符合你的需求了。现今的七鳃鳗也属于无颌总纲，这些长相诡异的生物常常被误认为是鳗，但其实它们是鱼，长着大大的眼睛、一个鼻孔，还有一个形状怪异、史前模样、没有下颌的口器。接着刚刚说的外星话题，有的无颌总纲动物在进食时会用嘴贴着猎物，然后用一层层的牙齿将肉一路碾碎，直抵血和体液。虽然极少发生，但在非常饥饿的情况下，无颌总纲的动物也会攻击人类。虽然模样古怪（这是毋庸置疑的），没有下巴的七鳃鳗也为我们打开了一扇通往过去的窗口，那时候的世界，演化还没有催生出下巴这一如今在动物世界里

随处可见的结构。

现代的无颌总纲动物与地球上最早生活的一些脊椎动物很相似，展现了5亿年前古生代海洋生物世界的一景，最早的无颌总纲化石可以追溯至寒武纪时期。要弄清楚无颌鱼跟人类复杂的听觉机制有什么关联，我们需要仔细地观察七鳃鳗的头部。七鳃鳗头部的每一边都有7个或更多的鳃孔，跟在所有鱼身上的作用一样，这些鳃孔是用来从水中提取氧气的。鳃由又薄又细的组织组成，这些薄薄的细丝能形成很大的表面积，从而吸收溶解于水中的氧气。要提高这一过程的效率，鳃里面还含有一组叫作鳃弓的骨骼结构，鳃弓将鳃支撑起来并将鳃的表面隔开，这样鳃就能从水中提

下图　楔齿七鳃鳗（*Entosphenus tridentata*）有一圈牙齿，没有下巴。它的头部结构为人类听觉系统的发育提供了线索。

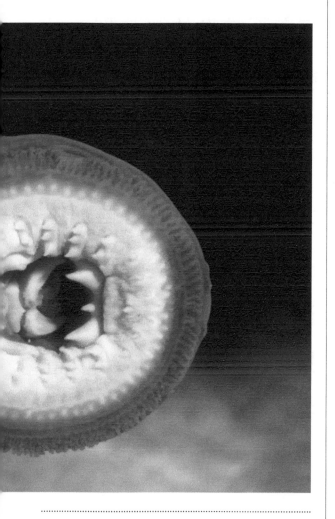

鳃由又薄又细的组织组成，这些薄薄的细丝能形成很大的表面积，从而吸收溶解于水中的氧气。

取尽可能多的氧气。这一看似无关紧要的骨骼对地球上生活的每一种脊椎动物的身体构造都有着举足轻重的影响。大约5.3亿年前，在寒武纪生命大爆发之后，海洋中遍布无颌鱼——它们是地球上最早出现的脊椎动物之一。接下来在大约5000万年的时间里，前鳃弓逐渐前移到头部，形成了下颌。从化石记录中，可以发现很多有颌鱼类（最早的是棘鱼纲）出现在大约4.5亿

年前的晚志留世，现在已经灭绝。在现代的有颌鱼身上，你仍然能找到这样的混合结构，前面的上颌和下颌、后面的鳃弓，以及有趣的第三种骨骼——从第二组鳃弓演化而来的舌颌骨。舌颌骨支撑下颌的后缘，帮助水流从鳃中通过。

大约在4亿年前，最早的一批脊椎动物从海洋来到了陆地上，这时候变得多余的鳃弓就逐渐退化并被纳入头部和咽喉的其他结构中。舌颌骨缩小，经过协同演化去行使别的功能，它从下颌骨那里感受到振动，并将其传至爬行动物新出现的内耳中。现代的鳄鱼和短吻鳄的祖先大约出现在3.2亿年前，它们的舌颌骨仍然以同样的方式行使这一功能。

在大约2.1亿年前，最早的哺乳动物出现了。爬行动物的下颌由好几块骨头组成，而哺乳动物的上下颌骨都是一整块骨头。在哺乳动物中，两块"没用的"骨头〔方骨（这块骨头是大多数现代爬行动物、鸟类和两栖类连接头盖骨和上颌骨的一部分）和下颌的关节骨〕逐渐缩小，与耳朵里的舌颌骨合并到一起。关节骨成了锤骨，方骨成了砧骨，而舌颌骨则成了镫骨。

2007年，在中国发掘出了一块1.25亿年前的阿氏燕兽（*Yanoconodon allini*）化石。阿氏燕兽是一种已经灭绝了的小型哺乳动物，体长只有13厘米左右。它的内耳里有3块骨骼，其形状和大小都与今天哺乳动物内耳里的骨骼很类似，但这3块骨头都与下颌骨相连。阿氏燕兽化石是一个绝好的过渡化石样本，完美地捕捉到了听小骨从鳃弓到下颌骨，再到现代哺乳动物耳朵里独立的高精度阻抗匹配设备这一演化路程的一个瞬间。

对我来说，哺乳动物听觉的演化是我们拍摄《生命的奇迹》这部电视系列纪录片当中最奇妙的故事之一，它综合了各种奇思妙想，将蝎子察觉振动的能力、草履虫运用离子通道和动作电位的物理过程，以及演化通过自然选择改变骨骼功能的力量融合在一起，用了上亿年的时间来解决一个基本的声学问题。得出的结果便是人耳这一高度特化的器官，若不深入了解耳朵的演化历史，其起源绝对无从想起。生物系统在本质上是四维的，从某种意义上说，其悠久的历史是建立在它们的形式和功能之上的，我们的耳朵便是这一概念的最好佐证。人类从远古时的无颌鱼演化而来，每当我们张嘴说话抑或侧耳倾听喜爱的歌曲时，我们便将它们的鳃弓派上了用场。

要有光

    如果能够证明，从一只完美而复杂的眼睛到一只远非完美且十分简单的眼睛之间有不计其数的中间阶段，每一阶段对其持有者而言都是有用的；如果能进一步证明，眼睛确实会发生这样的微小变化，而且这些变异是可以遗传的（事情也确实如此）；再如果器官的所有变化中，至少有一个对于身处变化环境中的动物是有用的——那么，认为一只完美而复杂的眼睛可以通过自然选择来形成的想法虽然看似难以置信，甚至无法想象，但其实并不难实现。

——查尔斯·达尔文

对页图　尼塞福尔·涅普斯家窗外的景色，摄于1826年。涅普斯所用的针孔相机的工作原理与人类的视觉系统非常类似。

虽然没有色彩，而且模糊不清，但下面这张图像是摄影史上最具标志性的图片之一。摄于1826年，由尼塞福尔·涅普斯拍摄的这张照片是现存最早的定影照片。涅普斯从法国圣卢德瓦雷纳家中的窗户里拍摄了这张照片，用了8个多小时，将平凡的一景写进了历史。这张相片是用暗箱拍摄的，将屋顶反射的光映照到感光板上。暗箱这个发明由来已久——2000多年前，亚里士多德就用暗箱观察过日偏食。但令这次尝试与众不同的是放在对焦屏处的铅锡合金板，这块板上涂满了天然沥青。天然沥青是一种类似焦油的混合物，遇光后会变硬。在8小时曝光完成后，涅普斯用一种溶剂洗掉了没有曝光也就是没有变硬的部分，留下了他的窗外一景；一个毫不起眼的时刻就这样定格成了永恒。

在最基本的层面，人类的视觉系统与涅普斯的照相机非常类似，因为可见光的行为在很大程度上决定了用于探测可见光的设备的形态。我们的眼睛有一个针孔大小的瞳孔，使光线得以进入后面的黑暗空间。在涅普斯放置铅锡合金板的地方，我们有视网膜——视网膜上的感光细胞将图像转换成电信号，并将动作电位经由视神经传至大脑。拥有复杂的透镜（晶状体）、高分辨率的成像能力和超强的感光灵敏度，人类的眼睛当然比涅普斯的原始暗箱好了不知多少倍。其实，就连如今最好的相机也在很多方面要逊人眼一筹。我们的眼睛是一件伟大的工程作品，也因此被大众文化某些方面拿去充当质疑科学的工具——如此精妙入神的东西是如何演化而来的？话不多说，我们这就开始讲讲眼睛是如何运作，又是如何演化而来的。

看见光

左图　人类视网膜的染色扫描电子显微照片，展示了人眼感光层中的中央凹（像火山口一样中间凹陷下去的结构）。

下图　人类视网膜部分区域的染色扫描电子显微照片，展示了人眼里排列的感光组织，视觉感受器（红色）、视杆细胞（白色）和视锥细胞（黄色）。

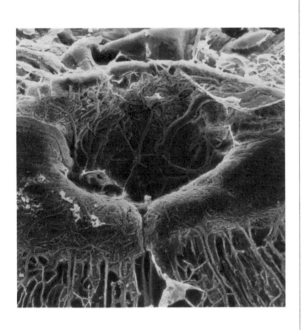

196

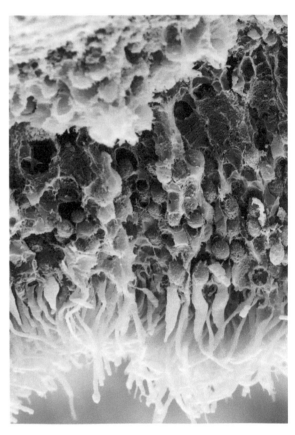

在本书里，我们见到了一条有用的规律，那就是若要找出生物的某些特性是如何演化来的，就去各种不同的生命形态之间找寻共同点。例如，我们知道所有的绿色植物和藻类都以同样的方式进行产氧光合作用，这支撑起了产氧光合作用起源于蓝细菌的结论。同样，我们观察到地球上所有的生物都使用质子梯度，而这可能表明生命的共同起源是酸性的原始海洋中碱性的通风口。在视觉的例子中，乍看之下可能找不到什么共同点，因为动物世界里可真是有着各种各样形态迥异的眼睛，用着截然不同的设计来实现同一种功能：螳螂虾的复眼与人类的眼睛差异够大吧。但若是我们转而考虑眼睛最基本的功能——看到光，那么情况就大不一样了。感光的基本生化原理是共通的，而这强烈地预示着一个共同的演化起源。

人类的视觉系统拥有两种感光细胞：视锥细胞和视杆细胞。视杆细胞更为敏感，但只能让我们看见黑和白。视锥细胞有3种，每一种最敏感的光波长度都不

同，由此形成了彩色视觉。这3种视锥细胞的基本生化性质是相同的，都使用一种叫作视黄醛的色素（视黄醛是维生素A的一种）与一种叫作视蛋白的蛋白质结合。视蛋白负责调节细胞响应特定的颜色，每种视锥细胞里含的视蛋白都稍有不同。我们的眼睛里还有第三种感光细胞，它与人体内的生物钟有关，这种感光细胞被称为感光视网膜神经节细胞；它的结构虽然与视锥细胞和视杆细胞不同——这一有趣的差异我们稍后会做详细说明——但同样也由视黄醛与一种视蛋白结合而成。这些结构相似的分子通常被统称为视紫红质，但不得不承认，这种叫法不甚严谨。接下来，我们

下图 人眼中视杆细胞部分区域的染色扫描电子显微照片。视杆细胞是杆状的感光神经细胞，能够在微弱的光线下看清物体，但只能看见黑和白。

右图 视锥细胞（绿色）和视杆细胞（灰白色）的染色扫描电子显微照片。视锥细胞给了我们彩色视觉。

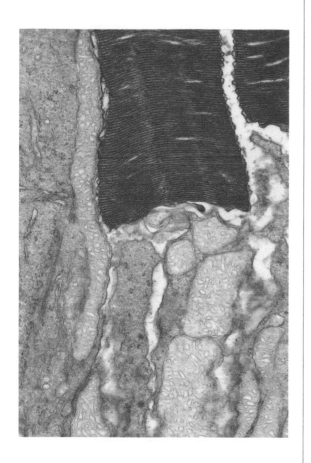

就算在线粒体全速运转的情况下，也要20分钟才能将完整夜视力所需的视紫红质完全恢复。

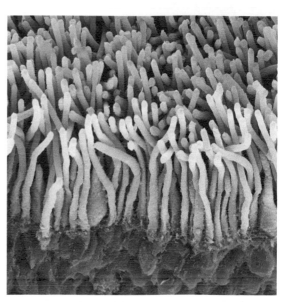

也会用视紫红质来统一指代这些分子，但需要记住，严格来说，视紫红质指的是视杆细胞里的一种特殊分子，在视锥细胞里对应的叫作视锥蛋白，而在感光视网膜神经节细胞中则被称为黑视素（也叫黑视蛋白）。

因此，在我们的眼中，所有事情都是从视紫红质开始的。光子透过晶状体进入眼睛，而后被视紫红质分子吸收。这使得视紫红质分子的结构发生变化，并最终形成动作电位，并以迅雷不及掩耳之势经由视神经传入大脑的视觉中枢。然后，在相对较慢的节奏里，我们的老朋友线粒体加入了进来，释放视紫红质分子复原所需的能量，从而使其准备好感受更多的光子。这就是为什么

在夜里被强光"闪瞎了"以后，要过一会儿才能复原。就算在线粒体全速运转的情况下，也要20分钟才能将完整夜视力所需的视紫红质完全恢复。

这是一个相当复杂且耗时的机制，但同时它也是揭开视觉演化奥秘的确凿证据。视紫红质在地球上普遍存在，每种生物的眼睛里都含有视紫红质或极其类似的分子。这无疑表明了一个非常古老的起源，因为在我们这颗星球上有许许多多的眼睛以不同的方式在不同的演化时段出现。螳螂虾便是一个极好的例子。而要找出螳螂虾和人类共同的起源，至少要倒退5.4亿年，回到早寒武世。然而，即使隔这么远，人类与螳螂虾仍旧享有同样以视紫红质为基础的视觉器官。不过，人类和螳螂虾的祖先又是什么呢？让我们像侦探故事里做的那样，沿着时间线往前，它将把我们带向一个非常有趣的答案——视紫红质也许是一项非常古老的演化发明，其出现的时间要比动物早太多太多。

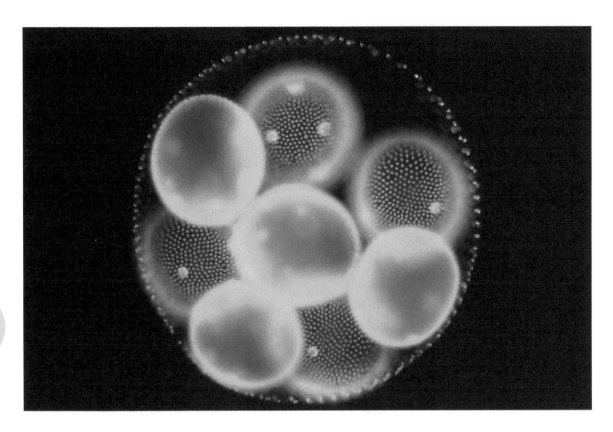

视觉的古老起源

团藻是一种常见的单细胞绿藻，能够进行光合作用，在世界各处的淡水池塘和水洼中都能找到这种嫩绿色的黏液。虽然常见，但在这看似平淡无奇的常见之下隐藏着意想不到的复杂。团藻的藻体为球形，你在上面图中看到的这个球由大约5万个团藻细胞构成，细胞与细胞之间有原生质丝相连。每个团藻细胞都有两根像尾巴一样的纤毛，同步摆动每个细胞的纤毛，就可以使整个群落在游动时协调一致。这是展现单细胞生物和多细胞生物之间微妙差别极好的例子。这里有众多的单个细胞聚在一起，为了一个多细胞整体的利益而运作——就跟我们人类一样。

作为进行光合作用的有机体，团藻用纤毛将整个群落移向阳光最强的地方。这样做当然必须得知道阳光在哪里。如果你仔细看单个团藻细胞的图像，就会发现一个微小的红点，这块有色素的区域便是团藻的感光区域"眼点"，它负责控制纤毛的摆动并使团藻细胞游向阳光。当眼点受明亮的阳光刺激后，便会命令纤毛停止摆动；而当光线变暗，停止的信号便会减

弱，团藻又再次出发去寻找阳光。这些眼点与整个藻群的行为深入结合，你会发现一侧的眼点比另一侧的多——实际上，团藻的球形藻体有前后之分，光合作用系统在前面。对于一种单细胞生物而言，这种程度的协调性令人惊叹。而我们沿着侦探故事往下走所需要的线索即团藻细微"视觉"系统的基础是视紫红质的一种——视紫红质通道蛋白。

这是一个非常有趣的观测结果，而其意义目前正处于科学争论之中。团藻和其他藻类中所含有的视紫红质十分相似，以及所有生物视觉系统中都含有视紫红质的事实，预示着一个共同的起源。值得注意的是，团藻中控制眼点出现的基因和控制我们人眼发育的基因极为类似，这也为我们增添了一个证据。但视觉不可能起源于藻类，最后归结到哺乳动物身上，因为藻类不属于我们这一个生命树的分支，与哺乳动物没有直接的亲缘关系。因此，我们必须挖得更深些：如果要找出团藻和哺乳动物视觉的共同起源，就必须向着生命树的更底层进发。

有的科学家曾经提出，和产氧光合作用一样，不妨将注意力转向古老而又成功的有机群落——蓝细菌。第1章里已经说过，科学家普遍认为，叶绿体的前身是一种

对页图 球团藻（Volvox globator）是一种能够进行光合作用的单细胞绿藻，藻体呈球形，摆动每个细胞上像尾巴一样的纤毛，整个群落可以协调一致地游动。

右图 计算机生成的模型，展现了人眼的内在工作机制：视紫红质（蓝色）与一个视网膜感光化合物的分子（黄色）连在一起。

下图 团藻有一处"眼点"，如图中小红点所示，眼点可以控制纤毛的运动（从图中也可以看见纤毛），使团藻细胞向阳光照射处游动。

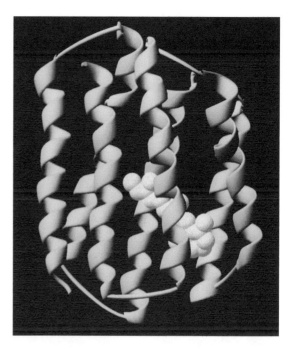

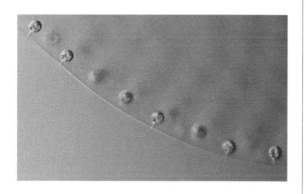

独立生活的蓝细菌，它被另一种细胞吞噬以后逐渐演化成了今天的叶绿体，作为所有绿色植物和藻类进行光合作用的场所，这种蓝细菌的遗存仍在发挥着作用。有理论认为，视觉的演化也经历了类似的过程，它发生在我们非常古老的一位祖先——原生生物的身上。

今天也有眼睛结构非常复杂的原生生物在使用视紫红质，而这些视紫红质看起来与叶绿体的遗存有关联。视觉的起源会不会是一次偶然的事件（形成了嵌合体），与演化出产氧光合作用的过程类似呢？答案是还没有人能确定。但我们有大量的证据（从本书中也可以看见）表明，内共生（即生物体之间的融合）带来了许多重大的演化飞跃，包括真核生物的出现和产氧光合作用的产生，有可能视觉也是这样形成的。目前还不知道这种融合发生的概率有多高：或许非常非常低，也或许一定会发生，只要有足够长的时间和大量高速繁殖的单细胞生物。侦探故事到此就结束了。我们知道，所有动物视觉系统的核心都要用到视紫红质，而且每种动物使用的视紫红质的结构都非常类似。我们也知道，有的藻类也使用一种不同形态的视紫红质（但也没有那么不同）作为原始的光感受器。这都预示着一个共同的祖先，在这个祖先体内，视紫红质经过协同演化被首次纳入了最早出现的视觉之中，而这个祖先可能是一种蓝细菌。这种蓝细菌在内共生演化之下，将必要的技术传给了藻类和原生生物，而这就是我们与团藻都拥有视紫红质的原因。

在我看来，我的视力有可能从一个蓝细菌里演化而来既奇怪又美妙，还令我有些许不安。或许"不安"并不准确——我也说不太好；可能用"不解"会更好些。对我来说，视力是内部世界与外部世界之间最直接的桥梁；如果看不到，外面的世界几乎就跟不存在一样。而且，有些不理智地讲，我觉得提出"绿色植物和藻类中的叶绿体是由两个完整而独立的个体融合而来的"是一回事，而推测"我看见这个世界都是远古细菌的基因——由两个古细胞因缘际会融合在了一起并且几十亿年忠实传递的基因——运作的结果"完全又是另一码事。倘若果真如此，那么这便是地球上生命之间相互关联最为发自肺腑的体现。

总结一下，所有动物的视觉都享有相同的基本生化机制，建立在视紫红质的基础之上，而这表明动物具有共同的祖先，这一祖先出现的时间可能极其之早，早于藻类与原生生物分开演化的时间。对控制视觉发育的基因所做的研究进一步支持了这一理论。但光凭视紫红质并不能实现现今人类和其他高等动物那么精密的视觉水平。我们的视网膜虽然复杂，但也需要很多其他的结构才能将信号传至大脑，从而构建出世界的彩色图像。这种机制的出现是生命的历史上最近才发生的事，因为虽然感光色素无疑非常古老，但目前复杂眼睛最早的化石记录是在寒武纪生命大爆发那段时期，距今"只有"5.4亿年。

第4章 扩展的宇宙

左下图 红脸地犀鸟（*Bucorvus leadbeateri*）的眼睛，红脸地犀鸟是原生活于非洲的一种鸟。

左中图 大砗磲（*Tridacna gigas*）的感光细胞能分辨光线、黑暗和阴影。

左底图 蜻蜓的复眼含有成千上万个微小的六角形眼睛。

右上图 捕鸟蛛（*Tarantulas*）有8只眼睛：正前面两只大的，4只稍小一些的在其后，头顶两端还有两只最小的。

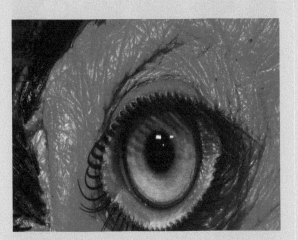

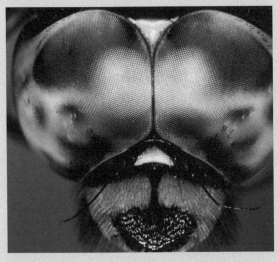

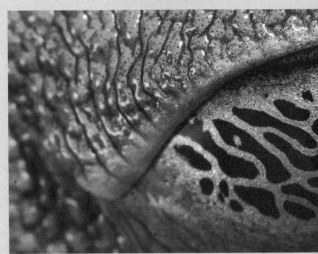

左底图　红眼树蛙（*Agalychnis callidryas*）闭着的眼，可以看到保护眼睛的瞬膜。

右上图　也门变色龙（*Chamaeleo calyptratus*）的眼睛凸出，两眼可以独立转动。

右中图　这头亚洲象（*Elephas maximus*）长长的睫毛从眼帘上垂了下来。

右底图　紫蓝金刚鹦鹉（*Anodorhynchus hyacinthinus*）眼睛的外面有一圈亮黄色的皮肤。

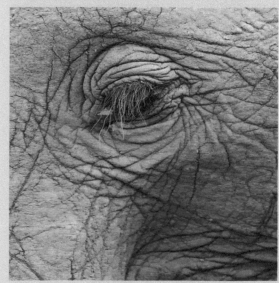

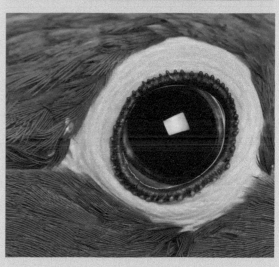

201

眼界大开

对页图　三叶虫的复眼。复眼上的数百个晶状体都由方解石构成，方解石是一种透明的晶体，是碳酸钙的稳定形态。

下左图　三叶虫的化石。三叶虫在海中称霸了3亿多年。

这些是三叶虫的图片，三叶虫是一种已经灭绝了的海洋节肢动物，这种身披铠甲的凶猛捕食者在3亿多年的时间里在它所生活的海域中所向披靡。三叶虫出现于5.4亿年前寒武纪生命大爆发的早期，这种标识性生物的化石被大量出土，其中就包括在加拿大西北部的著名化石产区伯吉斯页岩出土的化石。

三叶虫的头部长着大大的眼睛，这些眼睛是复眼，基本结构与螳螂虾的复眼类似。但是，三叶虫的眼睛还有一项令人意想不到的特点——全世界只有两种生物拥有这种特点——每只复眼上的数百个晶状体都由方解石构成，方解石是一种透明的晶体，是碳酸钙的稳定形态。另一种眼睛也由方解石构成的生物是伟蒂栉蛇尾（*Ophiocoma wendtii*），这种模样像海星的蛇尾是现存唯一拥有这种特殊晶状体结构的生物，它全身布满了微小的方解石颗粒，用这些高精度的晶体将光线聚焦到众多的光线感受器上。有人评价说，这种蛇尾的身体就像是一整只复眼。三叶虫和伟蒂栉蛇尾的眼睛有意思的地方在于，它们都利用了现成的东西——在这里即构成它们骨骼的材料——并经过协同演化将其发展成为眼睛的晶状体。这看来就是眼睛

的演化起源：只要是现成能用的东西就行。证据是，如今自然界里有着各种各样不同的晶状体，比如所有脊椎动物（包括人在内）眼睛里都有的叫作晶状体的蛋白质。这些蛋白质中有的还是活跃的酶，在全身各处行使其他功能。这些蛋白质结构相似，在晶状体之内和之外都能找到，而且只有几种为脊椎动物所共有。这表明，就跟三叶虫和伟蒂栉蛇尾一样，脊椎动物也用了它们能找到的材料充当晶状体。换句话说，晶状体的出现早于眼睛之前，随着时间的推移，被重新赋予了功能而被纳入视觉系统之中。

问题是，要经过多久才能将手边的材料变为可用的眼睛呢，因为这看上去像是一个很大的工程。1994年，瑞典科学家丹·尼尔森和苏珊娜·佩尔格发表了一篇很有影响力的论文，题目是《一只眼睛演化所需时间的消极估算》（*A Pessimistic Estimate of the Time Required for an Eye to Evolve*）。在这篇文章中，两人计算了从一个简单的眼点——一堆视紫红质分子形成的裸露的视网膜平面——到一个复杂的正透视眼（类似照相机的眼睛）需要经历的时间。用一个简单的自然选择模型并假设一代的时间为1年，尼尔森和佩尔格得出只需36万多年就能演化出一只具有晶状体的正透视眼！这在演化尺度上不过一眨眼的时间。但或许也用不着惊讶，因为眼睛并不是我们想象中那样高深莫测的复杂结构。就连单细胞的原生生物腰鞭毛虫都演化出了眼（还有完整的晶状体），而它本身连个复杂的支撑结构都没有。目前看来，眼睛的演化是一个相对迅速且简单的过程（至少从视紫红质的基本化学原理上看是如此），肯定出现在寒武纪生命大爆发之前，相对独立地发生了很多次。如今生活着的许多生物都采取了众多截然不同的方案来应对"如何看"这个问题。

那么，就让我们来看看这样一种颇具代表性的生物，它的眼睛跟人类一样精密，不过在5亿年前和我们走上了一条完全不同的演化道路。

人性化的生物，
人情味儿的体验

2009年3月22日，我们在挪威北部的极地冰雪中开始了BBC "奇迹" 系列纪录片的拍摄，在接下来的3年里，我有幸造访了地球上最美丽也最险恶的一些地区。《太阳系的奇迹》里去的埃塞俄比亚尔塔阿雷火山的熔岩湖、《宇宙的奇迹》里去的干旱的玻利维亚高原，还有《生命的奇迹》里那通往破败而美到摄人心魄的菲律宾北部小镇萨加达之旅，回想起来历历在目。我们之所以会选择这些地方，是因为故事内容需要我们去到那里，而旅途的艰险在规划时反倒成了其次——不过，到了正式拍摄的时候，这些困难往往又不自觉地被拉到了思绪的最前面。所以你可以想象，当我们发现迄今为止最适合用来阐述眼睛的演化历程，并提出有关视觉和智力间关系最后一问的生物，就好好地活在美国佛罗里达州棕榈滩那温暖明媚的浅滩里、与蓝鹭桥下的一个停车场咫尺相望时，我有多么快乐。佛罗里达的大西洋滨岸是章鱼的天堂——一个在市中心咖啡店旁的天堂。

章鱼是一种怪异而又奇妙的生物，身为软体动物大家族的一员，与你家后院里的鼻涕虫和蜗牛是表亲。章鱼的体内没有骨骼，全身除了喙以外都是软的，如果你认为这样的章鱼从解剖上看可能没什么意思，那就大错特错了。章鱼有3个心脏，向全身各处输送富含铜的蓝色血液；章鱼的身体非常柔软，能钻进很小的洞穴，只要眼睛能穿得过，章鱼就能缩得进去——这一招在逃离海鳗的追杀时非常有用。除了能喷出墨汁迷惑捕猎者，章鱼还是自然界中一等一的模仿高手，它能改变形状和颜色，完完全全融入背景之中。这似乎让我们感觉很难找到章鱼，但实际上做起来还是蛮简单的，因为章鱼的另一大特点就是它非常好奇。亚里士多德说章鱼是 "愚蠢的动物"，因为只要人将手放进水里，章鱼就会主动游过来。现在我们知道章鱼并不愚蠢；它们的好奇心象征着智慧。但我们并不知道章鱼有多智能，或者说章鱼的智力究竟以怎样的形式表现：章鱼大脑的体积跟一只鹦鹉差不多，但2/3的神

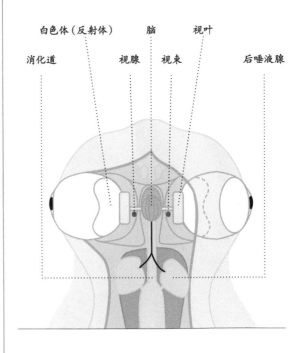

白色体（反射体）　　脑　　视叶

消化道　　　　视腺　视束　　　后唾液腺

经元都不在大脑，而是位于触手之上。这使得章鱼的触手在某种程度上是自律的：大脑向触手发出简单的信号，指挥触手完成具体的任务，但触手在接到指令后有自己的 "智能" 来具体执行。与人类不同，章鱼的智能是 "分布式" 的，而且完全是独立演化的，因为章鱼和人类的共同祖先（几乎可以肯定没有大脑）在寒武纪生命大爆发之前就已经出现。因此，章鱼可以说是地球上最接近外星智慧的生物。除此之外，我和几乎每一个与章鱼打过交道的人都认为，这种模样古怪的生物非常有趣、迷人而且很有个性；与章鱼一同潜水的经历则给人一种说不出来却又切实存在的感动。

当我游向这个彩色的八爪小家伙时，一定在无意间举起了拳头，因为它也这样做了。接着它用6只触手急急地退了回去，像一场模拟拳击赛那样，用剩下的两只模仿我的动作。这是章鱼很典型的行为：它们学习、模仿、讨厌某些人而喜欢另一些人。世人很容易将动物过分拟人化，虽然对这一长相特异的生物而言，拟人化倾向可能不太明显，但我认为章鱼既爱玩儿又有着

旺盛的求知欲，还拥有强大的智力。

　　作为补充，为了说明这个小家伙给我们摄制组带来的影响，我们队伍中有两个人在拍摄完第一天以后就去文了章鱼的文身。导演让我在影片中加一句话，但我最后也没说，因为我没法像哈里森·福特在《星球大战Ⅳ》末尾对卢克·天行者说那句经典的"愿原力与你同在"时那样丝毫不露尴尬之色。但我还是练习了导演交代的台词——"我以后再也不吃章鱼了"。

左图　章鱼以模仿潜水者的动作而闻名。

上图　章鱼拥有高度发达的神经系统，但它2/3的神经元都分布在触手上，而不是大脑里。

第4章　扩展的宇宙

对我们的拍摄而言，章鱼最吸引人的地方是它们的眼睛。章鱼的眼睛在某些方面与人眼极其相似。章鱼的眼睛也是像照相机一样的正透视眼，有晶状体、虹膜和视网膜。照相机拥有透镜（晶状体）和虹膜是有理由的——光的物理特性决定了这是在屏幕上形成明亮图像最好的方式，因此也就不奇怪演化会通过自然选择，在多种生物中得出同一种工程解决方案了。不过，章鱼的眼睛也与人眼有着显著的不同：章鱼的眼睛在聚焦时并不会像人那样改变晶状体的形状，而是像一台单反相机那样将整个晶状体前后移动来调整焦距。章鱼的视网膜也与人的不同：人的视网膜看起来是从后往前插进去的，感光细胞对着眼球，而视神经从视网膜的前面穿出来；章鱼眼睛里的感光细胞则在视网膜的前面，直接朝向光。这种差异可以在眼睛的胚胎发育期看出来，章鱼的眼睛不是从大脑延伸出去，而是由皮肤向内折叠形成的。但是，即使在结构上有着这些巨大的差异，人和章鱼负责眼睛发育的基因是相同的，其中包括著名的Pax6基因，它在所有的脊椎动物和无脊椎动物中也负责部分大脑的发育。

不过，或许最有意思的相似点还深藏于感光器的生化机制里——而这一相似之中还隐藏了一点玄机。

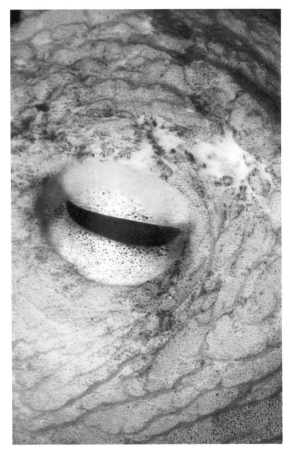

趋同演化

脊椎动物和章鱼都各自独立演化出了正透视眼。在脊椎动物的眼中，视神经纤维从视网膜的前面出来，因此在视神经穿过视网膜的那个地方会有一个盲点。

对页图 章鱼是一种极为有趣的生物，潜水时去看章鱼可能是一次意外感人的体验。

对页下图 章鱼不会像人那样改变晶状体的形状，它会通过前后移动晶状体来进行对焦。

证据表明所有脊椎动物和无脊椎动物的共同祖先体内既有黑视素也有视紫红质。

脊椎动物的眼睛

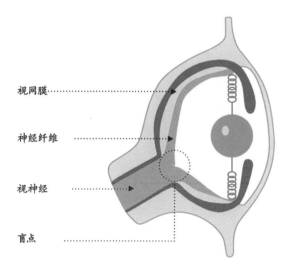

视网膜 ············

神经纤维 ············

视神经 ············

盲点 ············

章鱼的眼睛

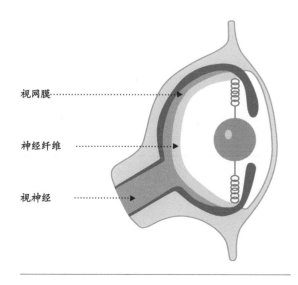

视网膜 ············

神经纤维 ············

视神经 ············

　　和所有动物一样，章鱼也用一种视紫红质来感受光。但章鱼所用的视紫红质与我们人类的感光视网膜神经节细胞用到的黑视素极为类似，感光视网膜神经节细胞在人体内负责调节昼夜节律。实际上，所有的脊椎动物都要用黑视素来看东西。而精彩的是，所有的无脊椎动物都用视紫红质来调节生物钟。我们可以看出，所有的脊椎动物，包括人类在内，都正好与此相反。这种差异也展现在了章鱼眼和人眼胚胎发育时期截然不同的构造上面。但是，人类和章鱼都用了黑视素和视紫红质这两种视蛋白的事实（更别说负责眼睛发育的基因是相同的），强烈地预示了一个共同的起源。

　　将所有这些综合在一起，证据表明所有脊椎动物和无脊椎动物的共同祖先体内既有黑视素也有视紫红质，两者都从同一种视紫红质演化而来，而这种视紫红质很可能存在于蓝细菌之中。或许我们的共同祖先将一种用于生物钟，另一种则在眼睛出现前被拿去行使原始的感光机能。出于某种原因，很可能纯粹是偶然，脊椎动物（比如人）和无脊椎动物（比如章鱼）将这两种分子用作实现不同的功能。但是，在各种生物那惊人的相似之处里——在视觉的生化机制和遗传基础中——仍然存在着大量确凿的证据，指向我们都拥有一个共同的祖先这一事实。

复眼与照相机眼：
复杂与简单的优势和不足

我们看到了所有的眼睛生化机制都是相同的，但我们也发现，不同生物眼睛的整体结构有着很大的不同，因为眼睛这一器官本身演化了很多次。如今，在眼睛的众多不同形态中，总体来讲，复杂眼睛的类型分为两种，我们在这一章里都已经讲过，那就是章鱼的照相机眼（即正透视眼）和螳螂虾的复眼。大约在2.5亿年前三叶虫灭绝的时候，正值所谓的二叠纪末期大灭绝事件，海洋中超过95%的生物都灭绝了，而拥有复数晶状体的复眼则在大量的生命形态间涌现。就是在今天，复眼也仍然是地球上最常见的眼睛；昆虫、蜘蛛和甲壳类动物都通过复眼来看这个世界。虽然三叶虫的矿物晶状体早已被遗弃，但复眼的基本机构几亿年来始终保持不变。与照相机眼相比，复眼的设计既有其优势，也有其不足。

复眼最主要的劣势在于物理定律限制了它不能拥有较高的分辨率，至少对大小合理的眼睛来说是如此。复眼上的每个晶状体都像一个像素，因此最大分辨率取决于这只复眼上有多少晶状体。要增加晶状体的数量，办法只有两个：在每只眼睛上挤进去更多晶状体，或者将每只眼睛的体积变大。但是，晶状体的体积还有一个根本性的限制，叫衍射极限——如果晶状体的体积与可见光波长之比过小，则不能得到清晰的图像。因此，只能采取另一种办法，让眼睛体积变大，这

许多昆虫和甲壳类动物都长着大大的复眼，几乎占据了整个头部。拥有人眼分辨率的复眼直径得有14厘米！

样每只复眼的表面就能容下更多的晶状体。但很明显还有另一个限制，那就是复眼的体积和生物本身个头的比。从常见的苍蝇到螳螂虾，许多昆虫和甲壳类动物都长着大大的复眼，几乎占据了整个头部，可以说已经达到了能够达到的极限。拥有人眼分辨率的复眼直径得有14厘米！这都是受制于光的物理性质，纵是演化也绕不开这道坎儿。好，既然复眼没有高的分辨率，那为何还成了自然界中最为常见的眼睛呢？

一个答案是，一旦开始演化，就无法取消这一演化而换用更好的来替代。演化并不那样运作。与常有的误解相反，演化并不提供问题的最佳解决方案；它使用

现成的工具，而有的工具的出现纯属偶然，绝对谈不上"最佳"。反驳所谓"智能设计"这一童话故事的论证不计其数，这只是其中的一种；如果真有设计者设计了我们今天在生物体内见到的这些结构，那么他或她或它真是没把事情给想清楚！说了这么多，在对某一演化解决方案做论断时一定要慎之又慎，因为这些解决方案里往往含有隐藏的优势。在复眼的例子里，众多晶状体可以被"固定下来"，因此眼睛本身可以进行大量的视觉处理而无须叨扰大脑，也就减少了图像处理需要占用的中枢神经资源。这意味着昆虫可以极其迅捷地响应视觉刺激，不用很聪明，一样能存活下来并繁衍生息。你

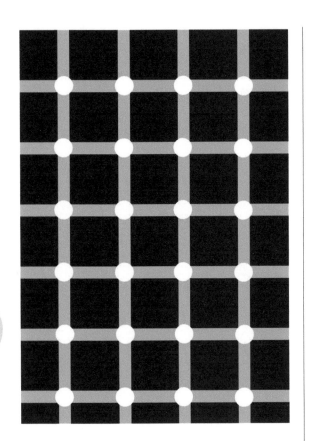

左图　我们的眼睛能骗人。在这幅图里，灰线相交处的白点看起来一会儿是白色，一会儿是黑色。

对页图　大蟾蜍（*Bufo bufo*）对于以水平方向从一边移动到另一边的黑线条反应迅速（发出信号"虫子"），但对于竖直摆放的黑线条就完全不理会。

利用感觉构建周围环境的具体图像，并以此来狩猎或躲避追捕，由此得来的优势一定在智力的演化中起到了重要的作用。

也许注意到了，区区一只家蝇能够毫不费力地躲开你那在智能控制下去捉住它的尝试。

因此，在高分辨率的视觉和反应速度及处理开销之间有个等价交换，而说到这里也就不奇怪演化给出了不同的解决方案。像我们人类还有章鱼这样的动物，运用1/3的脑力去处理我们精密的眼睛带来的如瀑流一般的信息，此外还需要有复杂的中枢神经系统这一宏大的基础设施，这也使得我们响应起视觉刺激来比大为简单的家蝇要慢上很多。

在20世纪60年代进行的一系列实验里，科学家在蟾蜍身上发现了更为奇特的例子，充分展现了预先在眼睛而不是大脑里处理视觉信息能够取得的功效。蟾蜍的眼睛是照相机眼，与人类的眼睛很类似，但蟾蜍的照相机眼对大脑的需求比较少。蟾蜍对于在视野里横向移动的细长物体（比如像虫子一样的东西）反应尤为迅速。而要是同一个细长物体换个角度，变成竖直方向移动，蟾蜍就看不见了。同样，如果将蟾蜍放进一个满是虫子尸体的水箱里，蟾蜍也会饿死，因为它不会把地上这摊东西识别为虫子。蟾蜍之所以会表现出这种反常的行为，是它们感光细胞的生理构造导致

的。蟾蜍的感光细胞只会在觉察到十分特定的移动模式时才会向大脑发出信号。而细长的物体在视野中水平移动，就相当于向大脑发出信号"虫子"。蟾蜍的大脑可做的不多，只能立即启动捕食反应，在最短的思考时间内迅速将虫子拿下并且吃掉。蟾蜍并不需要走完既缓慢又复杂的过程，先构建周围环境的图片，而后在视野范围内找出5厘米长的粉红色圆柱体。仅仅依靠视觉细胞相互连接的方式，它的眼睛将大部分的工作都承担下来。蟾蜍还有另一套系统，专门用来察觉在浅色背景下间歇性舞动的小黑点。这是察觉苍蝇的系统，其反应速度和效率与察觉虫子的系统差不多。科学家认为，只专注于像苍蝇一样移动的黑点，使蟾蜍能够在栖息地复杂多变的环境中成功捕猎昆虫。要是让人在林间的草木里找出一只虫子，四周光影变幻，微风拂动，这简直是一个不可能完成的任务。但蟾蜍根本就看不到背景，它看到的只是一个与背景反色的黑点像只虫子那样移动，对于捕食来说，看到这些就足够了。

视觉和处理能力之间的关系把我们带向了感觉演化历程的最后一部分。复杂照相机眼产生了海量的信息，都需要大脑处理。而这项任务是如此之复杂，我

们大约1/3的脑力（跟章鱼一样）都用于视觉处理。不过，这两者之间的关系又有多紧密？有没有可能是感觉越来越发达，随之而来的演化优势也越来越强大，以至于作为信息处理中心的大脑不惜代价提升的精密度也被自然选择保留下来了呢？这当然是有道理的，但生物之间巨大的智力差异（比如章鱼和灵长类的智力差异）肯定还是有部分缘于其他的选择压力。

有的科学家认为，在险恶和季节变换的环境中觅食使记忆得到了选择，由此形成了智力——比如那片林子里去年秋天长了很多山莓和蘑菇，我们今年也该

去那里。精细的操控技巧使生物能够挖掘出难以够到的根茎和被掩埋的食物，因此也可能在智力的演化中发挥了作用。其他科学家还认为，社群和合作的演化应当扮演了更重要的角色，演化出社会群体并在成员间相互合作需要等级制度和所谓的"权谋智慧"，这反过来又需要个体凭借脑力而非体力去操控他人、建立社会关系。但往回看向更远，回到人类智力爆发之前，我们可以清楚地看到，利用感觉构建周围环境的具体图像，并以此来狩猎或躲避追捕，由此得来的优势一定在智力的演化中起到了重要的作用。

看见宇宙

物理学家弗里曼·戴森创造了"全向无限"这个词来形容我们的宇宙。我们试过测量夸克（组成物质已知最小的基本单元）的大小，然后发现它们的直径不到10⁻¹⁸米。我们也测过宇宙的大小，发现我们可见范围的直径有930亿光年，而在此之外可能还有我们永远也无法得以一见的宇宙空间。戴森表示，科学家发现我们生活在一个介于无穷小和极其大之间的中间世界。但最重要的是，我们发现了这一点；而我们之所以发现是因为我们运用智力——从感觉中得来的智力——借助显微镜和天文望远镜拓展我们的感觉。我认为这一循环非常奇妙。人类的感觉在人的聪明才智下得到了人为的拓展，从而带来更多的信息，于是人类对自己生活的宇宙更加好奇，便进一步向着无穷小和极其大这两个方向无限拓展我们的感觉，幸运的是，至今这股求知的欲望仍未得以平息。

在某种意义上说，科学和工程两个姊妹学科已经取代了演化，使我们能够迅速地绕过人体在生化和机械方面的限制，探索单凭有机物之力绝对难以企及的领域。科学和工程还使我们发现人类感知世界的能力是如何从远古地球的海洋中兴起的。这是现代生物学最伟大的成就之一；我们现在知道了，无论是简单的草履虫，还是在5亿年前与人类走上不同演化道路的海洋异形生物，所有拥有触觉、味觉、视觉和听觉的生物都与我们人类享有相同的底层机制。这一共性告诉我们感觉是如何演化而来的。尤其是眼睛的演化，这一历程远非科学、推理和理性思维所不能解答的难题，而是展现科学研究方法最宝贵的例证之一。它将我们人类——常常感到与自然相隔绝的物种——与一张跨越生命各大门类的网直接相连，并且往前，穿越侏罗纪、二叠纪、泥盆纪和寒武纪，一直连到20多亿年前出现的第一个复杂细胞。而这，才是真正的奇迹。

右图　美国天文学家埃德温·哈勃（1889—1953年）在美国加利福尼亚州的威尔逊山天文台（如图所示）度过了他的大半生。1923年，哈勃就是在这里使用2.5米的天文望远镜观察到了仙女座大星云的造父变星，并证明仙女座星系是银河之外的一个独立的星系。1929年提出的哈勃定律表明，相隔越远的星系彼此远离的速度越快，这是宇宙膨胀的关键证据。

第4章　扩展的宇宙

第 5 章

无尽形态美

万物的共同祖先

　　《物种起源》无疑是有史以来最伟大的科学成就之一，是细致观察和缜密思索有力结合的结果。达尔文成功卸下了数千年的教条重担，得出了一个全新的结论："由此我可以从类比中得出，所有曾经在地球上生活过的生物很有可能都是某一种原始形态的后代，生命从那时起开始了它的第一次呼吸。"对19世纪的人而言，这定是个骇人的理论。人类并非不沾尘垢地崛起；我们不是生来就有了现在的模样。我们的谱系和所有其他生活在地球上的生物一样，能回溯到某些早已逝去的简单生物群落。人类确确实实地与现今生活在这颗星球上的每一种动物、植物和微生物细胞相连。

对页图　查尔斯·罗伯特·达尔文（1809—1882年）以进化论闻名于世，他在1859年出版的《物种起源》中提出了这一理论。

在科学里很少有比标志性数字的存在更令人开心的事情了，标志性数字就是那些需要深刻理解才能发现的、代表了宇宙性质或结构的数字。这种数字时不时会带着单位和不确定范围出现，(137.5±1.1)亿年便是一例，它是我们目前对宇宙年龄的最佳估算。这个数字本身对外星访客而言毫无意义，因为一年是任意的、基于地球绕太阳运转的具体细节而不停变化的时间单位。但这仍旧是一个标志性数字，因为知道它需要精确地观察无数个遥远星系的退行速度，了解并测量宇宙微波背景辐射（大爆炸起38万年以后释放出的光），还有掌握20世纪一项最伟大的科学成就——爱因斯坦的广义相对论。换句话说，几个世纪的工程造诣、理论和实验理解，全都包含在了这一数字里。

有的数字就蕴含在宇宙的本质中：数学常量π，即3.14159…，它是圆的周长和直径之比；还有精细结构常数α，约等于1/137，代表了电磁相互作用的强度。

生物学里也有这么一个至关重要的数据，而事实证明测量它的值是难上加难，就连其所处的数量级也是科学上争论不休的议题。问一个生物学家如今地球上有多少种生物，回答很有可能是摇头，因为我们根本不知道有多少个物种与我们共享这个家园。最近的一次估测将数字定在了870万，但学界对其方法多有批评，充分表明了我们离达成共识还有很远。其他的估测结果从300万到1亿种不等。现在可知的是，有130万的物种已经被归类（我们人类也在其中），这一数字大约以每年1.5万的速度增长。

演化和马达加斯加

下图 马达加斯加岛上的狐猴为我们提供了物种演化的例子。

对页图 马达加斯加岛上生命发祥地和多样性之丰富反映了其栖息地和气候范围之广。

有些地方栖寓在想象里，它们安居思维的一隅，这里的独特环境供其生发、繁衍，与新的想法相碰撞，从感官直接传递过来的印象中更深一层的原始体验在这里沉淀，并凝析出修正主义理解。这样的体验极少，只有特别的地方才能营造。对我来说（特别插一句，这些地点的选择是主观的），马达加斯加就是这样一个地方。这座面积与法国国土面积相近的岛屿由莫桑比克海峡与东非大陆隔开，是25万多种生物的家园，其中更有90%都只生活在这座岛上。生物的多样性反映了马达加斯加丰富的地貌和气候类型。东海岸在东南信风的吹拂下常年湿润，在11月到次年4月间尤其如此。信风还带来了强力、具有毁灭性的暴雨，中部的高地使西海岸免受侵扰，由此在岛的西南部形成了半沙漠的地理环境。马达加斯加的首都塔那那利佛坐落在这些区域交界的高地上，这座被当地人以及满怀感激、舌头绕不过来的游客称为"塔那"的城市在雨季相对湿润，在5月到10月间会迎来干燥而寒冷的清晨。6月的塔那是山、谷和冬日摇曳的阳光洒下浓浓阴影的城，块块稻田穿插在郊区散乱蔓延的建筑之间，打乱了本就无序的节奏，令整个城市有了一种莫名的空旷感。在市中心，离开老旧的楼房不远，总能找到浅米色雪铁龙出租车轰轰作响的身影。

当然，我不应该把这里描绘得过于美好。在这座古老岛屿之上的是一个贫困的国家，90%的人口每天消费不超过2美元。这也是一个主动危及自身财富的国家，每年大约有1%的森林被毁，主要是通过刀耕火种的农业，当地人焚林开垦，腾出土地来种植水稻和生产木炭。20世纪下半叶，超过半数的森林流失，在马达加斯加的地图上留下了一道又一道伤疤，暴露出褪色而荒芜的土地。就马达加斯加独特的生态系统而言，这是一个影响力波及全球的悲剧。

我知道读书的人可能看过了很多就全球范围内栖息地减少和物种流失所抒发的遗憾之情，而对这一概

念的熟稔可能会叫人把问题看轻。但对我而言，拍摄这一系列纪录片的经历令它对我个人有了特别的意义，不仅仅是因为那些人和地点，还因为马达加斯加为一系列极其重要的构想提供了写意的背景和如实的例证。这些构想都指明了人类在科学探索世界的过程中学到的一课：地球上的生命之树绝无仅有，因此也就无比珍贵。达尔文在《物种起源》中率先提出了这堂课里的一些概念，结合我们现在对生物化学和遗传学的理解，这些概念描绘出了地球上独一无二的生命树。弄清楚这棵生命树是如何出现的，我们就能够真正领悟到这棵树上伸展出的每个枝丫的价值。

让我们从马达加斯加东部的森林开始，探索这些宏大的构想。

生命的奇迹（第二版）

达尔文树皮蜘蛛

马达加斯加岛上居住着25万多种生物，其中90%都为这里所独有。我们选择了一种新近归类的生物作为开始。达尔文树皮蜘蛛（*Caerostris darwini*）是2009年发现的新物种，波多黎各大学的一组动物学家在考察马达加斯加东部山林的途中发现了它，为了纪念达尔文《物种起源》出版150周年而取了这个名字（《物种起源》于1859年11月24日出版）。达尔文树皮蜘蛛占据了一个特殊的生态位，通过将织网的艺术发挥到新的境界，它们创造出了无"蛛"能及的捕猎场所。达尔文树皮蜘蛛的蛛网结构与普通蛛网相同，但大小很不一样；达尔文树皮蜘蛛的蛛网是地球上已知最大的蛛网，主锚线可达25米，跨越山涧溪流，中央悬垂的主网能封住直径两米多的范围。看到这样大的网，不明就里的旅行者不禁会想，达尔文树皮蜘蛛可以捕捉鸟、蝙蝠等大型猎物，但一瞥见网上"工程师"的身影，这种恐惧立即就会烟消云散。达尔文树皮蜘蛛的个头与它织的网相比实在不值一提，雌性长2到3厘米，雄性还要小得多。

因此，达尔文树皮蜘蛛的长处并不在体格的壮硕，而在于其蛛丝的强韧。达尔文树皮蜘蛛的蛛丝是已知

达尔文树皮蜘蛛的蛛网是地球上已知最大的蛛网，主锚线可达25米，跨越山涧溪流，中央悬垂的主网能封住直径两米多的范围。

对页图 达尔文树皮蜘蛛将网结在马达加斯加高地的河水溪流之上，其蛛丝强度是同样粗细的凯夫拉尔纤维的10倍还多。

最坚韧的生物材料，延展性也是其他蛛丝的两倍。达尔文树皮蜘蛛的蛛丝在实验室里接受压力测试，在到达断裂的临界点时，其强度已经达到了用作防弹背心材料的凯夫拉尔纤维的10倍以上。这一适应性特征为这些小小的蜘蛛带来了一项优势，它们可以把自己的空中基地建立在河流和溪水上方，这里蜻蜓和蜉蝣聚集且没有来自其他蜘蛛的竞争。换句话说，达尔文树皮蜘蛛在本来无法利用的水域上空开辟了一块生态位。

在《物种起源》的最后一段，达尔文将自然世界生动地比喻为一处芜杂的河岸，他写道，"形形色色的植物葱葱茏茏，鸟儿在灌木丛中鸣唱，各种昆虫飞来舞去，蠕虫在润湿的土壤里钻进钻出……""这些精巧构成的形态彼此之间是如此不同，又以这样复杂的方式相互依存，却都出自作用于我们身边的法则"，这样想来饶有兴味。达尔文的中心思想在达尔文树皮蜘蛛身上得到了极好的体现。试想有一只蜘蛛，它分泌的蛛丝要比其他蜘蛛的稍韧一点儿，而一旦这个能力出现以后，就能代代传续下去。达尔文并不清楚这一现象的底层机制（我们现在知道了这是DNA的特殊性质使然），但在达尔文的论证里，细节并不重要。重要的是，倘若某个遗传性状为"生存斗争"带来某些优势，那么这个性状将会在其后代中大量出现，因为这种性状更有可能传给后代。用达尔文的话说，这将导致"性状分离和改良不足的形态走向灭绝"。简而言之，这就是自然选择。更强韧的蛛丝开启了新的生态位，使生物获得更多的食物，分泌更强蛛丝的个体能够活得更久，且将这一性状传递给下一代的可能性也就更大。动物与环境以及与其他动物之间的相互作用就像筛子一样，有选择地测试新的性状，单纯依靠统计的力量，将有利于生存的那些优先挑选出来。在达尔文芜杂的河岸这个竞争激烈的环境中，任何能够提高繁殖后代的概率且能够遗传给这些后代的性状最终都将在种群中普及开来，成为绝大多数个体都拥有的性状。从技术上讲，选择发生在表型上，表型就是生物体的外表、行为和结构特征。达尔文树皮蜘蛛很好地展现了这一点，从筛子中通过的，有网还有蜘蛛，当然制造蛛丝的指令最终还是包含在达尔文树皮蜘蛛的遗传密码里面。

简而言之，这就是本章的主题。不得不说这里面确实包含了很多的要点，就让我们以马达加斯加和它紧挨着的南非为向导，一起走近达尔文的伟大洞见。

达尔文兰花

将选择的力量展现得淋漓尽致的并非自然选择，而是人工选择的过程，它同时也显示了生物体的形态能以何种速度发生改变。以驯养家犬为例，人类从大约1.5万年前起开始有选择地将狼驯化成狗，根据腿短、毛长、下颌有力等特征，挑选特定的个体进行繁殖，并且明确禁止后代之间任意杂交，这才有了如今从斗牛犬到德国牧羊犬这样形态各异的狗。如果没有人类从中选择和隔离，我们今天只怕仍旧只有狼这个物种。上句话里的"隔离"一词对自然中演化出新的物种具有十分重要的意义。在驯养家犬的例子中，答案十分明显：杂交会消除不同品种之间的区别，带来很大程度上的同质化，这一点我们稍后会返回来再讲。但现在可以说的是，我们之所以选择在马达加斯加拍摄，不仅仅是因为岛上特有的物种，还是因为这座岛在地理上将物种与非洲大陆上的隔离开来，就像人类隔离不同种类的狗一样。

就目前而言，关键的问题在于人工选择培育出了一系列令人眼花缭乱的狗的种类，很多都非常适宜执行捕猎或牧羊等特定的任务，而且这一过程着实迅速，只用了几千年的时间，大部分的改变都出现在过去200年左右。

自然界里也有着同样的过程。当然，在这里起作用的不是人工选择而是自然选择，但大体上没什么不同。若是某种性状或适应性特征令拥有它的个体更容易存活，那么同样拥有这种适应性特征的个体就更有可能相互繁殖，因为这样的个体数量更多，结果就是这种适应性特征在种群中扩散开来，出现在绝大多数的个体身上。自然能和人类一样出色地完成这项任务。说得再清楚些，可以把繁花争奇斗艳、美不胜收的部分看作昆虫和鸟类选择的结果。反过来也一样，花朵也会给昆虫施加选择压力，而其中最著名的一个例子可以在马达加斯加的低地森林里找到。

大彗星风兰（*Angraecum sesquipedale*）是一种有着特殊的达尔文历史的花，最初由法国植物学家路易–马里耶·奥贝尔·迪珀蒂图瓦于1798年发现。这种兰花依附树木的枝干生长，每年一次开出造型优雅的白色花朵。在南半球的原产地大彗星风兰的花期是每

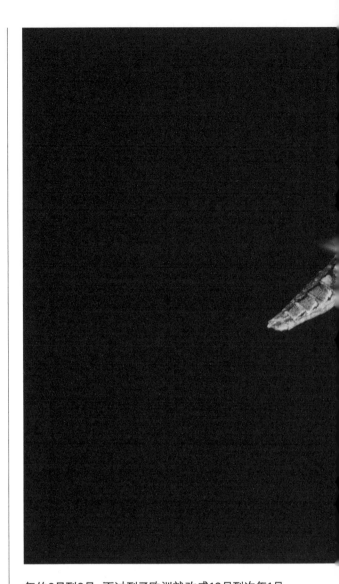

年的6月到9月，不过到了欧洲就改成12月到次年1月，因而得名圣诞兰。达尔文研究了很多种兰花，写下了大量著述，1862年还专门以兰花为题出版了一本书《论英国及海外兰花经昆虫授粉的各种妙计，以及异种交配的良好效果》（*On the various contrivances by which British and foreign orchids are fertilised by insects, and the good effects of intercrossing*）。

达尔文深深地为昆虫的形态和圣诞兰这样的花朵如何授粉之间密切的联系着迷，这也促使他做出了人生最著名的预测之一。圣诞兰的花距格外长，从花瓣末端到装有花蜜的深处可达40厘米。达尔文知道花蜜的作用就是吸引昆虫的注意力，它们会乖乖地将花粉从一朵花传到另一朵上去。这意味着一定有一种昆虫，它的喙能够伸进去够到圣诞兰的花蜜。据说，达

222

上图　马岛长喙天蛾超长的喙深深地伸入达尔文兰花中,展示了昆虫的形态与植物授粉之间紧密相连。

尔文在第一次看见大彗星风兰的时候喊出了那句不朽的话语:"天呐,什么昆虫能吸那个?"在他1862年那本题目堪绝的书当中,达尔文正式预言了存在一种喙长40厘米的飞蛾。在他去世21年后(给出这个预测40年后),一种符合达尔文描述的飞蛾被沃尔特·罗斯柴尔德和卡尔·乔丹在马达加斯加发现,实际上两人当时引述的是英国博物学家、探险家、地理学家和生物学家阿尔弗雷德·罗素·华莱士做出的更新、更准确的推测——这种飞蛾应该是一种天蛾,与东非发现的天蛾类似。尽管有达尔文的先见之明,但这种蛾子还是被正式命名为马岛长喙天蛾(*Xanthopan morgani praedicta*),其中praedicta特指华莱士的推测。而对达尔文则另有名字纪念,那就是大彗星风兰的另一个常用名——达尔文兰花。

生命的名字

每当有新物种被发现并且命名以后，它就加入了一个有将近300年历史的分类系统，这个系统的建立要说到一个人——卡尔·林奈。林奈是现代分类学之父，他设计的为生命分级、归类和命名的体系一直沿用至今。实际上，分类学的发展有个很简单的划分——林奈之前和林奈之后。林奈1707年出生于瑞典南部的一个小乡村Råshult，生活在一个对两件事情特别执着的家庭，这两件事情决定了他的职业生涯和他留给后世的遗产。在林奈家，名字不仅仅是重要的，更是富有革新意味的。当时的斯堪的纳维亚半岛常用一种父名命名系统——你的姓是你父亲的名，姓每一代都换一遍。但是，当卡尔的父亲尼尔斯进入隆德大学就职并决定取一个固定的姓时，几个世纪以来的这一传统即将被打破。尼尔斯是一位热心的业余植物学家（他后来也将这一爱好传给了他的大儿子），他并不需要四处找寻灵感。家族的土地上挺立着一棵高大魁梧的椴树（拉丁语Linnaeus，音译过来即"林奈"），于是他便选了这个作为自己的姓氏。卡尔作为家中的长子，光荣地接受了这一新造不久的称谓，这个名字也在我们所用的"林奈分类系统"里一直用到了现在。想想这个分类系统的名字竟有这样一个生物学的起源，还真是件不错的事情。

年轻的林奈不多久便承接起父亲对自然的热爱，两人一起在花园里劳作，讨论里面种的很多花的名字和特点。很快，他就分得一块地种他自己的植物，也由此开始了一段奇缘，这段奇缘改变了人类对自然世界的理解，并为看似混乱的生命多样性带来了秩序。试想，这是一个在地球上被我们发现的每种生物身上都留下自己印记的男人，想来是何等不凡，但一开始，这本规则手册就错误连连。

林奈最伟大的著作《自然系统》于1735年出版，不过，待到它真正享有命名法圣经的地位，还要再等上10版20多年的时间。在此期间，林奈一直在从事命名和归类的工作，不仅为新发现的物种，还为当时流传的神秘生物。早期版本里出现了凤凰、龙，还有人头狮身蝎尾的怪兽，这些传说中的生物全归在了名叫paradoxa（拉丁语，意为"悖论"）的属下面。这使得林奈的早期作品

卡尔·林奈设计的分类系统

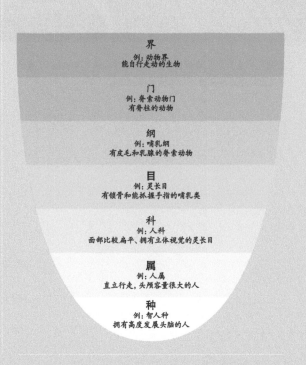

对页图 植物生殖系统
分析。植物生殖系统由现
代分类学之父、瑞典植物
学家卡尔·林奈设计，正
是他为如今使用的双命名
法奠定了基础。

下左图 马达加斯加岛
上拥有很多特有物种，
不过其中一些［比如下图
所绘的象鸟（Aepyornis
maximus）］在很久以前
便已灭绝。

下右图 象鸟的蛋是所有
已知生物的蛋中最大的，比
恐龙蛋还大。下图中的象鸟
蛋是在马达加斯加岛南部
的沙丘中找到的，旁边放了
一枚鸡蛋以作对比。

225

有种当时甚为流行的动物寓言集的风味。直到1748年
出的第6版中，paradoxa属才整个从林奈的分类系统中
删除。从很多方面看，林奈将这些生物纳入他的作品，
实际上是为了揭穿它们的真相，这样做好比将一个满
是魔法和迷信的世界四周笼罩的迷雾驱散。林奈早期
作品中的另一个争议点是关于人的分类，他将人和其他
灵长类归在了一起，这个大胆声明比达尔文发表他的
"异端"学说早了100多年。人属里面还包括了其他物
种，山洞人（Homo troglodytes）和Homo lar［即现在的
白掌长臂猿（Hylobates lar）］。尽管有像这样的很多错
误，但在40多年的时间里，林奈为如今全世界的生物学
家都在使用的界、门、纲、目、科、属、种系统奠定了基
础。在这个分类系统中，最紧要的是找到模式标本，也
就是一个可以用来识别和代表整个物种关键特征的标
本。林奈一生收集了许多模式标本，并将几个模式标
本的细节在书中公布出来。或许正是这个分类系统给他
带来了最大的光荣：从林奈去世后不到200年即1959年
起，卡尔·林奈正式成为智人（Homo sapiens）的模式

标本，代表地球上所有的人。

在林奈完善他的分类系统之时，科学地识别出的
物种大约有1万种，在文献中大致记载了6000种植物
和4000种动物。在过去的250年间，这个数字飙升至
130万，而我们仍不知道上限在哪里，也不清楚是否
真的能将地球上的所有生命形态都进行分类。纵然如
此，仍然抵挡不了科学以大约每年1.5万种的速度为我
们的共同知识库增添新的物种。随着世界各地栖息地
被毁，而其中还隐藏着众多未被发现的物种，这个工作
正变得愈加重要。

栖息地消失的威胁在马达加斯加无比真切。每年，
越来越多的天然林消失；预计显示，大约2500年前人
类到来以后，马达加斯加多达90%的原始森林都已被
毁。这些年来，商业采伐和改种咖啡等经济作物的常规
组合改变了这片土地，增加了数千种特有物种的生存压
力。它们中有的已经消失，比如巨狐猴和象鸟，后者曾
经是地球上存在过的最大的鸟。这令如今的自然资源保
护学家和生物学家的工作显得无比重要。

生命的奇迹（第二版）

构建生命的物质

所有这些脆弱的多样性都建立在一种元素之上，一种比地球上其他任何元素都更被人渴求、频繁交易和广泛应用的元素。碳，化学元素周期表上排行第6的元素，拥有许多化身，从它得名的木炭（拉丁语 *carbo*），到被人类赋予了如此高价值的珍贵钻石，再到铅笔里嵌的平凡石墨，碳元素不断地帮人类建立起现代世界。它推动了工业革命，改变了城市的建筑（将铁变成钢），重新定义了工程学的极限（创造出碳纤维）。今天，对石墨烯——一个原子厚的碳原子层——超凡性质的发现，让我们又一次站在了由碳元素驱动的技术革新边缘。但这根本比不上碳元素在生命中所起到的真正价值。

生物界建立在仅仅一种元素之上。自然中我们所见的每一处都能看到碳在呼吸、在哺育、在飞、在跑、

生物界建立在仅仅一种元素之上。碳是构建生命的基本单元。

在茁壮生长。碳是构建生命的基本单元，你体内所有的蛋白质、碳水化合物和脂肪都建立在碳的基础上，从你大脑里1000亿个神经元到你心脏每跳动一次背后的肌肉，再到构建代代相传的DNA，这种原子占据了你身体将近20%的质量。

你的每一个细胞里都充满了大量以碳化学为基础的有机化合物和结构，它们有着无限的适应力，而且这些还只是目前描述过的1000万种有机化合物中极小的一部分而已。这就是为什么我们说自己是碳基生命：无论是达尔文树皮蜘蛛还是一朵兰花，抑或是奥尔德姆来的英国学者，是碳元素将我们联合在一起。

左图 氢气和氦气在引力作用下合并成巨大的云，这些云聚在一起形成的气体球最终会形成恒星。

火之鸟：
万亿颗恒星的碰撞

下图 火之鸟，由两个巨型螺旋星系碰撞后形成，第3个不规则星系正以400千米/秒的速度从左边高速靠近。

底图 南非大望远镜（SALT）位于南非卡鲁地区，这里的夜空尤为清澈，非常适合天文观测。

对页图 SALT是南半球最大的光学望远镜，使用91块六边形镜片构成了一个面积超过66平方米的反射面。

在拍摄《生命的奇迹》这部电视系列纪录片的过程当中，最令我兴奋的一晚要数去南非卡鲁地区参观新近落成的南非大望远镜（SALT）。SALT是工程学上的一大奇观，是南半球最大的光学望远镜，使用91块相同大小的六边形镜面构成了一个面积超过66平方米的反射面。在南非清澈无云的天空下，SALT探向距离地球6.5亿光年远的地方，拍下了这幅标志性的照片"火之鸟"。这个仿佛有生命的物体是3个星系碰撞后的残迹。"鸟"的翅膀和尾巴大约形成于2亿年前，是两个巨型螺旋星系相撞的结果，跨度超过10万光年（这与我们的银河系大略相当，银河系含有近5000亿颗恒星）。眼下还有第3个不规则的星系正以400千米/秒的速度向这片星系碰撞的残迹直奔而去，形成了头部。碰撞造成的冲击波使星际间漂浮的尘埃和气体组成的云开始坍缩，以每年200个太阳质量的速率形成新的恒星。这些新的恒星和环绕在它们周围的尘埃环里含有丰富的碳和氧。总有一天，这些尘埃环会凝聚成行星，而那些新形成的重元素则会成为岩石或海洋，甚至——谁知道呢？——生命的一部分。如果这听上去过于臆断和浪漫，那就这样吧。但我们知道，这个过程至少在宇宙中发生了一次。

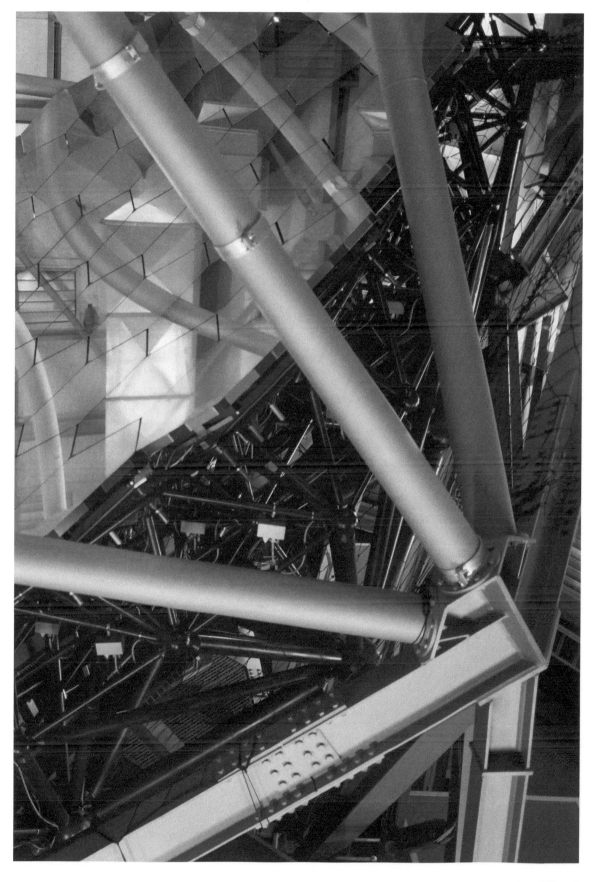

第5章　无尽形态美

霍伊尔共振：
我们在这里算幸运吗？

下图　星云是星际间的尘埃、氢气、氦气和其他离子气体。图中显示的"猫眼星云"位于天龙星座，其中央的恒星亮度是太阳的1万倍。

宇宙可能从137.5亿年前的大爆炸开始，也可能不是。我们知道的是，137.5亿年前发生了一件事，这件事将可观测宇宙置于一个非常炎热、致密和高度有序的状态中，自此以来宇宙一直在持续膨胀、冷却，变得越来越混乱。最广为接受的宇宙学理论确实表明时间从"大爆炸奇点"开始；但也有其他模型认为宇宙是永恒的，在这个永恒的宇宙中发生的一个事件引发了大爆炸。就我们这本书而言，这些细节都不重要。重要的是，我们的宇宙过去曾经非常非常炎热和致密，没有星系，没有恒星，没有化学物质，没有亚原子粒子，什么

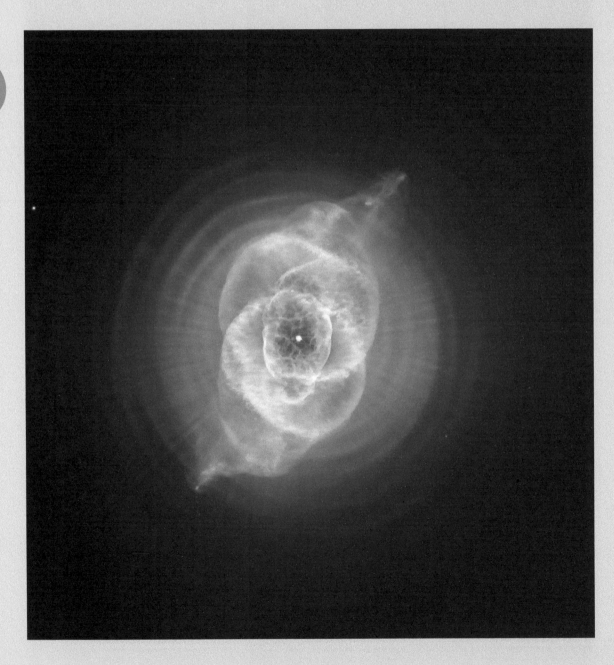

都没有。在大爆炸发生后大约1秒，宇宙的温度降到了相对较冷的100亿摄氏度，对形成构成化学物质、质子和中子的基本单元来说够低了。再过大约3分钟，3种最轻的元素——氢、氦和锂出现了，接下来的5亿年，宇宙会一直保持这个样子。所有更重的元素（包括碳）都要等到最早的恒星形成后才会出现，因为重元素都是通过恒星核心发生的核聚变反应形成的。

原子核互相聚合形成重元素的这一基础过程很简单。在恒星形成之初，氢聚合形成氦。氢原子核含有一个质子，氦原子核含有2个质子和2个中子。将氢聚合成氦的第一步，是两个氢原子以很高的速度向彼此靠拢（这是由于恒星核心的温度很高，比如太阳中心的温度高达1500万摄氏度）。在此过程中，一个氢原子会在弱相互作用下变成中子（弱相互作用是自然中4种基本力的一种，其余3种为强核力、电磁力和万有引力）。接着，质子和中子"聚合"在一起，被强核力绑定配对，道理跟电子受电磁力约束绕原子核旋转很类似。这个绑定的质子-中子对就是氘。很快，另一个质子与氘核聚合形成氦-3，然后两个氦-3的原子核再聚合，释放出两个"没用"的质子，形成含有2个质子和2个中子的氦-4。恒星物理学关键的一点是经核聚变反应形成的氦-4核，质量要比最初参加反应的4个质子之和小一些。这个质量上的差异体现为能量，这也是恒星为什么会发光。我们的太阳会继续以这种方式燃烧50亿年左右，直至将核心的氢燃料耗尽。接下来，没有了氢聚变释放出的能量，太阳会在自身引力作用下坍缩，核心的温度升高，从而引发氦的聚变。这一过程将形成碳，只是中间多拐了个弯。

碳的产生从两个氦-4核聚合成铍-8开始，铍-8的原子核含有4个质子和4个中子；铍-8不稳定，很快就会衰变回两个氦原子。但是，要是在它短暂的一生中有另一个氦原子靠近，那么不稳定的铍-8就有一瞬的机会与这个氦原子聚合，形成稳定的碳-12。你体内的碳以及地球上所有生物体内的碳都是这么来的。不过，这个简单的描述里还有一个问题，英国天体物理学家弗雷德·霍伊尔最先指出了这一点：一眼看去，碳-12的产生速率微乎其微，因为碳-12稍稍轻了些，不足以"鼓励"铍核与另一个氦核相聚合。当然，这是很不严谨的说法，更准确地说，核聚变反应的速率可以通过一种叫谐振生产的方法大大提高——假如靠

过来的原子核质量与最终产生的原子核非常接近，那么反应将会更快进行。

霍伊尔的解释提出了一种激发态的碳-12（化学式：12C*），其构成与普通的碳-12（化学式：12C）完全一致，含有6个质子和6个中子，但这6个质子和6个中子的排放位置不同，因而质量比12C稍高一点。这意味着短暂存在的铍-8核更有可能与一个氦-4核聚合形成12C*，而后这个12C*又很快衰变回标准的12C。霍伊尔在1953年作此推测，之后不久，12C*的存在便得到了证实。若是没有了它，恒星中碳的产生速率将会是现在的一千多万分之一，宇宙中的碳也会非常少。

这个故事里其实还有一道有趣的波折。霍伊尔注意到还应该发生另一个聚合反应，那就是碳核再加一个氦核形成氧。要是这也达到了谐振，那么所有的碳在生成以后马上就会被消耗掉。好在碳-12和氦-4的原子核质量加起来要比谐振产生氧-16的值稍高一些，因此新生成的碳大批量地存留了下来。

要理解上面这段天体物理学小插曲的含义，须明白这些谐振质量的具体细节都取决于自然基本力的强度。这些力的大小发生了轻微的改动，比如决定电磁力大小的精细结构常数，它的值只消偏离1/105，就将极大地改变恒星中碳和氧的产生速率。科学家把这个称为微调问题：如果事情在根本的层面哪怕只偏离了一点点，生命也很有可能不会出现，因为宇宙中碳和氧的含量将差之千里。这种计算是出了名的难，目前也仍是科学研究和争论的热点。但从历史的角度看，碳核自身的一种性质是基于宇宙中含有大量的碳这个观察结果反推出来的，想来真是有趣。这也是为什么世人常说霍伊尔的预言是一个"人择预言"：我们存在于此，而我们由碳元素构成，因此有碳-12的激发态。

我认为，不论宇宙有没有微调来适合生命生存，也不管人类是撞上了天大的好运还是凭借一丁点儿运气来到了这里，只要想到你体内每个氨基酸、蛋白质和DNA链上的每一个碳原子都是在一颗早已死去的恒星的中心铸成，借着超新星爆发或是行星状星云的优雅回归宇宙，却被卷入46亿年前那片坍缩的尘埃云，其中心是一颗刚具雏形的恒星——我们的太阳，而且直到今天也依然能看见星际间的碎片以同样的过程形成恒星，不会觉得很神奇吗？

碳循环

　　你体内的每一个碳原子都是在一颗恒星的中心构建而成的。它见证了这颗恒星的死亡,并趁着行星状星云静谧的彩色漂流或者超新星爆发的瞬时加速,从恒星的引力中逃离。它见证了太阳和地球的形成,它极有可能在地球的岩石地幔里静静待了数亿年,而后随某座原始火山的喷发来到大气中。它进入了生物圈;你忍不住去想它曾经待在霸王龙的利爪之下——谁知道呢?就好像受前世回溯疗法蛊惑的那些人,总会发现自己以前是罗马军团的士兵或康沃尔海盗,而不是死于霍乱的农民。但可以肯定,这些碳原子经由植物或藻类进入了你的身体,要么直接被你吃掉了,要么作为肉类被你间接吸收了。

伟大的生命循环

今天几乎所有的碳都通过光合作用进入食物链，在光合作用的过程当中，植物和藻类利用阳光中的能量以二氧化碳和水为原料生成简单的糖。

$$6CO_2 + 6H_2O + 光子 \rightarrow C_6H_{12}O_6 + 6O_2$$

这意味着我们体内的每一个碳原子都极有可能曾经飘浮在地球的大气里，以二氧化碳分子的形式存在。在源自远古细菌的细胞器叶绿体中，它的稳定形态被叶绿素打破，在阳光的激发下叶绿素将一个多余的电子打到二氧化碳分子上，打开了碳氧间的化学键，开始形成长链的碳。

因此，森林中的树木、草原上的草以及海洋里的藻类就位于地球上食物网的最底层，将二氧化碳气体转变为糖，开始形成长链碳分子的过程。

大部分人都很喜欢甜食，但所有人都离不开糖，因为糖——或者用它准确的化学名D–葡萄糖——是生命基本的供能物质。6个成链的碳原子加上6个氧原子和12个氢原子，从能量的角度看，比二氧化碳和氧气的形式好太多。生命将这种存储的能量释放出来，经过一系列超级复杂的生化通道合成ATP。在真核生物中，这涉及线粒体这一精密的细胞器和我们在第2章里讲过的质子瀑布。最终，一个葡萄糖分子彻底氧化后通常会产生大约30个ATP分子——回报丰厚。

葡萄糖的氧化为所有生物提供能量，在极为简化

木质素大分子的一小部分

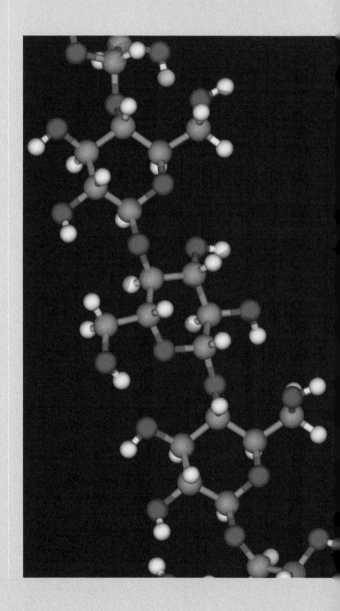

右图 纤维素是一种多糖，由一长串D–葡萄糖分子组成，D–葡萄糖分子由碳原子（灰色）、氧原子（红色）和氢原子（白色）组成。

对页图 这张树叶切割面的扫描电子显微照片显示了每个细胞周围厚厚的纤维素墙。纤维素很硬很稳定，是地球上最常见的有机化合物。

234

的情况下, 这个反应恰好就是光合作用倒过来的过程:

$$C_6H_{12}O_6 + 6O_2 \rightarrow 6CO_2 + 6H_2O + 能量$$

生命仿佛只是将碳从空气中摘取出来, 经由光合作用的炼金术, 将其转变为世间通用的美食供万物尽享。但实情远不止这么简单。虽然植物和藻类忙着用阳光、水和二氧化碳生成D–葡萄糖, 但这种可以被直接利用的糖很快就会被消耗掉。植物会拿它们来形成更长链的分子, 包括构成植物支撑组织的纤维素和木质素。

纤维素是由一长串D–葡萄糖分子组成的多糖, 化学式写作$(C_6H_{12}O_5)_n$, 其中n表示有很多个这样的单元连在一起。在这里碳原子作为脚手架, 与其他碳原子结合, 直到形成一个巨大的有机分子。纤维素的碳链能拥有超过1万个单元。

纤维素是地球上最常见的有机化合物, 它形成了绿色植物细胞壁的结构。纤维素很硬也很稳定, 因而很难分解。

木质素比纤维素还要硬, 木质素分子没有形成长链, 而是在氢键作用下交叉相连, 形成含有几万个原子的复杂网格结构。纤维素含量高的木材尤其耐生物降解, 这也是修船、建房子会使用木头的原因。

就这样, 植物贮存的大部分碳和能量都立即转化成了生命无法利用的形式。大多数动物, 包括人类在内, 分解纤维素的能力有限, 也没有可以消化木质素的生物酶。这样看来, 碳经由光合作用进入食物链的过程比一眼看上去复杂很多。

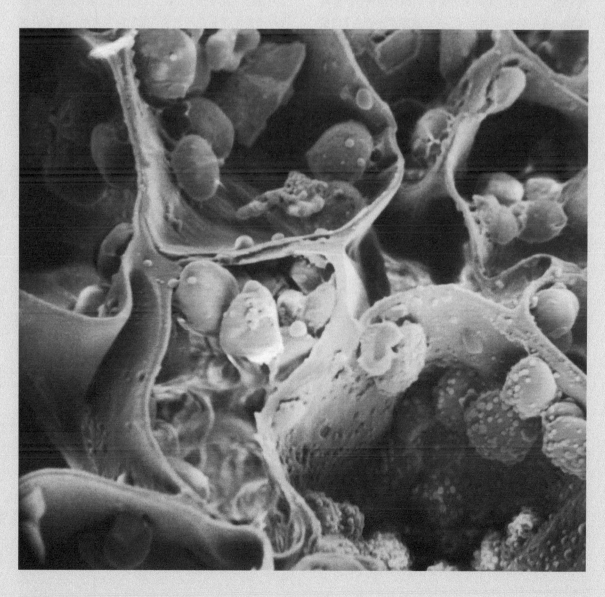

捕获碳

克鲁格国家公园就是你想象中的非洲。位于南非北部，占地近2万平方千米，毗邻莫桑比克和津巴布韦，在这里斑马、长颈鹿和牛羚寻常得就像英格兰北部山地的绵羊。冬季的白昼很快过去，请出漫天红霞的傍晚，夕阳西下，四周的声响也多了起来。阵阵虫鸣汇成一曲，愈扬愈高，不时有惨烈的叫嚣传来，那是只有在非洲生灵齐聚的夜晚才能听见的声音。夜幕下的非洲是诱人的，但无疑这等激烈的自然早已不再是人类能够涉足之地，极少有人能从莫桑比克沿输电线从东跨过国界进入南非，穿越整个草原到达内尔斯普雷特，再途经比勒陀利亚去往约翰内斯堡。克鲁格围绕的是一段恐怖的过往，但从越野车上看去（司机还带着一把枪），这里美极了。

克鲁格的纬度是南纬24度，风景随四季变换。这里的树木有很多都是落叶植物，到了冬季，草枯叶落，植食动物的食物来源降到了最低点。易于消化的糖类——绿色植物早没了踪影，焦干的土地上只剩下树皮和草根，它们的成分是坚硬的木质素和纤维素。

第一眼看去，这种四季的变换似乎阻碍了碳从大气到植物再到动物的流动，但以植物为食的生物什么大小形状都有，而其中个头儿最小的一些演化出了卓越的策略，使它们能够攻克植物坚硬的表皮部分。

形如雕塑的白蚁丘是非洲独具特色的一景，它们在这片土地上已经存在了2亿多年。作为蟑螂的近亲，白蚁是真社会性昆虫，像蚂蚁和蜜蜂那样数百万只个体群居在一起生活。工蚁、兵蚁和蚁后各司其职，形成了一个高度组织化的社会。但如果说人的行为受大脑

上图 白蚁丘是非洲大陆常见的一景，已经存在了2亿多年，它只是整个蚁巢露在地面上的部分，地下还有更多。

右图 不同的物种间有复杂的象征关系，在这里蚁巢菌属的真菌将白蚁的粪粒（其中含有未消化的木质素）分解成白蚁可以消化的形态。

白蚁巢横截面

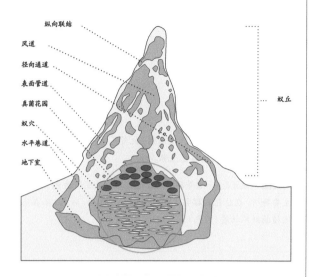

- 纵向联结
- 风道
- 径向通道
- 表面管道
- 真菌花园
- 蚁穴
- 水平巷道
- 地下室

蚁丘

指挥，那么蚁群中并不存在这样一个指挥部门。蚁群展现出的复杂行为其实源自一些非常简单的规律，这些规律掌管了白蚁个体之间以及与外界的互动。刚才那句话我猜大多数读者都不会意外，或许都没有注意到。但在我看来，精巧复杂的蚁群和精工细造的蚁丘比起克鲁格国家公园里那些更雄奇上相的捕食者，更称得上是"生命的奇迹"。

蚁丘只是蚁巢露在地表的部分，地底以下还要扩展很多。整个蚁巢就像空气调节系统，向各个穴道送风，穴道可以开合，从而将巢内温度变化维持在0.5摄氏度以内。湿度也得到了精心控制。科学家认为，白蚁会掘地很深以获取地下水，再将水从下往上运到蚁穴中。白蚁建成的这些高精度、被动型空调系统非常有效，一直以来都有研究项目致力于将蚁巢的设计转化到人类城市建筑当中。

上图 数百万只白蚁群居在一起，工蚁、兵蚁、蚁后各司其职，形成高度组织化的社会。

第5章 无尽形态美

而白蚁精确控制气候的原因或许比其控制机制更有意思。白蚁需要在干旱炎热的灌木丛中营造并维持一种雨林的环境条件，以此来栽培一类雨林中演化出的生物——名叫蚁巢菌属（*Termitomyces*）的真菌。换句话说，这些白蚁就像种庄稼的农民。蚁巢菌属的真菌是分解木质素的高手，可以将坚硬的碳晶格拆散并转换成白蚁能够食用的形态。白蚁不吃真菌，这些真菌就在蚁巢中生长，分解白蚁的粪粒。这些粪粒肉眼可见，就是蚁巢里微小的白色结构。白蚁的粪粒中含有大量未经消化的木质素，几周以后，真菌将粪粒分解成白蚁能够消化的形态，然后白蚁会重新吃掉它。

这一复杂的共生关系似乎是白蚁和蚁巢菌属临时定下的生态位，但它所涉及的碳循环达到了产业规模：非洲地区的木质素大约90%都由这些"小小农民"归回食物链。

木质素分解以后，碳的流动路径我们就熟悉了。土豚（*Orycteropus afer*）几乎只吃白蚁，而它又会被狮、豹和土狼吃掉。

非洲大草原蔓蔓食物链当然并非全都依赖土豚这个"中间人"。白蚁及其真菌作物是消化木质素的王者，纤维素则以更直接的路线进入食物链——取道长颈鹿、野牛、斑马和羚羊等非洲典型的草食动物。所有

下图 食物链继续，土豚吃白蚁（此外几乎什么都不吃），而食物链更高层的动物再吃土豚。

对页图 瘤胃是牛、鹿等反刍动物通过微生物发酵消化食物的主要场所。在这张扫描电子显微照片中，厌氧菌（红色）正在消化植物纤维物质（灰色）。

土豚几乎只吃白蚁，而它又会被狮、豹和土狼吃掉。

这些动物都面临一个与白蚁相同的问题——没有能够有效分解木质素和纤维素坚硬碳晶格的酶，而它们都得出了类似的答案：向另一个生物界的生化反应寻求帮助，在这里主要是细菌界。所有这些动物都是反刍动物，拥有结构复杂、分为4个室的胃（见图解）。这4个室中的最后一个皱胃，对应我们人类的胃。瘤胃就像一个巨大的发酵室，里面主要是细菌，也有含分解纤维素所需酶的原生生物。草食动物的胃复杂得叫人有些发怵，但如果你主要靠吃草过活的话，这可是绝对必需的。不过，就是有了这么精密的解剖结构，这些动物一天中还是得持续进食将近15个小时，才能从几乎无法穿透的碳链中获取足够多的能量。

而且，和白蚁一样，一旦你将碳链解开，你自己马上就成了别人获取养分的绝佳源头。困难的工作都干完了，就轮到那些器宇轩昂、魅力四射的捕食者在非洲的夜晚昂首阔步，找寻免费的大餐了。

不同类型的胃

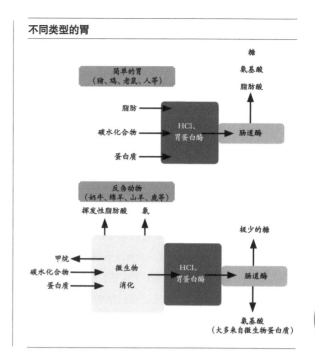

239

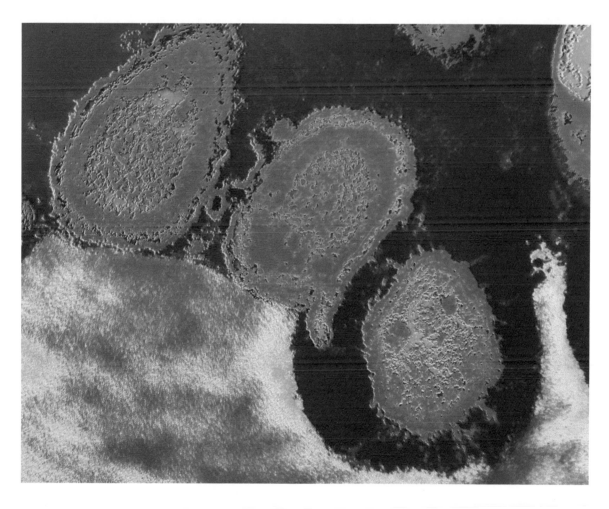

为什么是碳

从氢到钚，地球上有94种天然生成的元素，每一种都有其独一无二的物理性质。然而，只有为数不多的几种元素普遍存在于生物体内，这其中又似乎唯独碳在所有的生物分子中发挥了核心的构造作用。是碳的什么特点令它拥有了这等至关重要的地位？答案当然离不开碳元素的化学性质，这也反过来决定了碳的原子结构。

碳是宇宙中含量第4多的元素，排在氢、氦、氧之后。碳的原子数是6，这表明它的原子核里含有6个质子。最常见的碳叫碳-12，碳-12的原子核里有6个质子和6个中子，核的外面围绕着6个电子。正是核外围绕的这6个电子的排列方式决定了碳的化学性质。

电子是亚原子粒子，电子的行为方式在量子理论中有所描述。不过，具体地介绍原子的量子理论大大超出了这本书的范畴，但有些原理能使我们更好地理解碳原子的行为方式。最重要的是，电子不能天真地不顾忌彼此一股脑儿地挤在原子核周围，它们必须遵从"泡利不相容原则"——两个电子（准确地说，是两个自旋相同的电子）不能"同处一室"（再一次准确地说，是不能同处于一种量子态）。结果就是原子核周围的电子占据了不同的能级（也叫电子层）。你可以想象在原子核外有一系列可以容纳电子的空位，每个空位最多只能容纳两个电子（彼此自旋不同）。离原子核最近的空位叫K层，有时也被称为1s层；这是能量最低的空位，可以完好地容纳两个电子。接下来的是L层，包含两个叫作2s和2p的亚层。如果你想知道这些字母的含义，可以去看看有关量子理论的书。关键的一点是，L层有4个空位，每个空位可以容纳2个电子。在碳原子中，L层只有4个电子，占据了所有的4个空位，一个空位里容纳一个电子。碳原子的这一结构在下面的图解中大致表示了出来，但需要注意，碳原子实际并不是这样，电子并不处于"轨道"之中，更像是存在于原子核周围形状复杂的云里。

碳能够形成复杂的分子是因为只要有可能，L层的这4个电子每一个都希望与来自相邻原子的另一个电子配对。这种说法也不太严谨，但原理是可靠的。例如，假若在1个碳原子的附近有4个氢原子，那么这4个氢原子核外层的电子就能与碳原子核外层已有的4个电子分别配对，形成1个甲烷分子（CH_4）。此外，碳原子也十分乐意与其他碳原子共享电子：乙烷（C_2H_6）就是由两个分别与另一个碳原子共享L层中1个空位里的电子，剩下3个空位都与氢原子配对的碳原子构成的。希望这样说能令你发现碳是理想的构造单元，只要其他原子愿意，那么碳与之共享外层电子的可能几乎有无限多种。

还有其他的元素最外层也拥有4个孤电子，排在碳之后原子量最小的是硅。硅的原子核里有14个质子和14个中子。硅的K层和L层都装满了电子，在最外面比L更高一级的M层拥有4个电子。有必要再次强调，电子在原子核外的分布规律可以在量子理论中找到，它并不是随机的，而是遵从物理学的定律。因此，硅的化学性质与碳类似，它也会与4个氢原子形成分子，如SiH_4（硅烷）；硅也可以形成Si_2H_6，叫作乙硅烷；以此类推。因此，从原理上说，硅或许有可能取代碳成为构建形成生命的有机分子的基础。但问题是，硅的反应方式不同于碳。由于硅的原子体积更大，还有一个装满了电子的L层，这显著地改变了硅的化学性质。比如说，长链的硅烷不像长链的烃类，在水中不能保持稳定。

所以，尽管两者有许多相似，但碳和硅有着极为不同的化学性质。科学家认为，在一些外星环境中，硅并不大可能取代碳成为生命的核心构成。

碳和硅的原子结构

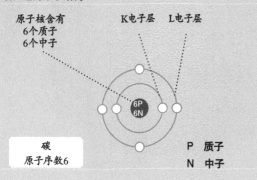

原子核含有
6个质子
6个中子   K电子层   L电子层

碳
原子序数6

P 质子
N 中子

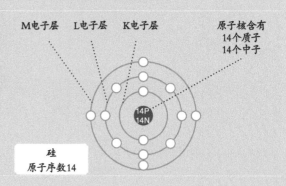

M电子层 L电子层 K电子层   原子核含有
14个质子
14个中子

硅
原子序数14

金刚石

葡萄糖

富勒烯

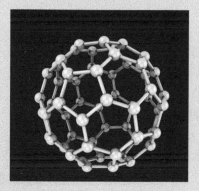

碳元素能形成许多种不同的物质，有的是单质，也有跟其他元素一起形成的化合物。根据碳原子的不同排列结构（见图示），单质碳包括金刚石（上左图）、更复杂些的富勒烯（上图）和石墨（上右图）。蛋白质、脂肪和碳水化合物都主要由碳构成：胆固醇（下右图）由碳、氢和氧组成，蛋白质（下图）由碳、氢、氧和氮组成，葡萄糖（下左图）和胆固醇一样，也只由碳、氢和氧3种元素组成。

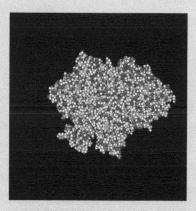

蛋白质

石墨

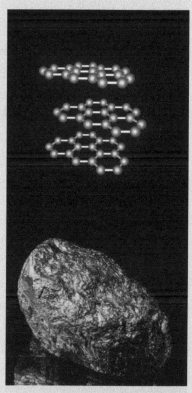

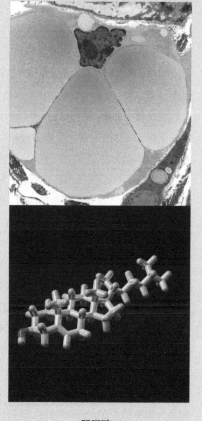

胆固醇

构建生物的基本单元

当达尔文发现驱动生命之树持续演化的基本过程时，他对其底层的生化原理知之甚少——不用说，他并不知道信息从一代传到下一代的遗传机制。那一小部分构建生命的基本模块——氨基酸的真面目，也是到了19世纪中期才被彻底弄清的。1806年，科学家从天冬草中首次分离出氨基酸，到如今都还叫它天冬酰胺。天冬酰胺的化学式是$C_4H_8N_2O_3$，是最简单的一种氨基酸。所有的氨基酸都有相同的基本结构，可以从下面的图解中看出来。R代表侧链基团，每种氨基酸侧链基团的化学结构都不同。丙氨酸是最简单的，它的侧链基团仅由1个碳原子和3个氢原子组成，也叫甲基基团。有22种"标准"氨基酸，其中有21种都为真核细胞所用。剩下那一种吡咯赖氨酸只在古细菌和一种细菌当中发现。所有的氨基酸都含有4种化学元素：碳、氢、氧和氮。有的还含有硫。因此，我们大可将这5种元素视为生命（或者说地球上的生命）存在不可或缺的物质。

氨基酸是构成蛋白质的基本单元，而蛋白质形成了我们熟悉的所有生物。你的皮肤、毛发、肌肉和筋腱、眼睛里的视杆细胞、血液里的血红蛋白，要么由蛋白质组成，要么就是蛋白质。你体内的酶、抗体和激素也都是蛋白质。有的蛋白质的名字已是家喻户晓，比如胶原蛋白和胰岛素。换句话说，你的一切，从身体结构到生化机能，都是由蛋白质构建或是由蛋白质操控。蛋白质可以是极其复杂的分子，其功能不仅取决于化学结构，还跟它们折叠的方式有关。发现蛋白质的三维分子结构是一项非常复杂的问题，也是现今十分重要的研究领域，在医药方面有着广泛的应用，同时也有助于理解生命的基本过程。

使用对应的氨基酸模块构建蛋白质是生命的核心过程，而进行这一过程的信息在DNA里携带。DNA利用其所含信息制造蛋白质的具体细节异常复杂，但原理简洁明了。DNA全名是脱氧核糖核酸，是一种复杂的聚合分子，由两条长链组成。这两条链相互缠绕形成双螺旋（沃森和克里克1953年发现了这一著名的结构），长链骨架上的糖类基团连着一个碱基，碱基是结构更为简单的分子，一共有4种，分别是腺嘌呤（A）、

氨基酸的基本结构
R叫侧链基团。在最简单的丙氨酸中，R仅由一个甲基组成。

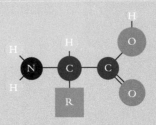

顶图 人类T细胞受体和白细胞抗原与病毒结合的分子模型。

对页图 这一计算机模型展示了炭疽杆菌（*Bacillus anthracis*）产生的保护性抗原的分子结构。炭疽杆菌使用炭疽毒素攻击目标生物体，炭疽毒素由3种蛋白质构成，保护性抗原是其中一种，它会在被攻击目标的细胞膜上形成一个孔（也可以叫洞或中心），另外两种蛋白质（图中没有显示出来）可以由此进入被攻击目标细胞的内部。

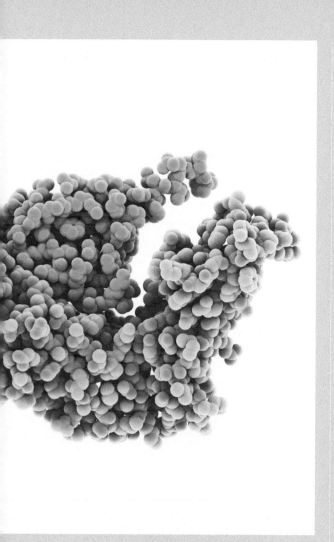

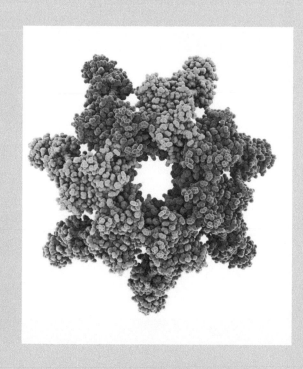

胞嘧啶（C）、鸟嘌呤（G）和胸腺嘧啶（T）。3个碱基序列编码一个氨基酸，天冬酰胺对应的编码是AAT或AAC，丙氨酸对应的编码是GCT、GCC、GCA或GCG。为什么一个氨基酸会有多个编码，其原因尚未彻底查明。在天冬酰胺和丙氨酸的例子中，可以看出第三个代码相对多余——发生在第三个碱基位的突变往往不会改变最终生成的氨基酸的种类，是不会被自然选择注意到的"无声"突变。

科学家还没有弄清楚遗传密码演化的方式和原因，目前存在几种不同的假说。40多年前，弗朗西斯·克里克猜想这会不会是一次"冻结事故"——我们遥远演化的过往碰巧成了那个样子并且再没变过。现在已经有足够多撩拨人心的事实令很多科学家确信，遗传密码并非成于一次"事故"，但他们就遗传密码为何会是如今这个样子尚未达成共识。

有的科学家认为生命的密码最初只用到了2个字母，编码16种氨基酸；其他人则表示，原始的密码用了4个字母。不管究竟如何，看现在的遗传密码，第一个字母似乎与细胞如何构建某个氨基酸有关，而第二个则对应这个氨基酸的溶解度。这类发现简直太有意思了，这表明遗传密码并不是什么任意的指令，它似乎是以某种我们不知道的方式，与氨基酸的化学性质密切相关。这个话题深究下去的话一本书都讲不完，在这里你需要记住的就是3个碱基序列编码一个氨基酸，DNA里这些序列排列的顺序决定了氨基酸如何形成蛋白质。而编码特定氨基酸组合的序列就是基因。

总结一下，生物体的本质是蛋白质的集合，蛋白质形成了生物体的结构，执行所有复杂的生化功能。蛋白质由氨基酸序列组成，这些序列由DNA上3个一组的密码编码而来。从编码到蛋白质要经过一系列复杂的步骤，即分子生物学的中心法则：DNA转录RNA制造蛋白质。RNA是一种核酸，结构与DNA相似，但只有一条长链，碱基中没有胸腺嘧啶，而含有尿嘧啶（U）。但这里我们并不关心这些细节问题，关键点是达尔文的遗传机制在于DNA代码，而DNA代码经由一系列化学过程转换为蛋白质。

我们稍后会继续讲解遗传密码以及它与自然选择的关系。现在还是再来看看组成氨基酸的这些化学元素：碳、氧、氢、氮和硫，以及磷（DNA、RNA和ATP的

右图 对于布赖恩以及所有人，还有非洲狮这样的哺乳动物而言，蛋白质在我们体内有多种功能，它们有多种形状和大小，对我们的存在至关重要。人的头发和动物的皮毛由一种叫作角蛋白的蛋白质组成；血液中叫作血红蛋白的蛋白质将氧气输送到全身各处；唾液和胃里的酶是帮助消化食物的蛋白质；肌肉里的肌动蛋白和肌球蛋白使我们能够移动，包括呼吸、走路乃至眨眼。

组成部分）。这6种元素很有可能是构成生命所需的最小集合，至少就地球上的生命形态而言。搭起脚手架、让其他生物分子在此基础上继续搭建的是碳，碳能够形成由几千、几万个原子组成的长链，因为它能与其他4个原子（包括其他的碳原子）结合。氨基酸的结构分子式表明氨基酸分子分为两部分，其中心都是碳原子，每个都形成了4个化学键。宇宙中碳的起源值得深究。我们知道在宇宙形成的最初几亿年里，没有碳，也没有氧、硫和磷。宇宙中出现大量的碳可能只是一个幸运的巧合。

生命的奇迹（第二版）

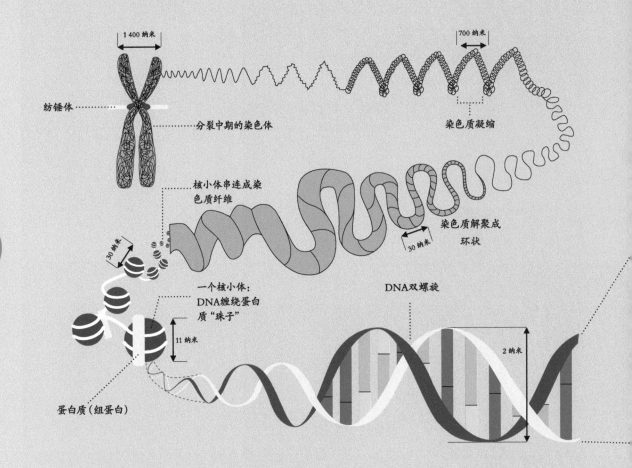

仔细看DNA的结构，你会发现一个简单至美的分子。脱氧核糖核酸由碳、氧、氢、氮和磷组成，在制作这份"食谱"的过程中形成了一串密码，其中含有形成地球上所有生命的指令。这串密码理应复杂得叫人害怕，但它的制作框架是生化极简主义的典范。DNA分子的骨架由一种叫2–脱氧核糖的糖与磷酸基团相连组成的长链构成。这一磷酸–脱氧核糖骨架不含有任何DNA必须传达的重要信息，但提供了一个框架用以修建代码。这个框架上连接了4种不同的分子，生命的代码就由这4种核苷酸，或者用它们更常见的名字碱基A、T、C和G写成。这4个字母分别是腺嘌呤、胸

腺嘧啶、胞嘧啶和鸟嘌呤的缩写；它们被分成两组：嘌呤分子A、G和嘧啶分子T、C。碱基与脱氧核糖骨架结合以后聚合成长链，而DNA分子就由两条这样的长链组成。巧妙的地方在于，嘌呤分子中的核苷酸只能与嘧啶分子中的一个相互作用形成碱基对，也就是说，A只能与T结合，而G只能与C配对，其结果就是DNA分子的两条链构成了完美的互补。关键的是，碱基对之间的键并不是将其他部分紧密结合在一起的共价键，而是作用力相对较弱的氢键。这种结构的结果正是DNA真正奇妙之所在。正如沃森和克里克在1953年首次描述DNA双螺旋结构时给出的一句经

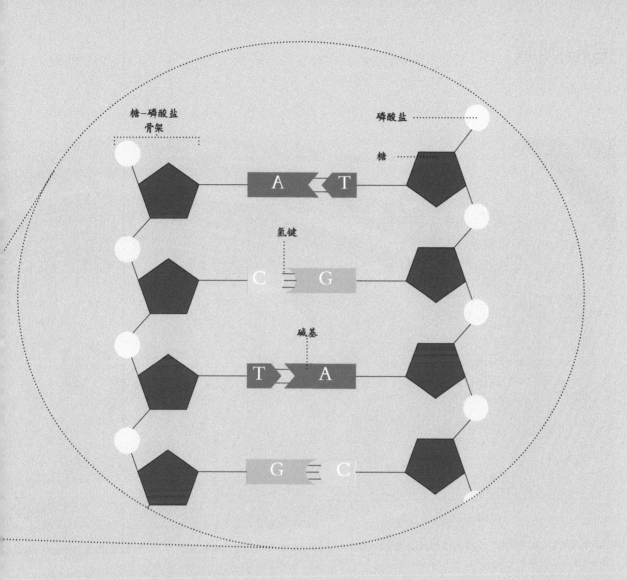

图中标注:
糖-磷酸盐骨架
磷酸盐
糖
氢键
碱基

A T
C G
T A
G C

247

典而保守的评价:"我们还注意到,我们提出的这种特定配对原则立即揭示了遗传物质一种可能的复制机制。"停下来想一想,你身上几十万亿个细胞都由一个细胞发展而来,这个细胞在你受精的那一刻成形。最初的那个细胞里的原始DNA,如今存在于你身上的每一个细胞内,而做到这一点需要复制和分裂的过程,其复杂程度超乎你的想象。每当一个细胞分裂成两个新的细胞时,DNA就要复制一次。DNA的形状使它能够从中间完好地分开,就像拉开一条拉链。当DNA分子的两条链彻底解开以后,细胞能够根据每条单链互补的碱基对重新构建剩下的那条链,从而形

成与原来的DNA分子一模一样的两个新分子。这一过程叫作细胞的有丝分裂,是地球上每个DNA分子复制的基础。这一物理过程不仅仅将你和你的父母、祖父母、曾祖父母等直接联系起来,还一直回溯到更久远的过去,回到我们遥远的灵长类祖先,回到最早的哺乳动物、最早的脊椎动物、最早的多细胞生物乃至更古老的时代。你体内每个细胞里的DNA神奇的地方在于,它以一根未曾中断的线一路延续了将近40亿年,将你和地球上最初的那个生命——那个使用了DNA这一卓越、适应力强、不朽的碳基分子的生命——连在一起。

追根溯源

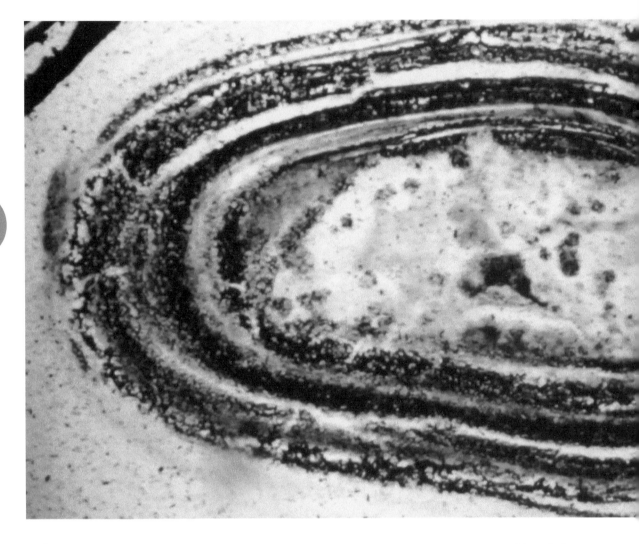

在这一章的前半部分,我们在非洲大草原和马达加斯加的丛林中匆匆领略了生命的复杂和多样。我们也考察了氨基酸、蛋白质和DNA这些生命的生化基础,还跟随碳元素走完了它从恒星到进入地球食物链的漫长旅程。

达尔文对皮肤下的这个分子世界知之甚少,他主要关心的是从这些底层机制中如何演化出了多样性——物种的起源。能够专注于一项极其复杂的问题的某一特定方面是伟大科学家的特点。要解答像生命的起源、动植物的生化机制以及地球和地球上所有生物的历史这些问题,在19世纪中期完全无从下手。若是达尔文当时想着要解决这些问题,他将一筹莫展。但是,达尔文将精力集中在一个非常具体的问题之上,在他那本著名作品的书名中提了出来:物种的起源是什么?用如今的话说,是什么自然过程导致(或容许)一群简单的生化复制器爆发式增长,最终成为我们如今在地球上所见的世间万物呢?

让我们从一群原始的有机物——如今地球上所有生命的基础——开始说起。它们被统称为LUCA,是地球生物的最后一个普遍共同祖先。如果你沿着你的遗传谱系回溯几个世纪,从你的父母、祖父母、曾祖父母一直往前,会遇到一小群原始人祖先,他们居住在

下图 微化石是迄今发现的最古老的生命遗存，出土自加拿大安大略省西南部冈弗林特的燧石层中，距今大约有20亿年的历史。不过，在找寻最后普遍共同祖先LUCA的过程中我们究竟能回溯多久呢？

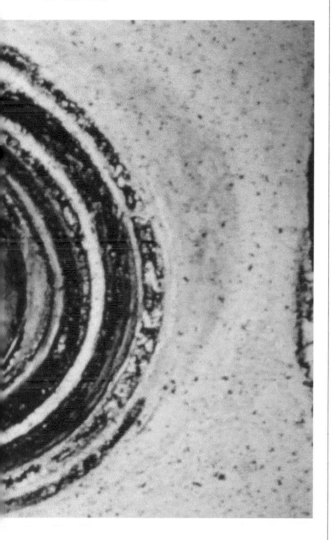

大约200万年前，今天埃塞俄比亚和坦桑尼亚周围东非大裂谷的附近。沿着这条线再往前，你会遇到我们在这本书里讲过的所有里程碑：鼩鼱一样的哺乳类、两栖类、鱼类、最早的脊索动物、最早的真核生物，等等。你与它们直接相连。一定有一条不曾间断的线，往回延伸了38亿年甚至更久，将你和LUCA相连。你的亲戚里面每一个活到留下后代的人，都在去世前将自己的遗传密码传递了下去。LUCA有可能连细胞也不是，只是一组与蛋白质和分子自我复制有关的生化反应。有的生物学家认为，在LUCA之前有另外一种只涉及复制RNA的化学过程，因为RNA没有那些DNA在如今活细胞里复制所必需的复杂的酶也能复制。但说到LUCA时，我们并不真的关心生命起源的具体细节。重要的是有那么一组分子能够编码信息，并且这些信息可以一代一代传续下去。这就是达尔文指的一种"原始形态，生命正是从这里开始了它的第一次呼吸"。达尔文在找寻物种起源方面为自己定下的任务，是解释这群复制者是如何形成了如今生活着的世间万物。

生命的伟大基因库

那么，我们就从这样一群生物开始，它们拥有DNA和机体复制所需的酶的最小组合。重申重要的一点，如今所有的生物都享有同样的遗传密码，而这是表明所有物种都起源自LUCA这一普遍共同祖先的一个关键证据。这群生物DNA里包含的信息可以被视为一个数据库，这个数据库无疑分散于很多的个体中，但全都位于一种特定的生命形态之中。要构建这个种群新成员的所有信息都必然包含在这个数据库里。

好，38亿年过去了，这个数据库已经被拓展得大到超乎想象，而且随着新生物的出生和其他生物的死去不断发生变化。地球的历史、地质和环境的剧变，被统统编码进这个信息里，因为这些变化会影响生物的形态和功能。信息里还记录下了生物与生物之间的相互作用，正如离开马岛长喙天蛾就无法理解达尔文兰花的结构，因此数据库里不仅包含了如何构建每种生物的信息，还含有生物在历史上共同发展的信息。物种灭绝时信息会丢失：这个伟大的数据库里已经不再含有构建一只霸王龙所需的信息，但关于恐龙的信息仍将留在它们与现存物种相互作用的印记中，留在它们有羽毛的后代——鸟类身上。全部综合起来，这个宏伟的遗传数据库里包含了构建如今活着的每一个生物所需的所有信息，以及这些生物的祖先在各个生态位、历经各个时代存活下来需要付出什么。

若有理论想要解释地球上生物的多样性，都需要说清这个DNA数据库如何变得如此多样，而且重点要说清它是如何拆分并散布于千千万万种不同的生物中。这些生物每一种都拥有构建自己所需的足够信息，但没有一个能将所有的信息都包含全。不过，在很久很久以前，曾经有一群名为LUCA的生物，它们身上含有这一整个数据库。现在，它已经变为碎片，散落于千千万万种不同的生物中。为什么呢？

249

第5章 无尽形态美

生命之树

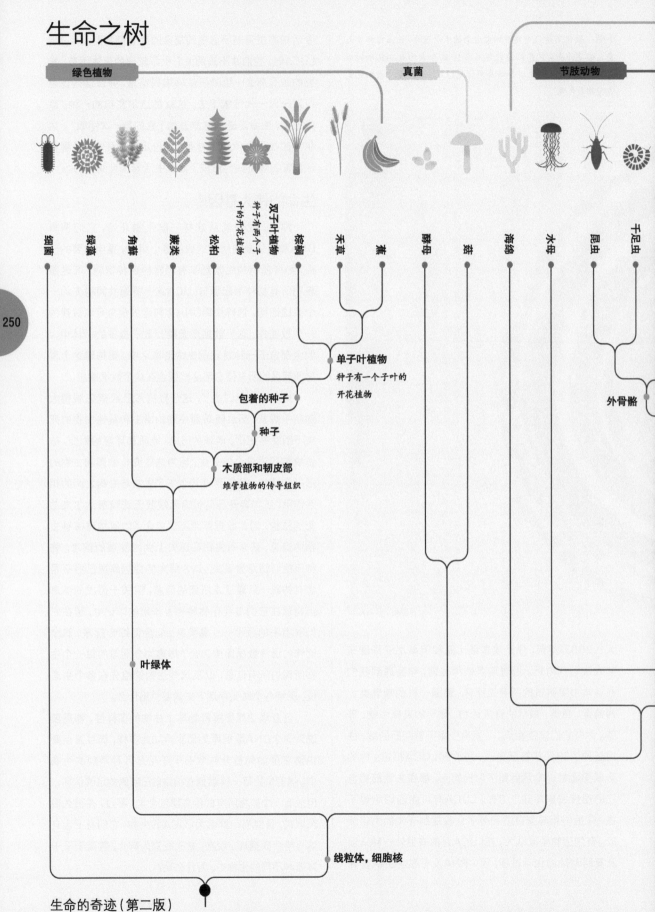

绿色植物　　　　　　　　　　　　　真菌　　　　　节肢动物

细菌　绿藻　角藓　蕨类　松柏　双子叶植物 种子有两个子叶的开花植物　棕榈　禾草　蕉　酵母　菇　海绵　水母　昆虫　千足虫

单子叶植物
种子有一个子叶的
开花植物

包着的种子

种子

木质部和韧皮部
维管植物的传导组织

外骨骼

叶绿体

线粒体，细胞核

生命的奇迹(第二版)

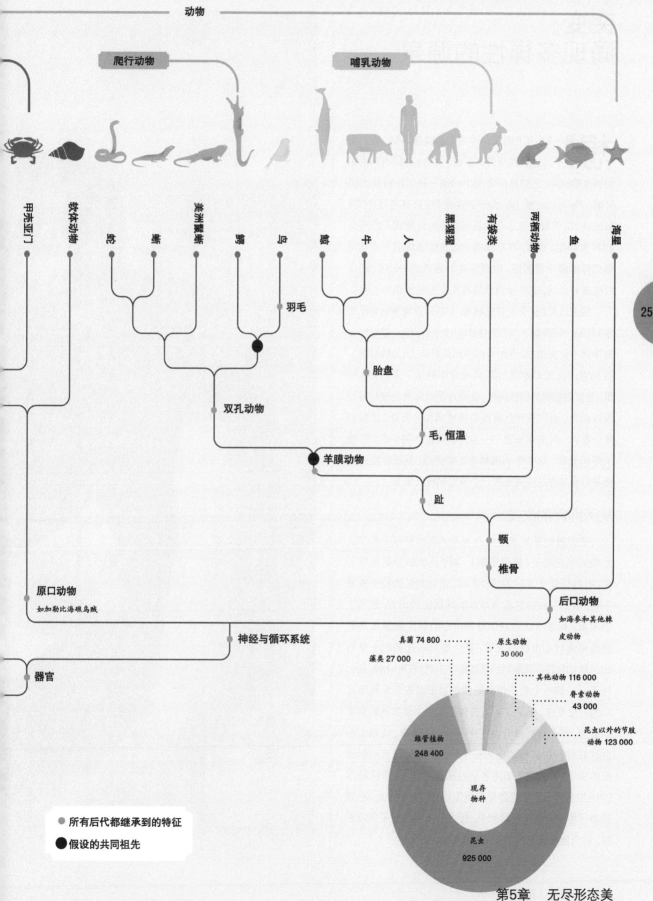

动物

爬行动物

哺乳动物

251

甲壳亚门

软体动物

蛇

斯

美洲鬣蜥

鳄

鸟

羽毛

鲸

牛

人

胎盘

黑猩猩

有袋类

两栖动物

鱼

海星

双孔动物

毛,恒温

羊膜动物

趾

颚

椎骨

原口动物
如加勒比海礁乌贼

后口动物
如海参和其他棘
皮动物

神经与循环系统

器官

● 所有后代都继承到的特征

● 假设的共同祖先

真菌 74 800

原生动物
30 000

藻类 27 000

其他动物 116 000

脊索动物
43 000

维管植物
248 400

昆虫以外的节肢
动物 123 000

现存
物种

昆虫
925 000

第5章　无尽形态美

突变：
涌现多样性的源泉

想象一下LUCA的DNA中古老的碱基序列，我们完全不知道这些序列有多长。如今，在所有自由生活的生物当中，已知基因组最小的是一种叫作遍在远洋杆菌（*Pelagibacter ubique*）的微生物，只有将近150万对碱基对。但就连这么小的基因组也能完整编码出所有20种氨基酸。目前，还不知道什么是能够编码一个自足有机体的最小基因组，但理论估计应该在25万到50万对碱基对之间，这也接近已知寄生生物基因组的长度。

如果LUCA是个完美复制者，尽职尽责地复制自己的序列，从一代传到下一代时不出错也没有变动，那么什么事情都不会发生，世界如今也将到处都是LUCA的种群，假如它们在无可避免的环境变化中存活下来的话。但是，在复制和受外因作用时，这些序列时常发生变化并且难以避免。而这些变化就是多样性涌现的源泉。让我们集中看这一种变化来源——由外因导致序列中单个字母的随机变动。这些变动被称为点突变，在拍摄中我们选择将重点放在这些突变的一个特定的重要来源上。

从天而降的改变

宇宙射线是从太空轰向地球的高能亚原子粒子。大约90%是质子（氢原子核），剩下的大部分是氦原子核。有的低能宇宙射线源自太阳，但最高能的粒子来源不明，我们只知道它在太阳系之外很远的地方，超出了银河系。科学家认为活跃星系中心的超大质量黑洞是能量最高的宇宙线的来源，其中最恶名远扬的一个是1991年10月15日观测到的超高能宇宙射线Oh-My-God粒子——这一个质子带的能量相当于温布尔登网球冠军的一记发球。如果这听上去像是科幻小说里基因突变的来源，那么请听IBM公司进行的一项研究，地球上每台计算机和每部移动电话每个月因宇宙射线攻击而遭受的错误，平均每256兆字节内就有一个。这意味着你DNA里的信息也可能遭受着类似的命运。实际上，在地球海平面的自然背景辐射中，超过10%都来自于宇宙射线，这个值随着海拔的升高还会继续增加。

252

基因被性别重组，遗传密码在复制和代代相传时会引入复制错误……

再多说一句，1932年，美国物理学家卡尔·安德森在由宇宙射线引发的一次粒子碰撞中发现了反物质。在粒子加速器出现之前，宇宙射线是高能粒子碰撞的唯一来源，而且我们将来也不可能拥有一项技术能把粒子加速到最猛烈的宇宙射线碰撞的那个级别。大型强子加速器相比超质量黑洞和拥有万亿颗恒星的星系的磁场，不过是玩具而已。我想象一个遥远的黑洞将一个质子加速到接近光速，然后这个质子猛烈地撞进原始海洋中原始生命身上毫无准备的一个细胞的DNA里，由此引发了某种关键的突变，最终导致人类的出现——梦总是可以做的嘛。

宇宙射线是突变的重要来源，其他还有岩石里放射性同位素的自然背景辐射和太阳化学活动及紫外线。基因被性别重组，遗传密码在复制和代代相传时会引入复制错误，整段序列还能通过一种叫横向基因转移的过程从一个物种转移到另一个物种当中（微生物的抗生素耐药性就是这么来的）。

合在一起，这些随机的变动就给生命的修复机制带来了一个重大的难题。你的身体每天遭受的外源性分子损伤总共大约有100万例，其中很大一部分都发生在你的DNA上面。细胞死亡或癌症就是这样引起的。这些损伤中的绝大多数都由你身体内置的修复机制给纠正过来了，但成功率并非百分之百，而万一未纠正的损伤发生在卵子或精子细胞里，那么这一突变的结果就将传递给下一代。

突变的力量

作为一种喜欢腐烂的水果、相对而言毫不起眼的小苍蝇，果蝇对科学知识有着显著的影响。尤其是黑腹果蝇（*Drosophila melanogaster*），更是在21世纪的人类历史上发挥了与其身形不成比例的巨大作用。其中大部分原因源于纽约出生的遗传学家赫尔曼·穆勒的工作，穆勒因他于20世纪20年代在美国得克萨斯州大学进行的一系列实验而赢得了诺贝尔奖。穆勒想研究X光对基因突变的影响，而他选择使用黑腹果蝇来考察这个问题。在那时，还没有直接的证据表明辐射和基因突变之间存在因果关系，但当穆勒开始用不同强度的X射线刺激果蝇后，很快就能看出一个明确的关系。穆勒对一代又一代的果蝇进行了辐射实验，证实了辐射量和突变率之间存在着很强的相关性。这对当时那代人来说可是了不得的大新闻，因为他们在成长过程中差不多把辐射视为有益健康的东西。很多放射性领域的先驱都因辐射的不明影响过早去世。居里夫人1934年因与辐射有关的疾病去世，享年66岁。她的笔记本直到现在还保存在有铅衬的盒子里，只有在配备现代防辐射保护措施以后才能拿出来观看。

下图 黑腹果蝇（*Drosophila melanogaster*）是遗传学家赫尔曼·穆勒的主要研究对象。图中的果蝇接受了基因改造，发生了突变，本该长触角的地方长出了足。

对页上图和中图 果蝇的眼睛天生是红色的，但发生突变后，眼睛里无法产生色素，结果果蝇长出了白色的复眼。

对页底图 赫尔曼·穆勒用实验证明了辐射量和突变率之间的强大关联，并且显示了有害突变要比有益突变常见得多。这幅图中的黑腹果蝇携带了"刚毛缩短变粗"和"复眼变小"的突变基因。

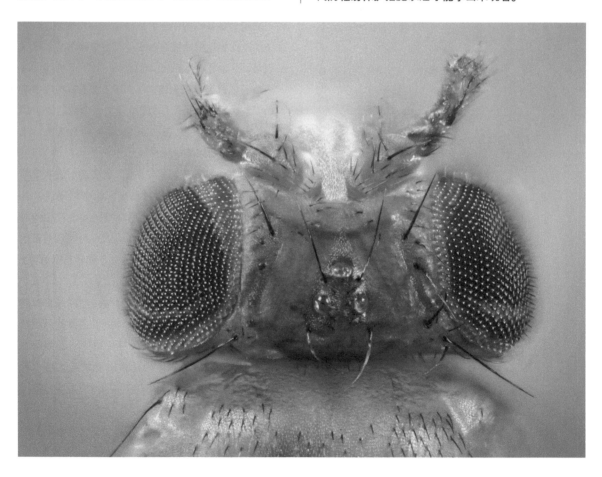

254

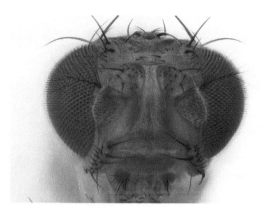

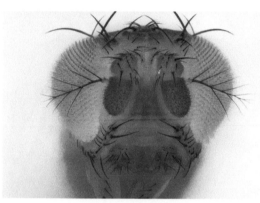

穆勒的结论在居里夫人死前10年得出,为现代公众心中对辐射的恐惧奠定了基础,也由此对转变21世纪的政治、技术和环境问题起到了一定作用。如今,"辐射"几乎成了突变的同义词。

穆勒通过观察发现,大部分由X射线引起的突变都是有害的。虽然突变可能抛弃偶尔出现的"优良基因",但穆勒及其团队首次证明了有害的突变要常见得多。更近一些的一项研究表明,如果一个基因突变确实改变了一种蛋白质,那么大约70%的情况下是有害的,剩下的30%要么没有影响,要么只有微弱的好处。

一些不那么致命的突变仍然可以很容易地在果蝇身上看出。果蝇的复眼天生是红色的,但发生了某种突变以后,眼睛里无法产生色素,因此就得到白色的复眼。白眼果蝇很明显处于不利地位:因为看不太清楚,它们不能像红眼果蝇那样成功交配,而且其他果蝇会对它们表现出反常的行为。

穆勒很快就意识到这一观察结果意味着什么。突变可能是促使生物发生变化的强大力量,而在一个辐射无处不在的宇宙中,可少不了有这样的机会。

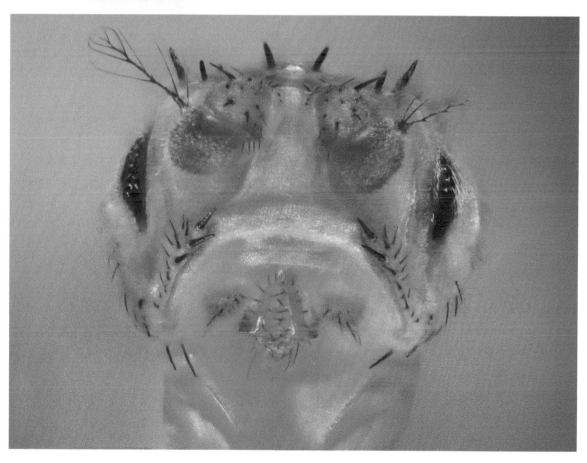

听天由命是不行的

基因序列发生变动是很常见的，它们时时刻刻都在发生，发生在每一个生物里，并且为突变提供了丰富的资源。它们是达尔文所谓变异性的根源，是生命多样性的源泉。但仅基因序列的变动还不足以解释地球上的生命多样性。要弄清楚为什么，我们需要做点儿简单的统计学。

遗传密码上的每一个位点都能被A、T、C或G这4种碱基中的一种所占据。因此，随机改变一个位点就有4种可能：1种保持不变，剩下的3种会得到不同的序列，因此也就可能编码出不同的氨基酸。如果随机改变2个位点，将会有4×4=16种可能；改变3个位点，则会得到4×4×4 = 64种可能，以此类推。这样呈指数倍增长意味着一串仅含150个碱基的密码，其可能的组合比可观测宇宙中的原子还要多。换句话说，就连地球上最简单的生物的最简单的遗传密码，随机得出它的概率都可以小到忽略不计。再想

想人类基因组有30亿个以上的碱基，你就明白有问题了。

值得强调的是，任何解释生命演化和多样性的理论都必须含有显著不随机的成分。遗传密码中真的有太多种组合，随机的突变和碱基组合能使任何有意思的东西自发地出现。而既然达尔文以自然选择为基础的进化论确实揭示了生命的多样性，那么听到自然选择并不是随机的也就不用意外了。

有了变异，我们还是面临着一个看似无从下手的统计问题。像人类这样的生物极为复杂，仅凭遗传密码的随机变化就能在38亿年里从LUCA发展到我们是不可能的。其实，这在一个比我们的宇宙古老1万亿年的宇宙中也不可能。一定有什么自然的方法能够缩小这一广袤无垠的遗传可能，而实际上也确实存在很多很强大的方式。

其中尤为有效的一种选择就是每串密码都必须

对页左图 有害的突变，比如这条双头加州王蛇（*Lampropeltis getula californiae*）很可能活不长，因此也就不大可能将自己的基因传给下一代。

对页右图 白化病，比如图中这只美国短吻鳄（*Alligator mississippiensis*），其主要特征是皮肤、毛发和眼睛中缺少色素，这是体内缺乏或没有酪氨酸酶引起的。酪氨酸酶含铜，会参与制造黑色素。

本页图 白化獴、白化刺猬和白化松鼠。白化病可能使生物更易被感染，因而患有白化病的个体很罕见。

制造出一个活的生物。这一作用非常严格，而且排除了绝大多数可能的密码。在出生前就死了，或者无法受孕，这是最残酷的自然选择。理查德·道金斯有句话令人印象深刻："无论活着的方法有多少，死的办法肯定多得多！"

从LUCA起，只有制造出活的生物的碱基序列存留了下来。这一结论简直再明显不过，却是理解自然选择的关键。所有导致死亡的随机变化都从遗传密码可能有的模样中移除了。这就是第一条定律，或者说自然选择这个筛子粗粒度最大的因素。

另一层无情的筛选来自令个体出现戏剧性变化的突变，也叫大突变。掌控身体发育的基因发生的变化或许就归这一类。比如说生下来长触角的地方长成足的个体（比如上一对页中的果蝇）或许可以活上一会儿，但几乎绝不可能将这一突变遗传给下一代。

上述两例都是消极的选择，砍掉了很大一部分变化，极大地限制了遗传密码可能具有的模样。这些产生了绝大多数组合的碱基序列只在理论上可行，永远也无法出现在生命的数据库之中。这样，我们的统计问题看起来就没那么棘手了，因为在庞大的遗传数据库中，只有能够产生活的生物的序列才会存在。

变化还可能是"中性的"，不会对生物体的适应性产生影响。我们基因序列中有相当大的一部分似乎不编码任何东西，这部分序列上发生的突变就可以说是中性的。还有导致某种特征量上小小变化的突变，也是中性的。在极少数情况下，突变会使生物体将其基因传给下一代的可能性增加。自然选择究竟是如何作用于这一不断翻腾变幻的可能模样，来产生我们如今所见的形形色色的生命形态，是本章剩余部分要探讨的主题。而讲述这一故事的最佳地点，就是我们开始的地方——神奇的马达加斯加岛。

岛屿的力量

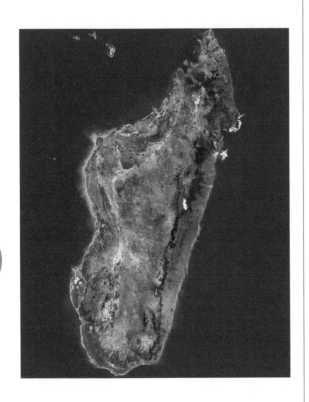

在8000万到5000万年前的某个时间，一小批"航海家"即将结束一段长达560千米穿越莫桑比克海峡的航程。它们漂浮在由植物形成的天然浮岛上，已经在这上面生活了好几个星期。它们本是非洲大陆的居民，不小心被困在了这里，于是踏上了这一趟听凭洋流摆布的旅行。它们发现的这片陆地草木丰茂，有很多种动物，只是没有同类的身影。命运将一群生物带到了一座岛的沙滩上，随着时间的推移，这些灵长类的祖先不断演变、多样化，成为马达加斯加最具代表性的生物：狐猴。

马达加斯加的狐猴为达尔文对物种起源的洞见提供了有力的证明。它们以一种益智悦目的方式展现了达尔文理论背后的所有要点，进一步加强了我们选择马达加斯加拍摄最后一幕的决定。

今天，马达加斯加岛上生活着99种狐猴及其亚种，全都只存在于这座岛上。这些狐猴都直接与天然浮岛上的那批定居者相连，它们组成的系列从美丽的到奇特的，叫人看得有些眼花缭乱。遗传学研究表明，要么迁徙只发生了一次，要么不止一次迁徙，但都相隔

很近，而且都来自于同样的非洲种群。马达加斯加岛上的狐猴为生命从LUCA演化到现今提供了一个绝妙的证据。从现代狐猴的角度来看，在浮岛上的个体就是LUCA——这一小群个体携带的基因库里含有构建具有狐猴形态的生命所需的所有指令。这个基因库又是如何扩展、分裂，来产生如今生活在马达加斯加岛上这一系列众多而且高度特化的狐猴的呢？

在见到狐猴之前，有一个可能已经考察过的中心思想。现代狐猴之所以只生活在马达加斯加，是因为这是一座岛屿。当好几百万年前那批"航海家"停靠在这里的沙滩上时，马达加斯加岛上没有其他的灵长类。它们用自己的基因序列给这里带来了生命这座宏大"文库"中的一个有限子集（你也可以说是选出的几本书），这里面包含了制造一个狐猴形态的生命所需的指令。这就是供突变和自然选择加工的原始材料，与非洲大陆隔离开来，产生了如今的狐猴。这与非洲大陆上的情形大不一样，在那里就连狐猴形态彼此之间都有扩展"文库"，因为个体数量有更多。两地的选择压力也不同，最明显的就是与其他物种的竞争，这最终使得狐猴祖先在非洲大陆上消失，不过它们的近亲懒猴则存活了下来。

因此，马达加斯加岛本身是狐猴演化故事中最重要的因素。从地理上隔离基因库的一个子集，使不同于非洲大陆的生命形态得以出现。原因很明显：在马达加斯加这一孤立的基因库里发生的随机突变，没有传递到非洲大陆上的种群当中。筛选并排除这些突变的准则也不同，重要的是岛上没有来自其他灵长类的竞争，当然了，马达加斯加自身的地理和自然历史也与非洲大陆不同。是自然选择决定了狐猴的基因库中存留下来的变化是哪些，它们需要经受马达加斯加独特的气候条件和动植物生态的考验。马达加斯加的筛子不同于非洲大陆，因此它得出的基因库也不同，而体现这些基因表达的生物当然也不一样。

总之，是生命伟大基因库当中的某一部分遭到隔离，以及接下来突变、基因混合和自然选择筛选这一循环带来了物种形成——从遥远祖先那里形态发生分化，最终形成新物种的过程。

让我们把所有这些线索都收拢在一种动物上，这种动物无疑是我拍摄《生命的奇迹》这部电视系列纪录片当中有幸遇见的最罕见、最奇特的动物：指猴。

对页图　与非洲大陆分开数百万年之久，马达加斯加岛成了一个隔离的基因池，这里生活着很多地球上其他地方都没有的生物。

左上图　所有的狐猴都为马达斯加所独有，这只冕狐猴（*Propithecus diadema*）是其中个头最大、最有特色的一种。

右上图　环尾狐猴（*Lemur catta*）或许是狐猴中最著名的一种，因为它们那一眼就能认出的大尾巴。和其他狐猴一样，环尾狐猴也正在遭受栖息地丧失的困境。

左底图　发生在好几百万年前的随机突变造成了如今众多的狐猴种类。对比看看这只瓦氏冕狐猴（*Propithecus deckenii*）与上面那只黑狐猴。

左中图　马达加斯加岛上森林的大规模破坏意味着像这只黑狐猴（*Eulemur macaco*）一样的生物正变得越来越罕见。

右下图　冠狐猴（*Eulemur coronatus*）只生活在马达加斯加北部干燥的落叶林里。

第5章　无尽形态美

马达加斯加岛

　　1.7亿万年前，马达加斯加还是南半球超级大陆冈瓦纳古陆的一隅，被两块陆地围在中间，这两块陆地最终将分别成为南美洲、非洲和印度、澳大利亚、南极。在地壳运动之下，马达加斯加和印度一起，先与非洲、南美洲分开，而后又从澳大利亚、南极脱离，并开始向北漂移。印度最终与亚洲撞在一起，而马达加斯加就此和印度分开，独自留在印度洋中。在过去的8800万年里，马达加斯加一直处于隔离状态。

地质历史

1.7亿年前

1.62亿年前

1.35亿年前

8800万年前

鸟

作为一座有着众多不同生态位的大型岛屿，马达加斯加生活着形形色色的鸟儿。记录在案的294种鸟类当中，有105种为马达加斯加所特有

棕榈

马达加斯加岛上有大量的棕榈植物，其中只有个别种在岛外也有广泛分布

马岛长喙天蛾

达尔文曾用适应性状能在相互选择的作用下演化（"协同演化"）的概念，预言有一种蛾子可以给一种花距很长的兰花授粉。他提出理论假设一定存在一种喙长到足以够到花蜜的蛾。最终在达尔文去世后，人们发现了这种蛾——马岛长喙天蛾（*Xanthopan morgani*），而那种兰花则被叫作"达尔文兰花"

兰花

马达加斯加岛上有将近1000种兰花，共计57属，其中很多都和狐猴一样濒危

狐猴

狐猴是马达加斯加最著名的陆生哺乳动物。在距今6000万至5000万年前，婴猴的共同祖先乘坐由植物构成的"浮筏"来到了马达加斯加岛，从中分化出各种各样的狐猴

变色龙

全世界大约有150种变色龙，半数左右都生活在马达加斯加

环境损害

马达加斯加是地球上生物资源最丰富的地区之一，岛上的动植物都属于濒危物种。伐木、农耕、采矿和其他原因毁坏了马达加斯加90%以上的原始森林，导致栖息地流失，危害了世界上最珍稀的一处生态系统

马岛长尾狸猫

马达加斯加岛上特有的7种食肉动物之一，与猫鼬亲缘关系很近，但外表像猫，是趋同演化的一个例子

马岛猬

有的马岛猬看起来像极了刺猬，这又是一个趋同演化的例子，因为马岛猬与土豚和象的亲缘关系更近。24种马岛猬中大部分都是马达加斯加的特有种。

魔鬼蛙

魔鬼蛙（*Beelzebufo ampinga*）生活在7000万到6500万年以前。化石碎片表明，魔鬼蛙头部直径达20厘米，体长很可能超过40厘米

不会飞的鸟

直到17世纪，硕大的草食性象鸟（不会飞的平胸鸟，比新西兰的恐鸟还大）一度是马达加斯加岛上常见的风景

淡水鱼

马达加斯加岛上的鱼类属于全球受威胁程度最高的物种，其中包括赖特溪汉鱼、别针条纹鲷和准海鲶鱼

现今

巨型陆龟

这些巨大的爬行动物已经在马达加斯加灭绝。但在塞舌尔群岛、毛里求斯和留尼汪岛上仍能找到来自马达加斯加的巨型陆龟

岛屿演化

①

祖先物种来到一群岛屿中的一座岛上繁衍生息

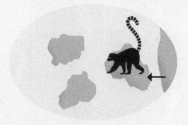

②

这个物种迁徙到群岛的其他岛屿上

③

不同岛上的种群演化成为不同的物种

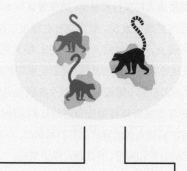

异域物种形成

在适应不同岛屿不同环境条件的过程中，物种演化并迁徙到群岛中其他岛屿上

同域物种形成

物种栖息在整个群岛之上，经过适应，与其他物种间的竞争达到最小，也叫性状替换

另一个世界的生物

指猴看上去真的就像魔鬼，而历史上指猴（*Daubentonia madagascariensis*）之所以极度濒危，原因之一就是它被视为厄运，人们见之即杀之。再加上栖息地被毁，野生的指猴种群数量已不到1万只。

指猴是最大的夜行灵长类，这使得这些本已罕见的动物在野外更难以发现。难见到什么程度？在20世纪90年代那会儿，有段时间人们以为它已经灭绝了。我们非常幸运能够获准拍摄由艾德·路易斯率领的奥马哈亨利多立动物园研究小组捕获一只野生指猴和它的孩子、给它们安装定位装置并放归自然的过程。给指猴带上GPS项圈使研究人员能够监控它们的举动，从而更好地了解种群的分布和密度，并且制订保护策略。

说完好地捕捉一只指猴不容易，简直是太过轻描淡写了。指猴是爬树高手，在林中高高的树冠上穿梭自如。这里的森林本身就是我所见过最致密的，有时候树和灌木会形成一堵无法穿透的墙，其中很多还长着危险的尖刺。黑暗也无法穿透——马达加斯加多云的夜晚不给月光一丝的机会，又没有城市的灯光将天空映成橙色。唯一的安慰是马达加斯加没有毒蛇和毒蜘蛛，否则一味地在这片纠缠而刮人的黑暗中猛跑，绝对会让人精神崩溃。

我们在搜捕开始后大约两个钟头停止了拍摄，部分

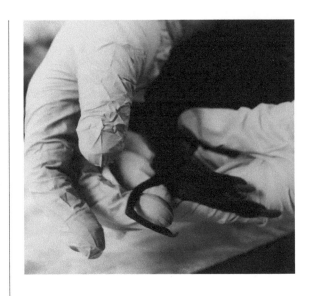

上图 指猴有一只纤长灵活的中指，它会先用这根指头轻敲树干找寻昆虫，找到幼虫后用这根手指将其刺穿，再从木头里拉出来。

顶图 马达加斯加是指猴的家园，指猴是一种极度濒危的狐猴，占据了非常特殊的生态位——同样的生态位在世界上很多其他地方由啄木鸟占据。

下图 与其他灵长类不同，指猴拥有持续生长、向前倾斜的牙齿，跟啮齿类的很像。在搜寻幼虫时，指猴会用牙咬穿木头。

原因是我们已经精疲力竭、身子散了架，但更重要的是，我们觉得自己碍了事，干扰了动物和捕获指猴的研究人员。追捕时间不宜过长，因为这会给动物太多压力。在我们离开森林后不久，艾德的团队就成功地发现了一对指猴，用飞镖麻醉以后，两只指猴迷迷糊糊地从树上落下来，完好地掉进了研究人员小心安放的笼子里。

当我们第二天一早晨雾未散重返营地时，两只指猴都已经戴好了定位装置，做完了全面体检，被注射了镇静剂，等着当晚被放归森林。奇迹般的是，我得以抱起一只指猴，对着镜头用这个奇怪的小家伙解释达尔文基于自然选择的进化论，那是我在拍摄整个3部"奇迹"系列纪录片当中最激动和宝贵的一次经历。

指猴生活的环境非常特别，在世界上很多其他地区，这个生态位会被啄木鸟占据。马达加斯加没有啄木鸟，那些深藏于树干之中的幼虫本该过着相当美好、没有天敌侵扰的日子。但指猴就相当于灵长类的啄木鸟，施展一套极度怪异的适应性特征来发掘自己成天待在木头上的好处。最惊人的就是它们独特的中指了，一根长得畸形、瘦得皮包骨的结构，可以360度旋转，连接在一个球和凹槽般的关节上。当你轻轻地转动它时，这根指头摸上去就像断了一样。指猴的中指伸直了比我的中指还长，而它长在一只仅仅有小型犬那么大的生物身上。

指猴用它的指头轻敲树干，听声音的变化判断里面有没有虫子。向导告诉我们指猴总是敲3次。当这些妖精般的硕大耳朵听到了有希望的回音时，它们就开始啃啮木头。指猴与其他灵长类不同的是，它们有持续生长的牙齿。这个像啮齿类的性状非常重要，因为相比其他主要吃素和吃昆虫的表亲，指猴的牙齿会经受更多的磨损。咬开了木头以后，指猴再次伸出手指，刺穿洞里的幼虫，再将其拖出来吃掉。

指猴的这种特殊生活习性说明了它为何会有这样独特而吓人的外形。指猴是夜行动物，因此眼睛很大。它住在树上，因此手脚灵活，还有一根用来制衡的大尾巴。像啮齿类一样的古怪牙齿使它们能够啃啮木头，

指猴就相当于灵长类的啄木鸟，施展一套极度怪异的适应性特征来发掘自己成天待在木头上的好处。

263

而指头（那个奇怪的中指）使它们能得到触手可及的食物，并且不用和鸟类以及其他大型动物竞争。指猴几乎没有天敌，没有任何限制，除了来自马岛长尾狸猫的威胁。马岛长尾狸猫是一种像猫一样的大型动物，与猫鼬亲缘关系很近。

现在我们就能将所有的线索综合起来，讲讲指猴是如何变成现在这个模样的。大约在4000万年前的某个时候，早期狐猴的一个基因突变导致中指稍稍变长了一点。这个突变不大可能是大突变，其实，如今大多数演化生物学家都认为这样的突变在演化中几无贡献，因为它们几乎肯定对生存有害。它很可能只是一个不起眼的变化，如果说能带来优势，一开始也不会太明显。但拥有这个突变的个体必然活得够长，并将这个性状传给了后代。这是基于自然选择的物种演化中非常重要的一点：突变并非一定要立即就带来在种群中存活下去的优势，但是，过了一定时间以后，那些中指稍微较长的指猴一定比它们先天不足的兄弟姐妹更具微弱的优势。或许它们能在高高的树冠上待得更久一点，因为它们能轻松够到木头缝隙里的虫子。于是，在原始指猴种群基因库里的这一特定子集，以及它们表达出的中指加长这一突变性状，开始与其他不那么长时间在树干上找虫子的狐猴个体的基因相分隔。很长时间以后，分隔、进一步突变

第5章 无尽形态美

和持续的选择压力共同作用，开始以不同的方式筛选那些没有中指突变的狐猴的基因。最后，指猴的祖先与其他狐猴相隔很远，到如今已然能明显地看出是一个单独的物种。所以，林冠也起到了和马达加斯加岛同样的物理分隔作用，它使生命基因库里的一个子集得以隔离出来，从而令这一子集在突变和选择压力之下与其余部分产生分化。由于生物体本身是数据库里的信息的间接物理表达，因而这些生物的形态和行为也会与它们住在森林底层的其他表亲发生分化。最终，经过足够长的时间以后，隔离，或许还有选择压力，带来了新物种的源起。物种并不是自然选择的直接产物，它们是意外的、经过自然选择和随机遗传效应累积下来的海量基因变化的副产品。

顺便一提，要确切地定义是什么构成了物种还真不好办。关于物种是什么，我们都有大致的概念——狮子跟人是不同的物种。一般将物种定义为一群在成员内部之间交配繁殖并产出具有生育能力的后代的生物。但是，物种并非固定不变的，有时候还能交换基因，比如通过杂交（但杂交种通常无法生育后代，动物尤其如此），或者两个很不一样的生物体之间发生基因转移（这个能在原核生物里发生，但在多细胞生物中极为罕见，因而在生物学上意义不大）。在突变和不停变化的选择压力等作用之下，全球基因库的面貌时时都在变换。出于这样那样的原因，物种会灭绝，新的生态位会产生，种群会隔离，随着时间的推移，就出现了新的物种。

夜之将近，我们将这个指猴小家庭在笼子里安置好，走回丛林。指猴会筑巢，研究小组已经仔细记下了它们家的位置。我们在树下打开了笼子，看着指猴妈妈和孩子一前一后爬上树，消失在黑暗之中。这些在我们的世界里笨拙而怪异的生物，到了它们自己的领地则敏捷而优雅，这也是应该的，因为那个世界塑造了它们的形态。它们的演化是生命树上单独的一支，已经分离出来自成一体长达4000万年。我认为这使我能说指猴很"古老"，虽然我明白它们跟你我一样现代。所以，这种古老的生物，它们的基因是地球伟大基因库的小小一节，里面承载了那批海上漂流者的故事，印刻了芜杂的马达加斯加森林长长的历史，它们在讲述一个独一无二的故事，如果失去了，将再也无法找回。

左图 指猴极为出色地适应了在林冠中的生活。指猴对这类栖息地的适应性是在十分漫长的过程中经过逐渐突变和持续选择形成的。

可爱的岛屿

拍摄《生命的奇迹》这部电视系列纪录片的10个月，最后一天是在一座小岛上度过的。不远处是另一座岛，那座岛再过去是一座岛上之城的边缘，这座岛上之城又建在湛蓝大海中一座独特而可爱的岛屿上面。我们的基地是一座老旧的灯塔，坐落在朝着莫桑比克海峡的一块露头岩上，只有足球场那么大。这个小地方只容得下5名摄制组成员，坐船到贝岛要5分钟，贝岛是马达加斯加北部的岛屿，整座岛是一个城。《生命的奇迹》中所讲的那些概念，岛屿是它们有力而多层次的象征。我们已经说过，岛屿可能是地理上或单纯隔离的生态系统，岛屿使基因池得以分离，从生命伟大的基因库中分化出功能完备但不完全的部分，之后这些部分将独自改变，使新物种得以出现。对达尔文树皮蜘蛛而言，溪流上方的空间就是一座岛。对蚁巢伞属真菌来说，能调节空气的蚁巢就是岛，而真菌也构成了栽种它们的白蚁生活的岛的一部分。岛屿就像筛子，将生物的突变和遗传密码的改动一一筛选，塑造了岛上生物的形态。因此，岛屿不仅仅是地域，每座岛都提供了一套复杂而抽象的滤网，造成物理分隔，迫使不同的生物结合，隔离部分基因库，持续地将不停变化和变异的信息集合，重新分配到岛上特有的动物、植物、细菌、真菌和古细菌种群当中。

因此，岛上的生物群也是岛的一部分，它们只会增加复杂性，推进多样性的产生。这一点极为重要：生物多样性创造了岛屿；反过来也一样，岛屿又创造了多样性。物种和栖息地的流失减少了现有岛屿的数量，因而也就降低了地球整个基因库应对环境变化和环境问题的能力。我们的地球是一颗有生命的、地质运动活跃的行星，在不稳定的轨道上围绕一颗变星运行，地球上的环境时刻都在变化，问题随时可能发生，地球上生活着各式各样的生物，它们互相竞争，

对页图 无论是在马达加斯加岛还是在地球上的任何其他地方，物种的流失都将削减整个地球基因库应对环境问题的能力。

左图 眺望渐暗的天空，我们定会为地球上生命的奇迹所感动，从而意识到留住世间美丽万物的重要性。

鉴于可观测宇宙中有超过5000万亿个星系，认为没有行星拥有和我们一样复杂的生命网络，在我看来这种想法十分荒谬。

彼此影响，构成了嘈杂鼎沸的生态圈，全然不知保护生命的伟大"文库"——除了我们。只有我们人类演化到能够弄清岛屿如何而来、保护岛屿生物多样性重要在哪儿。如果这听上去过于文艺或说教，这并非我的本意。我不是戴着从格拉斯顿伯里街上小摊买来的道德手环，在空档期找寻自我之后要去从政或经商的业余生态斗士。我不会因为北极熊白白的、好可爱就想要保护它们，也不会因某种蝴蝶翅膀上纹样独特而要保护它们。但是，由于对演化多了一点点理解，我意识到生物多样性和整个生态系统应对那些无可避免且时时存在的变化及问题的能力之间的关系有多么紧密。岛屿数量的减少会导致现存物种数量的减少，也会使得生态系统未来形成新适应性的能力减弱，这是不言自明的。对我来说，这看着像一个我们应当竭力避免的反馈循环。

我这一年恶补演化生物学的知识还学到一点。我坚信，生命的基本生化机制可能是几乎无法避免的。只要有了合适的条件，物理定律不但会让生命自发出现，还极有可能让生命以更大的概率在温度和化学梯度这些热力学驱动力之下，出现在拥有现成液态水资源的星球上。鉴于单单银河系里就有大约5000万亿颗恒星，而可观测宇宙中有超过5000万亿个星系，认为

没有行星拥有和我们一样复杂的生命网络，在我看来这种想法十分荒谬。但这并不会减少我们的生命网络那极微小的价值，因为它绝对是独一无二的。它的发展在严格意义和非严格意义上都一直处于混乱当中。细微的变化和偶然（从内共生的起源到真核细胞的出现，再到一群漂洋过海横渡莫桑比克海峡的狐猴祖先）深刻地影响了地球的伟大基因库，及其表现出的那些曾经、正在和即将生活在地球上的最美丽、最奇妙的世间万物。每平方厘米的土地都是独特的，因而有其独特的价值。现在，去外面，在你的世界里随便找一处来观察，它可以是你院子里脏乱的一隅，甚或一簇从水泥砖下奋力钻出的小草，这都是独一无二的。在每一片草叶的细胞、每一只昆虫的翅膀和每一个微生物细胞的深处，都编码着一颗星球的历史。它是太阳系中由内向外的第三颗行星，随太阳系一起悠悠地绕一个叫银河的星系运行。它的模样、形式、功能、颜色、气味、分子结构、原子排列、碱基序列和可能的未来全都是绝对唯一的。在可观测宇宙中再无第二处可供你看见那一簇新的、生命的复杂。世界多么奇妙。而我之所以会这么想，并不是因为什么大师告诉我这个世界很奇妙，而是因为达尔文和他之前、之后的代代科学家向我展示了这一点。

在你的世界里随便找一处来观察，在每一片草叶的细胞、每一只昆虫的翅膀和每一个微生物细胞的深处，都编码着一颗星球的历史。它是太阳系中由内向外的第三颗行星，随太阳系一起悠悠地绕一个叫银河的星系运行。它的模样、形式、功能、颜色、气味、分子结构、原子排列、碱基序列和可能的未来全都是绝对唯一的。

右图 通过演化生物学的机制，我们这颗星球的现在与它的久远过去紧密相连。对地球还有我们人类未来的预知真令人兴奋。

268

图片来源

t=顶图，m=中图，b=底图，=左图，r=右图

所有图片© BBC，以下除外。

4, 12~13, 14~15, 18~19, 30, 33, 34, 48~49, 67, 73, 79, 102~103, 106, 108~109, 110, 114, 132, 136t, 138, 142, 150~151, 154~155, 156, 160, 161, 174t, 175t, 212~213, 214, 219, 228b, 229, 236, 252~253, 266, 268~269, 270, 280 © Brian Cox; 12bl © Art Wolfe/ Science Photo Library; 18~19 © NASA/JPL/MSSS/Science Photo Library; 26t, 140~141, 206b © Claude Nuridsany & Marie Perennou/Science Photo Library; 27 © Hermann Eisenbeiss/ Science Photo Library; 36tl, 47r, 50, 121, 202r, 208 © Eye of Science/Science Photo Library; 36tm © Martin Dohrn/Science Photo Library; 36tr © Peter Chadwick/Science Photo Library; 36br © Gregory Dimijian/Science Photo Library; 36bl, 37, 90r, 165, 188, 189t, 197, 200~201, 209, 241mr © Steve Gschmeissner/ Science Photo Library; 38 © NASA/Corbis; 41 © Dr Juerg Alean/ Science Photo Library; 42r © NASA/Science Photo Library; 43 © ESA/Kevin A Horgan/Science Photo Library; 40 © L' Oreal/ Eurelios/Science Photo Library; 45t © B G Thomson/Science Photo Library; 45b © Brian Gadsby/Science Photo Library; 55l, 122t & r, 123, 198 © Wim van Egmond/Visuals Unlimited Inc/ Science Photo Library; 46tr, 46b, 47tl, 181l, 241tml © Pasieka/ Science Photo Library; 47b © Dr M Rohde/Science Photo Library; 52~53, 202, 248~249© Sinclair Stammers/Science Photo Library; 54~55© NASA/ GSFC/ METI/ ERSDAC/JAROS/Aster Science Team/Science Photo Library; 56 © Dr Jeremy Burgess/Science Photo Library; 56~57, 90l, 144r, 239 © Dr Kari Lounatmaa/Science Photo Library; 57 © Prof Kenneth R Miller/Science Photo Library; 58~59, 60 © Dr Keith Wheeler/Science Photo Library; 61 © Christian Darkin/Science Photo Library; 63 © Ken Lucas/Visuals Unlimited/Corbis; 68~69 © Deddeda/Design Pics/Corbis; 70© Emilio Segre Visual Archives/American Institute of Physics/Science Photo Library; 74~75 © CERN/Science Photo Library; 77 © Corbis; 78 © Josephus Daniels/Science Photo Library; 80 © Soames Summerhays/Science Photo Library; 84~85© B Murton/ Southampton Oceanography Centre/Science Photo Library; 86, 87 © David Wacey; 88~89 © Stan Wayman/Science Photo Library; 91tr © Biology Pics/Science Photo Library; 91br © Dr Gopal Murti/Science Photo Library; 92 © ISM/Science Photo Library; 96 © Victor de Schwanberg/Science Photo Library; 97 © Geoeye/ Science Photo Library; 96tl, 101tl, 101ml © Alexander Semenov/ Science Photo Library; 100bl, 101r © Dante Fenolio/Science Photo Library; 100r, 200m © Reinhard Dirscherl, Visuals Unlimited/ Science Photo Library; 100~101 ©David Wrobel, Visuals Unlimited/ Science Photo Library; 101tr © L Newman & A Flowers/Science Photo Library; 102© Friedrich Saurer/Science Photo Library; 104, 113 © Frans Lanting/Corbis; 105 © Theo Allofs/Corbis; 109 ©

Imagebroker/Konrad Wothe/FLPA; 117, 201t © Alexis Rosenfeld/ Science Photo Library; 118, 205b © Jeffrey L Rotman/Corbis; 119 © Albert Lleal/Minden Pictures/FLPA; 200~111, 205t, © David Fleetham, Visuals Unlimited/Science Photo Library; 122bl © British Antarctic Survey/Science Photo Library; 124, 170~173 © Science Source/Science Photo Library; 126 © George Bernard/Science Photo Library; 130 © Tom McHugh/Science Photo Library; 130, 217 © Natural History Museum, London/Science Photo Library; 131t © Mauricio Anton/Science Photo Library; 131b, 225l © Jaime Chirinos/Science Photo Library; 135 © Pascal Goetgheluck/Science Photo Library; 143t © Thomas Deerinck, NCMIR/Science Photo Library; 143b © Ralph Slepecky, Visuals Unlimited/Science Photo Library; 144l © Lee D Simon/Science Photo Library; 145r, 241tl © Scott Camazine/Science Photo Library; 147 © Steve Bourne; 148 © Ted Kinsman/Science Photo Library; 149 © Edward Kinsman/ Science Photo Library; 150 © Jean-Paul Ferrero/Auscape/Minden Pictures/Corbis; 152 © Georgette Douwma/Science Photo Library; 153t © Chris Collins/Corbis; 153b © Camille Moirenc/Hemis/ Corbis; 159 © Visuals Unlimited/Corbis; 163© Chris Newbert/ Minden Pictures/Corbis; 164, 199l © Wim van Egmond/Visuals Unlimited/Corbis; 166 © Kent Wood/Science Photo Library; 167, 210© Science Photo Library; 168 © Nancy Kedersha/Science Photo Library; 171 ©J C Revy, ISM/Science Photo Library; 176~177 © Guillaumin/Science Photo Library; 179t © Biophoto Associates/ Science Photo Library; 179b © C K Lorenz/Science Photo Library; 184 © Susumu Nishinaga/Science Photo Library; 187, 196l © Prof P Motta/Department of Anatomy/Sapienza University of Rome/ Science Photo Library; 189b © Dr Richard Kessel & Dr Gene Shih, Visuals Unlimited/Science Photo Library; 192~193© Rondi & Tani Church/Science Photo Library; 199r © Kenneth Eward/Biografx/ Science Photo Library; 200tl © Martin Harvey/Corbis; 200~201b © Christian Ziegler/Minden Pictures/Corbis; 201m© Dr P Marazzi/ Science Photo Library; 203 © Stephen Marley Productions; 211 bottom four images © Prof Dr Jörg-Peter Ewert; 218, 267br © John Devries/Science Photo Library; 224t © Humanities and Social Sciences Library/New York Public Library/Science Photo Library; 225r © Paul D Stewart/Science Photo Library; 226~227 © NASA/ JPL-Caltech/Corbis; 230 © STScI/NASA/Corbis; 233 © Richard Baker/In Pictures/Corbis; 234, 241tm, 242~243 © Laguna Design/ Science Photo Library; 235 © Alice J Belling/Science Photo Library; 236~237 © Thierry Berrod, Mona Lisa Production/Science Photo Library; 238© ZSSD/Minden Pictures/Corbis; 241tr © Kenneth Edward/Science Photo Library; 241tmr © Andrew McClenaghan/ Science Photo Library; 241bml © David Scharf/Science Photo Library; 241bl © David Mack/Science Photo Library; 241bm © Francis Leroy, Biocosmos/Science Photo Library; 241br © Dr Mark J Winter/Science Photo Library; 254, 255b © Solvin Zankl/Visuals Unlimited Inc/Science Photo Library; 256l © Karl H Switak/Science Photo Library; 256r © Gilbert S Grant/Science Photo Library; 257t © Jan Lindblad/Science Photo Library; 257bl © Ria Novosti/ Science Photo Library; 258© Planet Observer/Science Photo Library; 259 © Tony Camacho/Science Photo Library; 264~265© Thomas Marent/Visuals Unlimited Inc/Science Photo Library

致　谢

“生命的奇迹”对我来说是个与众不同的项目，因为很多东西都得从头开始学起。这是一次极为享受的经历，不仅仅是因为我有两位优秀的老师——伦敦大学学院的Nick Lane博士和与我同样来自曼彻斯特大学的Matthew Cobb教授。我第一次遇见Nick是2010年在英国皇家学会，当时他的书《生命的跃迁》（*Life Ascending*）名正言顺地击败了我的*Why Does E = mc² ?*，获得了英国皇家学会科普图书奖。我在副校长Dame Nancy Rothwell教授的引荐下认识了Matt，Rothwell教授通达有识鉴，总是坚定不移地支持那些希望将部分工作时间用于科学传播的学者。我向他们3人致以我最诚挚的谢意。我还要感谢英国皇家学会在我与BBC共事期间提供了同样的帮助。

这部电视系列纪录片当然也离不开一个才华横溢和兢兢业业的制作团队。我们向他们所有人在《生命的奇迹》中倾注的热情和思考表示感谢。我们尤其要感谢系列制片人James van der Pool，感谢他在制作过程中的从容镇定、睿智扶持。感谢Michael Lachman、Stephen Cooter、Paul Olding和Gideon Bradshaw，感谢他们为这部纪录片带来的世界一流的导演和制片。感谢Kevin White和Tom Heywood优异的摄影。感谢George McMillan和Christopher Youle-Grayling作为优秀的音效师在音效方面的工作以及为团队带来的其他所有贡献。还要感谢制片经理Jenny Scott和Alexandra Nicholson在这样一个复杂的制作项目中投入的技巧和耐心。

当然还有很多人在这部系列纪录片的制作过程中提供了帮助，我们还要感谢Ben Wilson、Suzy Boyles、William Ellerby、Rebecca Edwards、Helene Gani chaud、Weini Graughan、Leili Farzaneh、Graeme Dawson、Simon Sykes、Martin Johnson、Gerard Evans、Darren Jonusas、Louise Salkow、Laura Davey、Laetitia Ducom、Matt Grimwood、Shibbir Ahmed、David Schweitzer、David Maitland、Michael Pitts、Neil Kent和Nicola Kingham。

我还要特别提到BBC，全世界唯一能够制作出《生命的奇迹》这样的系列电视纪录片的广播公司。公共广播服务事业似乎遭到了来自某些方面的持续攻击。其中最刺耳的声音发自那些既得利益者，而我最为鄙视的便是那些人。其他人则由衷认为“选择”（即不断扩大的多频道环境，观众只选择他们想看的内容并且支付相应的费用）才是广播电视的未来。在我看来，这是分化隔离的做法，将给观众带来极大的反服务效果。我在偶然之下发现了生物学是一门引人入胜的学科，了解生物学丰富了我的生活。这是一家政府资助的公共服务电视广播公司的根本职责，是对BBC首任总经理约翰·瑞思（John Reith）理念的贯彻。偶然发现平时一般不会选择观看的电视节目丰富了观众的体验，这正是教育的基础。而我认为没有理由不将电视视为公共教育的支柱（至少是其中一部分）。真正的选择来自于见识的多广，而非24小时不停播放的体育频道。我希望至少有一些观众在无意间遇上了《生命的奇迹》，并像我一样意外地发现学习生命科学是度过周日晚上十分有趣和有意义的方式。

最后也是最重要的一点，我感谢我的家人Gia、Mo和George，他们在过去4年里任由我全身心地投入“奇迹”系列。我保证现在会好好休息的！